JN417972

행동하는 양심

군대윤리

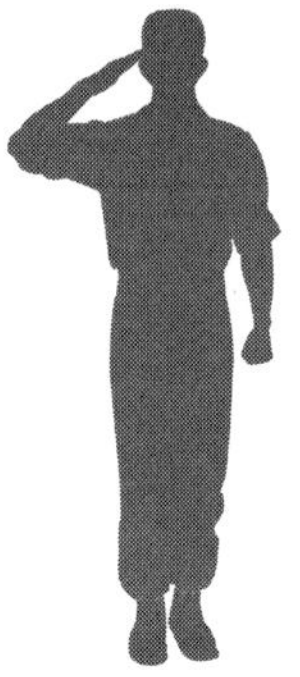

이재평 · 박관후 · 강우철 · 이상금 공편

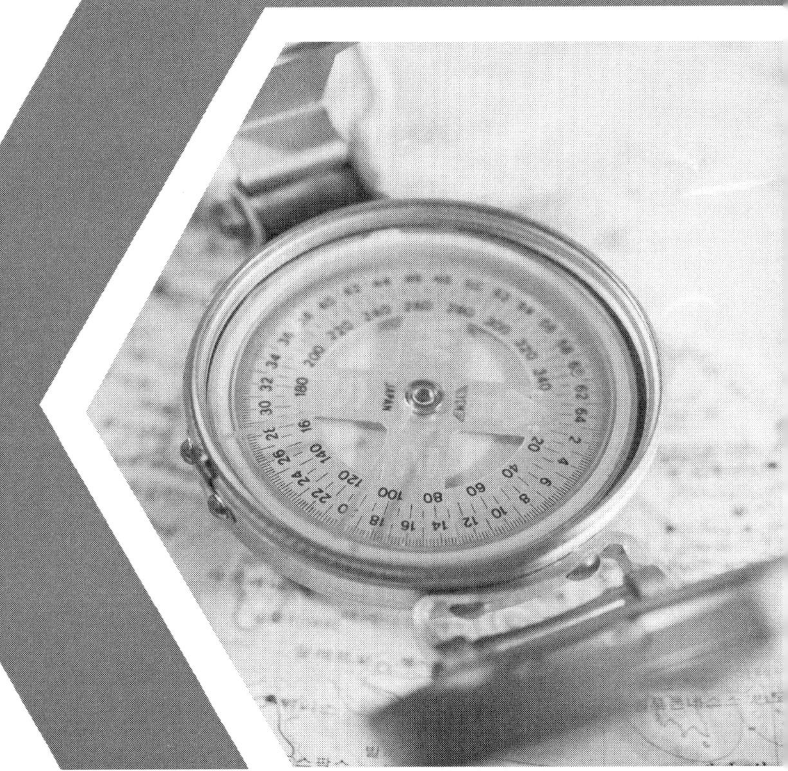

개정판을 내면서

대한민국 중학생 인성교육 자료에 의하면 길에서 돈을 주워도 주인을 찾아주지 않겠다고 응답한 학생이 대부분이라고 한다, 학생들은 "나도 잃어버리면 못 찾는데 왜 찾아줘야 하느냐! 는 답변부터 "주운 사람이 임자" "누가 주워도 갖게 될 돈" 등의 반응을 보였다. 이 같은 사례가 최근 대한민국 청소년들의 현주소이고 이렇게 성장한 사람 중 직업을 군인으로 선택하여 이들이 국가안보와 미래를 책임진다면 군대윤리는 대한민국의 미래를 결정짓는 인성교육의 마지막 보루라고 생각한다.

사춘기 청소년들은 질풍노도의 시기를 겪으며 방황하게 되고 이와 더불어 매스미디어의 발달로 사회의 악습들을 더욱 빨리 배우게 된다. 따라서 군대윤리는 "정직·배려·자기조절 등 부족한 품성을 우선 키워주는 교육"으로 특별히 군 생활 현장에서 초급간부들이 모범을 보여야 할 덕목이다.

자본주의4.0시대에 들어선 21세기는 지식정보화 사회로서 지식정보는 갈수록 그 중요성이 커지도 있다. 과학기술의 발달로 한 개인 및 기관이 지식정보에 접근하기가 갈수록 쉬워지고 있다.

자본주의4.0시대는 창의력이 가장 중요하므로 창의력을 창출하기 위해서는 서두르기보다 천천히 여유 있게 아이디어를 창출해 내야 한다. 이를 위하여 개인의 품성인 인격과 도덕이 기초체력처럼 체질화되어있지 않고 즐기는 일이나 부가가치를 높이는 데만 급급하다면 아름다운 세상과 밝은 미래는 없다.

따라서 본 개정판은 군인이기 전에 인간으로서 기본이 되며 보편적 사회에서 상식이 통하는 군대, 사회 정의를 실현하는 체질로 바꾸는 군인들로 거듭나기 위한 내용에서 손에 잡히는 사례를 포함한 집필하기 위해 고민하며 "행동하는 양심 군대윤리"로 새해 선물을 독자 여러분께 드리고자 한다.

본서 출간을 위하여 정성을 다해 땀 흘려주신 편저자와 글로벌 출판사 사장님, 관계관 여러분께 진심으로 감사의 인사를 드립니다.

부디 좋은 책으로 거듭나 군인다운 군인을 육성하는데 기여하기를 간구하며, 독자 여러분의 건승을 기원합니다.

편저자 일동

차 례

부 록

제 1 장

군대윤리

제 1 절

개 요

1. 윤리학 개념

윤리란 머리말에서 밝힌 바와 같이 "사람이면 다 사람이냐 사람다운 사람이 사람이다(人 ·人 · 人· 人 ·人)". 라는 말처럼 사람이 지켜야 할 도리와 규범의 원리를 말한다.

또 윤리학의 사전적 의미는 "인간 행위의 선(善)과 악(惡)을 정하는 표준을 연구하고 사람으로서 지켜야 할 의무와 도덕을 논하여 도덕적 심성(心性)을 향상 시키는 방법을 연구하는 학문 또는 도덕, 철학"이라고 말한다.

가. 윤리의 개념들

(1) 국가 권익 위원회

'윤리(Ethics)'란 '옳고 그름을 따지고 난 후 올바르게 행동하는 것'을 말한다. 우리가 어떤 의사결정을 하든, 또는 무슨 행동을 하던 먼저 옳고 그름에 대해 생각해 보는 습관을 지키는 것이 필요하다. 이러한 행동양식이 윤리적인 결과를 가져올 수 있다.

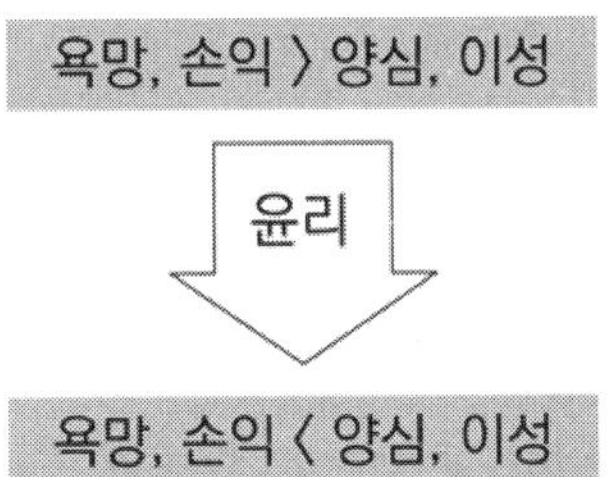

선과 악, 그리고 윤리	
선(善)	윤리 ↑ 하나님이 정한 질서가 유지되는 형태 사회에- 형성된 규범을 지키며 사회질서를 유지하는 것
악(惡)	하나님이 정한 질서가 깨어진 상태 • 종교단체에서 말하는 윤리의 개념

(2) 도덕성과 윤리

‘도덕성은 개인 생존을 위한 사회규범이며, 윤리는 사회생존을 위한 개인규범이다. (Morality is societies rule for individual survival, Ethics is individual rule for societies survival.)’

☞ 사회에 도덕성이 없으면 개인이 생존할 수 없으며, 개인에게 윤리의식이 없으면 사회가 무너진다는 뜻이다. 개인의 높은 윤리의식에 의해 사회에 도덕성이 형성되고 이래야만 개인과 사회가 생존할 수 있다는 의미이기도 하다.

(3) 윤리는 올바른 일을 “실천”하는 것이다.

윤리는 ‘사회에 형성된 규범을 지키며, 사회질서를 유지하는 것’이다. 여기에는 강력한 실천적 의미가 내포되어 있다. 규범이나 질서와 같은 ‘올바른 일을 실천(doing the right thing)’ 하는 것이 바로 진정한 의미의 윤리라 할 수 있다.

나. 기타 윤리에 대한 이론(정의)

인간의 삶에 있어서 윤리는 필수불가결한 것이다. 본래 윤리(倫理)라고 할 때의 ‘윤(倫)’자는 무리 또래 혹은 질서 등을 뜻하고 ‘리(理)’ 자는 ‘옥을 다듬다’에서 유래되어 이치 이법 도리를 의미한다. 따라서 윤리란 사람과 사람사이의 관계 즉 인간관계의 이법이라고 할 수 있다. 한편 서양에서의 윤리(ethics)는 희랍어의 ‘ethos’라는 말에서 유래하였는데 희랍어의 ethos는 사회의 풍속 · 습관 등의 의미를 지니고 있다.

그리고 이 말은 후에 인간 사회 안에서 반드시 실천되어야 할 인간의 행위라는 말로

쓰이게 되었다

동물이나 기계에서는 윤리적 현상을 찾아보기 어려우나 인간의 세계에서는 윤리가 언제나 중요한 자리매김을 하고 있다. 이러한 사실은 인간에게만 윤리 현상이 가능하고 또 필요하게 만드는 어떤 특성이 있음을 암시해 준다. 따라서 우리는 인간의 어떠한 특성들이 윤리 현상을 가능하게 하고 동시에 윤리에 따르는 생활을 불가피하게 하는 것인가에 대하여 생각해 볼 필요가 있다.

인간은 집단생활을 하는 까닭에 아무런 행동이나 마음대로 할 수 있는 것이 아니고 거기에는 사회적으로 용인된 행동을 할 것을 기대하는 집단 성원들의 암묵적인 믿음과 약속 즉 규범 체계가 필요하게 된다.

윤리는 한 사람 혹은 사회집단이 다른 사람이나 집단 간에 대하여 직·간접적으로 해를 끼치지 않도록 스스로 행동을 규제하는데 필요한 것이다.

인간은 옳지 못한 행동을 분별할 수 있는 능력을 가지고 있고 의식적으로 그러한 행동을 자제할 수 있는 능력을 지니고 있는 존재다. 그러나 이러한 인간의 능력은 예기치 않은 충동과 환경적 변화에 의해 쉽게 허물어질 수 있는 아주 연약한 것이기도 하다.

인간은 선한 본성과 악한 본성을 함께 지니고 있으며 이타성과 함께 이기심도 지니고 있기 때문이다. 이러한 인간의 이중적 본성으로 말미암아 윤리는 인간의 삶에 있어서 절대적으로 필요한 것이다.

인간의 행동을 규제하는 것에는 윤리 이외에도 관습과 법이 있다.

관습은 규제력이 약하고 문화나 지역에 따라서 다르기 때문에 개인의 권리를 보호하고 사회 질서를 유지하는데 충분하지 못하다. 법은 질서유지의 효과가 크지만 자율성을 핵심으로 하는 인간의 존엄성과 위신에 위배되는 강제적 성격을 띠고 있어 인간관계를 경직시킬 뿐만 아니라 실행에 있어서 많은 비용을 필요로 한다.

반면에 윤리는 자기 자신의 행동을 자율적으로 규제하도록 하면서도 관습에 비해 더욱 효과적이며 법과는 달리 인간의 내면적 행위까지도 그 규제의 대상으로 삼고 있다. 법은 주로 외면적 행위를 타율적으로 규제하는 것임에 비하여 윤리는 인간의 내면적 행위까지도 자율적으로 규제하는 것이다. 따라서 사회의 구성원들이 윤리적 규범들을 공유하고 그것을 실천하게 되면 그 사회는 더욱 살기 좋은 사회가 될 수 있다.

윤리적인 사람이 많으면 많을수록 그 사회는 더욱 질서가 확립되고 인간미 넘치는 사회가 될 수 있으며 개인의 자유도 확대될 수 있는 것이다.

그러므로 윤리적으로 산다는 것은 선과 악에 대한 분명한 지식을 지니고 있고 그것을 사회적 삶 속에서 실천한다는 것을 의미한다. 즉, 인간관계 속에 내재하는 규범적 질서를 존중하면서 스스로 행위 규범을 발견하여 실천한다는 것을 의미하는 것이다.

[사 례]

인간에게 제일 중요한 가치관은 윤리•도덕성을 의미하며, 그것은 인간의 삶의 질을 결정한다. 미국의 벤저민 프랭클린은 자신의 성공비결로 가치관 정립을 통한 '도덕성의 완성'을 꼽았다. 도덕성은 동서고금을 막론하고 개인과 조직, 국가의 흥망성쇠를 좌우하는 중요한 요소다. 가난해서 나라가 망하는 경우는 찾기 힘들어도 사회 지도층의 부도덕성이 나라를 망하게 하는 경우는 허다하다. 따라서 공직자와 사회 지도층의 도덕성은 사회 인성의 기반이 되는 최고의 덕목이라고 할 수 있다.

역사적으로 인성의 교훈을 되짚어보면, 대부분의 갈등과 혼란, 위기의 문제는 도덕성의 결여에서 야기되었다. 한국 사회 전반에 산적한 문제들을 해결하려면 무엇보다도 먼저 지도자들의 윤리•도덕성 함양이 선행되어야 한다.

최근 들어 한국 사회에서 이러한 문제가 공론화되고 있는 데는 세월호 참사와 같은 큰 사건의 영향이 크다. 부패와 비리의 적폐(積弊)를 단절하는 제도를 만들고 시스템을 정상화하며 청렴문화가 자리 잡도록 해야 한다.

병든 사회는 '도덕불감증'에 시달리고, 불신의 고통을 겪는다. 고금을 통해 도가 무너진 국가치고 온전한 나라가 없었다. 도가 떨어지면 망(亡)이 찾아온다. 가야 할 길이 막히면 방황과 탄식의 수렁에 빠진다. 도의가 통하지 않고 도덕이 실종된 풍토는 희망이 없다. 스승이 안 보이고 어른도 없다. 세월호 사건과 같은 부패와 비리의 적폐를 단절하려면 어떻게 해야 되는지에 대해 윤리와 도덕적 견지에서 각자 생각해 보자.

윤리•도덕을 이야기 할 때 정직을 제외 할 수는 없다. 정직에 대한 역사적 사실을 살펴보면, 도산 안창호 선생이 학생들에게 "죽더라도 거짓이 없어라", "꿈에라도 성실을 잃었거든 참회하라", "거짓은 협잡을 낳고, 협잡은 불신을 낳고 이 불신에서 모든 불행이 생긴다."

"그러므로 나라를 망친 최대 원인도 이 거짓이다."라고 항상 강조하였다.

영국의 속담에"하루를 행복하려면 이발을 해라. 일주일 동안 행복 하고 싶거든 결혼을 해라. 한 달 동안 행복하려면 말을 사고, 한 해를 행복하게 지내려면 새 집을 지어라. 그러나 평생을 행복하게 살려면 정직하여라."는 말이 있다. 우리의 삶 속에서 오래 지속되는 행복은 정직에서만 발견할 수 있다.

위와 같은 역사적 사실에서 볼 수 있는 것처럼, 정직이란 자신의 이익을 포기하면서 모든 사람들이 더불어 이롭게 되기를 추구하는 공익우선 태도를 말한다.

정직은 부단한 도덕의 자기수련을 통해서 쌓아올려야만 실천할 수 있다. 그래서 정직함이 일관된 성격이 되려면 끊임없는 수신과 성찰이 필요한 것이다. 내게 이로울 때에만 정직하고 내게 불리할 때에는 부정직해서는 안 된다. 내게 이롭건 불리하건, 괴롭건, 힘들건 한결같은 정직함이 필요한 것이며, 가장 중요한 것은 정직한 성격을 형성하는 일이다.

특히, 공직자 및 군 간부에게는 더 높은 정직성이 요구된다는 것을 명심하여, 위의 사례와 같이 군 예비간부로서 정직을 어떻게 실천할 것인가를 생각해 보자.

2. 군대윤리

군대 윤리의 개념과 성격을 잘 이해하기 위해서는 먼저 윤리학과 윤리가 무엇을 의미하는지 알아야 한다.

윤리학은 일반적으로 인간의 행위에 관한 여러 가지 문제와 규범(規範)을 연구하는 학문이다. 그렇다면 군대윤리는 군인의 행위와 규범에 관한 학문이라 정의할 수 있다.

문제는 행위의 규범을 무엇으로 보느냐에 달려 있다.

규범이라는 것은 그것을 설정하는 입장에 따라 각양각색으로 나타낼 수 있다. 행위규범은 사회적 풍속 또는 습관을 의미하는 희랍어 'ethos' 또는 'mores'에서 유래된 말이다. 즉, 관습에서 발전되어 나온 조문화된 법률이나 규정도 행위의 규범이지만, 기독교의 십계명(十誡命), 불교의 보살오계(菩薩五戒), 유교의 삼강오륜(三綱五倫)에 이르기까지 행위규범은 다양하다.

그러나 이러한 개념의 규범들이 곧 윤리, 도덕이라고 말할 수는 없다. 왜냐하면 이들은 모두 타율적인 강제력으로 인간의 행위를 제약하는 것이므로, 행위자의 자율적인 의지의 결단을 통한 자유로운 행위를 보장해주지 못하기 때문이다. 그렇다고 해서 아무리 자유로운 개인의 의지에서 나온 행위라 해도 그것이 그가 속해 있는 사회의 규범을 지키지 않을 때에는 그 행위를 도덕적이라 말할 수 없다.

결국 윤리, 도덕이란 사회의 객관적 규범과 개인의 자발적 의지와의 조화 속에 성립되는 것이다. 다시 말하면, 윤리란 "옳고, 그릇된 것을 분별하며 선택하는 것" 또는 "정사(正邪), 시비(是非), 선악(善惡)을 분별하여 실천하는 것"을 의미한다. 따라서 윤리학은 인간의 행동기준, 행동규범, 행동법칙으로서 사람이 반드시 지켜야 할 도리를 연구하는 학문이라 정의할 수 있다.

윤리의 이러한 정의는 어떠한 개념의 성격을 내포하고 있는가? 옳고 그릇된 것을 분별하며 선택한다는 것은 단순히 어떤 정해진 규범을 추종한다는 것이 아니라, 행위자의 이성적 분별이 작용하여 옳은 것을 선택한다는 것을 의미한다.

이러한 관점이 2천 5백여 년 전에 이미 소크라테스에 의해서 충분히 설명된 바 있다. 소크라테스에 의하면 인간이 다른 동물과 구별되는 것은 인간이 이성적 동물이며 윤리적 문제를 이성적 분별에 의해 해결한다는 점이다.

이와 같은 윤리의 개념적 성격을 바탕으로 군대 윤리 개념을 정의한다면 "군대 윤리란 군인이 지녀야 할 가치, 태도, 행동의 규범 체계"이며, 군대윤리교육이란 "군 임무수행과 관련하여 군 또는 군인이 지녀야 할 가치, 태도, 행동의 규범 체계에 대한 이해 증진과 이의 실천 능력을 함양시키기 위한 교육"이라고 할 수 있을 것이다.

이 정의가 내포하고 있는 개념은 크게 두 가지 측면에서 이해할 수 있다. 하나는 군대 윤리란 군사 전문 직업 수행과 관련하여 군인들의 옳고 그른 행동이 무엇인가 하는 규범적 측면을 다룬다는 것이고, 또 하나는 군인들의 행위의 선택에 관련하여 도덕적(이성적) 분별 작용을 다룬다고 하는 것이다.

군사 전문 직업 수행과 관련된 규범적 측면의 군대윤리의 핵심은 군 전문 직업윤리의 문제이다. 그리고 보다 추상적이고 일반적인 숙고(熟考)와 도덕적 평가를 요하는 군인의 행동에 관련되는 군대윤리의 핵심은 전쟁도덕이다.

결국 군대윤리는 군 전문 직업윤리와 전쟁도덕으로 구분된다. 그리고 이러한 군대윤리의 성격을 명쾌하게 규명하기 위해서는 응용윤리(applied ethics)로서의 군대윤리의 특성을 살펴보아야 한다.

3. 응용윤리로서의 군대윤리

군대윤리는 일종의 응용윤리이며 상황윤리(situational ethics)이다. 응용윤리는 의료종사자, 법률가, 기업가, 교육자 등의 다양한 직업에서 성립하는 직업윤리를 포함한다. 그러나 군대윤리가 다른 직업윤리와 크게 차이나는 것 중의 하나는 군 직업전문 자체의 도덕성 문제이다. 왜냐하면 군대윤리는 다른 분야에서 크게 비난받아 마땅한 고의적인 인마살상, 공공건물의 대량 파괴 등과 같은 군인의 행동을 조장하거나 규제하는 것과 밀접하게 관련되기 때문이다.

이러한 문제에 관해 평화주의자들은 군사력의 사용이 도덕적으로 정당화될 수 있는 문제인지는 말할 것도 없고, 도대체 군사력의 사용을 상상이나 할 수 있는 일인가 하고 반문한다. 결국 평화주의자들은 군대윤리 성립 가능성에 대해 회의적 입장을 취한다.

그러나 현실주의자들(realists)은 결국 전쟁은 할 수밖에 없는데 잔인하고 난폭한 군사행동으로 전쟁을 성공적으로 이끌기 위해서 도덕적 기준을 손상한다고 보고 있어 군대윤리의 가능성을 인정한다.

이러한 상반된 입장은 군대윤리의 가능성과 타당성의 여지가 있음을 의미한다.

군대윤리가 다른 직업윤리와 차이가 있는 두 번째 특징은 군대윤리가 제도에 관한 윤리라는 점이다. 다른 직종의 윤리는 제도보다는 직업종사자들 간의 관계를 중시한다.

예를 들어, 의료윤리는 의사, 환자, 간호사, 기타 의료행정 관계자들 간의 관계에 초점을 맞춘다. 안락사 같은 삶과 죽음에 관한 중요한 결정이 병원당국, 전문조직, 행정당국과 같은 제도의 차원에서 결정되는 것이 아니라 전문 의사와 환자의 가족 사이의 개인적 관계에서 결정된다.

그러나 군대윤리에서 중요한 것은 군대라는 조직과 제도 안에서 개인의 행위가 결정된다는 점이다. 의사나 간호원은 의료기관이라는 제도 없이도 개인적 능력의 한도 내에서 의료 행위를 할 수 있지만, 군인이나 군사정책 담당자의 행위는 군대나 정부라는 조직과 제도 없이는 불가능하다. 의료분야보다도 군사 분야에 있어서 개인의 역할은 기계의 작은 부속품 역할을 한다.

그러므로 군대윤리는 개인 윤리가 아니라 제도와 조직의 윤리이다. 제도와 조직에서 개인의 행동을 결정하는 군대윤리는 많은 사람들의 운명을 결정하며 그것도 비인격적으로 취급한다는 점이 다른 응용윤리와 구별된다. 군대윤리가 제도의 윤리이기 때문에 군대를 통제할만한 다른 사회적 제도나 권위가 없다는 점도 주목할 만하다.

정부가 군대조직과 제도를 통제할 수 있는 유일한 상급기관이지만, 국제관계의 차원에서 국가 간 분쟁을 조정하고 통제할만한 규제방식은 전혀 다르다. 이런 경우 군대윤리의 한계가 노출된다.

다른 직업윤리는 일상적 의미의 도덕과 윤리의 관점에서 개인들의 도덕적 고민을 해결할 수 있는데 반하여 군대윤리는 극단적이고 비정상적인 상황에서 이루어지는 군인의 행동을 문제 삼기 때문에 복잡 미묘하다고 볼 수 있다.

예를 들면, 외과 전문의사도 경우에 따라 안락사 문제로 생사여부를 결정해야 하는 경우가 있겠지만, 멀쩡한 사람을 고의적으로 죽이는 일은 드물다. 그러나 군인은 이러한 상황에 직면하는 경우가 허다하다.

다른 전문 직업종사자들은 자율적 존재로서 판단하고 행동하기가 용이하지만, 군인은 전투 중 극한상황에서 받는 압박감 때문에 정상적인 판단을 하기가 쉽지 않다.

따라서 군인이 훌륭한 도덕 판단을 내리고 이에 부합하는 행동을 하리라고 기대하는 것이 어렵다는 것도 군대윤리가 다른 직업윤리와 구별되는 하나의 특징이다.

마지막으로 군대윤리가 다른 응용윤리와 다른 점이 있다면 그것은 도덕적 행위자의 다양성이다. 군대윤리의 규범체계가 적용되는 대상은 병사로부터 고급 지휘관, 군사정책 결정자, 국군통수권자인 대통령에 이르기까지 그 폭이 넓고 다양하다. 이들은 모두가 군사력 사용과 관련되나 그 행동범위와 책임의 한계는 서로 다르다.

따라서 이와 관련된 도덕적 문제도 복잡하고 다양한 것이다. 예를 들면, 병사에게는 건물을 향해 사격을 가하기 전에 민간인의 출현 여부를 확인하는 문제, 참모 군 간부에게는 경제봉쇄와 같은 전략의 도덕성 문제, 그리고 군사정책 결정자에게는 화생방 무기의 비축과 같은 문제들이 군대윤리의 테두리 안에서 해결되어야 할 문제들이다.

어떤 문제는 단순하게 도덕률을 무반성적으로 적용해서 해결되기도 하고 도덕적 문제에 관한 비판적이고 반성적 평가를 내리는 연습과 훈련을 통해서 군인들의 문제해결 능력을 키워줄 수 있다. 그러나 고차원의 전략이나 정부의 군사정책과 관련된 도덕성의 문제는 좀 더 추상적인 사유와 일반적인 윤리·도덕의 원리를 요구한다.

따라서 응용윤리로서 군대윤리는 그 성격상 복잡하고 다양할 수밖에 없다.

이러한 관점에서 우리가 다루려고 하는 군대윤리는 직업군인의 전문 직업윤리와 병사로부터 군사정책 결정자에 이르는 다양한 군인의 행위와 관련된 전쟁도덕의 문제로 나누어 볼 수밖에 없다.

군 전문 직업윤리로서 군대윤리는 건전한 노동관과 직업관을 확립하고, 군 전문직업주의의 탁월성(competence)을 높이기 위한 각종 행동 규범과 윤리의식의 함양을 목표로 한다. 그리고 전쟁도덕은 전쟁의 도덕(morality of war)과 전쟁에 있어서의 도덕(morality in war)으로 나누어 생각할 수 있다.

전쟁의 도덕은 고급 지휘관이나 군사정책 결정자들에게 전쟁개입의 정당성에 관한 도덕적 원리를 제공하며, 전쟁에 있어서의 도덕은 전투원의 도덕적 행위에 관한 원칙을 제공한다고 볼 수 있다.

사 례

천안함 사건시 실종자 구조작전 중에 사망한 고 한 준위 사건이다. 한 준위는 대한민국의 해군 UDT 준사관이었다. 1975년 2월 해군 하사로 입대하여, 그 후 준사관으로 임관하였다.

2002년 8월 KBS에서 UDT요원이 되기 위한 48기 훈련생도들의 훈련과정을 생생히 담아 보도한 "지옥에서 살아오라!"에서 훈련교관으로 등장하기도 했다. 2010년 3월 29일 천안함 사건이 발생하자 실종자를 구조하기 위해 바다로 뛰어들었다가 잠수병증세로 치료중 사망, 순국하였다. (중 략)

위와 같이 군 간부로서의 윤리의식·책임의식에 대해 깊이 생각하고 체득화 하자.

4. 직업윤리로서의 군대윤리

전문 직업주의와 직업윤리의 문제를 규명하는 일은 먼저 직업의 의미와 직업과 전문직업의 차이점이 무엇인지를 밝히는 일에 있다. 왜냐하면 “현대의 군 간부단은 하나의 전문 직업집단이고, 현대의 군 간부는 일종의 전문직업인”이라는 전제 하에서 군대윤리가 성립되기 때문이다.

직업이란 휴식과 놀이, 여가 활동을 제외한 모든 생산적 활동으로서 정상적인 일(work)을 의미한다. 그러나 모든 일이 다 직업은 아니다. 휴식과 놀이, 여가활동을 제외한 생산적 활동이 정상적인 직업으로 성립하기 위한 형식과 내용은 다양하다. 대체로 직업은 생업(occupation), 천직(calling), 전문직(profession)의 개념으로 구분된다.

이 중에서 생업(生業)으로서의 직업이 가장 일반적이고 포괄적인 의미의 직업이다.

생업은 일에 대한 경제적 보상 즉, 일을 통한 소득으로 자신과 가족의 생계를 유지하는 개념의 직업이다. 취미활동, 자원봉사활동으로서 하는 일은 생업의 개념에 포함되지 않는다.

그런데 생업에 관한 봉건주의적 견해의 기본 정신은 노동천시 내지 직업의 귀천의식에 뿌리를 두고 있었다. 봉건사회에 있어서의 직업, 즉 생업으로서의 직업은 상민이나 천민들에게나 해당되는 것이었다고 말할 수 있다.

귀족이 아닌 일반 상민이나 노예, 천민들은 그야말로 생계를 위해 힘든 노동을 도맡아서 하지 않으면 안 되었다. 따라서 경제적 소득을 목적으로 하는 생산 활동에 종사하는 것은 사회적으로 낮게 평가되었으며 그러한 배경에서 노동천시의 사상이 생겨났다.

기독교에서 노동은 '원죄'(原罪)의 결과로 믿었다. 인간은 낙원인 에덴동산에서 살도록 창조되었지만 아담과 이브가 신의 명령을 거역하는 죄를 범함으로써 낙원에서 추방되었고 평생토록 노동을 하면서 살아가도록 벌을 받았다는 것이다.

그러나 이러한 노동관과 생업관 및 직업관에 변화가 일어나기 시작한 것은 종교개혁과 산업혁명이 일어나면서부터였다. 이것이 다름 아닌 천직(天職) 혹은 소명(召命)으로서의 직업관의 대두이다.

종교개혁 이후 프로테스탄트의 윤리는 모든 직업적 활동을 하나님의 소명(召命)이라고 새롭게 해석한다. 모든 사람은 자기의 재능에 따라 일을 하도록 하나님의 부름을 받았다고 본다. 따라서 사람들은 자신의 직업적 활동에 최선을 다 함으로써 하나님의 영광을 드러내야 한다고 생각하게 되었다.

뿐만 아니라 산업혁명은 더 이상 귀족이나 지주들이 일하지 않고도 소작료만 받아 호화롭게 살아 갈 수 없도록 경제구조를 바꾸어 놓았다. 현대 산업사회에 있어서는 더 이상 신분제도가 존속하지 않을 뿐만 아니라, 누구나 일을 통해서 얻는 소득으로 떳떳하게 살아가야 한다는 새로운 가치관이 대두한 것이다.

소명으로서의 직업적 가치는 천직주의(天職主義)에 있다. 천직주의는 직업집단의 사회적 책임을 강조한다. 생업의 개념인 일반직업주의가 물질적 가치(welfare value)를 추구한다면 소명으로서의 천직주의는 명예가치(honor value)를 추구한다. 명예가치는 물질적 보상보다는 충성, 희생, 봉사 등 공익우선의 가치를 지향한다.

전문직은 전문화된 교육을 통하여 일정한 자격 또는 면허를 획득함으로써 독점적으로 전문적 지식과 기술을 사용할 수 있는 직업이라 정의할 수 있다.

전문직업주의가 태동하게 된 시대적 배경은 산업혁명의 여파로 노동 분화 및 기능적 전문화의 요구가 증대되는 사회의 산업화와 민주화 과정에 있었다. 산업사회에서는 모든 직업이 신분과 관계없이 각자의 소질과 재능에 따라 소정의 교육과 훈련을 받아 자격을 갖추면 가질 수 있기 때문에 전문직업주의가 추구하는 직업적 가치는 개성추구와 자아실현에 있다고 볼 수 있다.

전문직은 비교적 높은 보수를 보장해 주는 직업일 뿐만 아니라 개인의 재능을 한껏 발휘할 수 있어 일하는 보람과 긍지를 느끼게 한다.

이러한 전문직은 의사, 변호사, 교수, 목사 등과 같은 직업을 주로 일컬어 왔으나 오늘날에는 공인 회계사, 세무사, 약사, 엔지니어, 전문 경영인과 같이 특정한 전문적 지식과 기술을 독점적으로 사용하는 직업들로 확대되고 있다. 물론 군대의 간부직도 전문 직업으로 분류되고 있다.

지금까지의 논의를 요약하면, 직업이란 생계수단으로서의 생업의 측면과 서비스로서의 소명직 혹은 천직의 측면이 있을 뿐만 아니라 분업과 전문화에 따른 전문직의 개념으로 구분된다.

이 중에서 생업이 가장 일반적이고 포괄적인 직업의 개념이다. 생업이 추구하는 직업적 가치는 개인의 복지 지향적 가치(welfare value)로서 보수, 진급, 신분보장 등이다. 그러나 직업적 활동을 통해서 금전적 보상만을 추구하는 사람도 있지만, 소명의식으로 사회에 대한 봉사와 희생, 공익추구 등 명예가치를 추구하는 사람도 있고, 개인의 자아실현과 성취욕구의 동기에서 일하는 보람을 찾고 전문직의 기능적 권위를 중요시하는 사람도 있다.

그러나 앞으로 제3장에서 논의되는 것처럼 군 간부직은 전문 직업주의의 중요한 기준에 부합하는 직업이다. 군 간부도 의사나 법률가와 마찬가지로 전문직의 이상적 특성을 지니고 있다. 헌팅톤이 제시하는 전문직의 이상적 기준은 3가지인데 전문성, 책임성, 단체성 등의 원리이다.

전문성이란 장기간의 교육과 경험을 통하여 얻게 된 특정 분야의 전문지식과 기술을 의미한다. 책임성이란 전문가가 전문적 지식과 기술을 활용하여 자신이 속한 사회의 존속과 발전을 위해 헌신, 봉사할 사회적 책임을 의미한다.

그리고 단체성의 원리는 전문직 종사자들이 공유하는 독특한 연대의식 내지 집단적 일체감을 의미한다. 이러한 집단적 일체감은 단체적 이익을 추구하고 다른 전문집단과의 차별성을 부각하는 배타적 성격을 지니기도 한다. 통상 이러한 단체성은 협회와 같은 결사체나 관료조직의 형태로도 나타난다.

이러한 전문직의 일반적 특성을 군대조직에 적용해 보면, 간부단이 보유한 전문성은 전쟁의 수행, 부대의 운용 및 장비관리를 비롯한 안보영역 전반에 관한 전문지식과 기술이다. 간부단의 책임성은 그들이 속한 국가의 안전보장에 대한 사회적 책임과 소명의식이며, 간부단이 갖는 단체적 성격은 소속감과 동료의식, 타 집단과 구분되는 제복착용과 계급표시, 단체적 이익과 복지를 보장받기 위한 공제회 가입 등에서 찾아볼 수 있다.

따라서 군 전문 직업주의는 군 조직이 갖는 전문성, 사회적 책임, 단체적 이익의 세 가지 요소들 간의 상호 보완과 조화 속에서 성립된다고 하겠다.

만약 군이 전문성만을 지나치게 강조하고 소명의식이 결여된다면, 안보영역에 대한 배타적인 우월감과 독립성에 집착하여 자아도취적 오만에 빠지고 국가안보에 대한 사회적 책임을 망각하게 된다. 또한 군사 전문성을 개인의 이익추구의 수단으로 악용할 위험성도 없지 않다.

그렇다고 민간으로부터 군의 전문성이 무시되고 주관적 문민통제의 논리에 따라 축소 지향적 군사정책이 채택되면 군 본연의 기능이 저하되고 군의 사기가 떨어지게 된다. 또한 군인이 자기의 직업을 생계수단으로만 간주하여 전문 지식과 기술의 습득을 소홀히 하고 좋은 보수만을 추구하여 여기저기 옮겨 다닌다면 군대는 용병집단과 다를 바 없는 무책임한 단체로 전락할 위험성이 있다. 물론 군에 대한 적절한 사회적 대우와 응분의 보상 없이 봉사와 희생 등 소명의식만 강조하면 우수한 자질의 군 인력을 획득하기 어렵고 전역지원자가 속출하게 될 것이다.

결국 바람직한 군 전문 직업주의를 확립하는 길은 군 간부직이 생업의 원칙 위에 직업주의와 천직주의를 구현하는 것이다.

이를 위해 직업군인을 양성하는 교육기관에서 군 전문 직업윤리를 필수과목으로 하고 집중적인 교육을 실시해야 한다.

왜냐하면 전문 지식과 기술의 독점과 횡포는 이 분야의 문외한이나 비전문가인 고객들에게 위협적인 것이 될 수 있을 뿐만 아니라, 그들은 전문가의 부도덕성과 반직업윤리를 알 수도 없고 통제할 수도 없기 때문이다. 이러한 문제는 전문가 집단의 자율규제 방식에 의존해야 하고 자율규제 방식은 집단압력의 형식으로서 직업윤리의식이다.

이러한 집단적 압력의 형태인 직업의 동일한 지식과 기술을 교육하는 기관에서 장기간의 교육을 통해 습득된다.

직업윤리교육을 통해 군인은 상업주의와 개인적 이익만을 추구하는 생업으로서의 직업관을 지양하고 국민의 생명과 재산을 보호한다는 소명의식과 천직주의에 뿌리를 둔 전문 직업주의에 충실해야 한다. 특히 폭력의 관리를 군 전문성의 핵심으로 하는 군인은 다른 분야의 전문가보다도 직업윤리의식이 투철해야 한다.

비윤리적인 법관은 최악의 경우 소수의 사람들의 생명에 영향을 끼칠지도 모른다. 그리고 비윤리적인 의사는 최악의 경우 소수의 생명을 해칠 수도 있다.

그러나 비윤리적인 군인은, 특히 그가 가공할 파괴력을 지닌 현대무기를 운용하는 막강한 권한을 지난 고급 지휘관일 경우에, 그는 많은 사람의 생명을 해치고 심지어 인류문명 자체를 위협할 수도 있기 때문이다.

따라서 군인은 군 전문직에 대한 올바른 이해를 통하여 직분의식, 직업의식, 장인정신을 발휘하여야 하고 나아가서 군사전문성을 극대화하여 자기가 하는 일에서 보람을 찾을 수 있어야 한다.

5. 전쟁도덕으로서의 군대윤리

가. 전쟁도덕의 성격

군대윤리는 직업군인의 군사적 기능수행과 관련된 규범을 내포한다. 그런데 군사적 기능이 가장 잘 발휘되는 상황이 전투를 포함하는 전쟁 상황이다. 전쟁 상황에서는 불가분 인마살상, 공공건물의 파괴 등 일견하여 도덕적으로 정당화 될 수 없는 행위와 사건들이 발생하게 마련이다. 이런 이유 때문에 전투 중에 군인이 하는 행위가 어떻게 도덕적으로 정당화 될 수 있는가, 과연 전쟁 그 자체는 선인가 악인가 하는 문제가 발생하게 된다.

이러한 문제를 윤리학적으로 의미 있게 논의하기 위해서 우리는 인간의 행위와 태도를 정당화하는 기준을 검토할 필요가 있다. 인간의 행위에 관한 도덕적 평가의 기준에 관해서 사람마다 서로 다른 입장을 취한다.

평가의 기준이 다르기 때문에 사람들은 "안방에 가서 시어머니의 말을 들으면 시어머니가 옳고, 부엌에 가서 며느리 말을 들으면 며느리 말이 옳다."고 말한다. 평가의 기준이나 관점의 차이는 이처럼 행위의 도덕성에 대한 평가를 다르게 한다.

어떤 행위는 그 결과가 나에게 이익이 되는가? 손해가 되는가에 따라 정당화되는 것이 아니라, 오직 옳기 때문에 하지 않을 수밖에 없는 행위가 있다는 것이다.

예를 들면 '진실을 말하는 행위', '약속을 지키는 행위'는 시공을 초월하여 어느 누구에게나 타당한 행위가 된다. 반면에 살인, 거짓말, 절도 등의 행위는 언제나 옳지 못한 행위가 된다. 이러한 입장이 의무론적 윤리설 혹은 법칙론적 윤리설의 도덕적 평가 기준이다.

그러나 주어진 목적을 실현하는 수단으로서 취한 행위가 옳은 행위라는 관점에서 도덕적 평가의 기준을 제시하는 경우가 있다. 사회나 시대의 공동선을 구현하는 수단이 있다면 그 자체의 옳고 그름을 떠나서 정당화된다는 것이다.

예를 들면, 「나무꾼과 선녀」의 이야기에서 노루의 생명을 구하기 위해 나무꾼이 사냥꾼에게 거짓말을 했다면 거짓말을 하는 나무꾼의 행위는 도덕적으로 옳은 행위로서 정당화 될 수 있다. 그런데 「좋은 목적」과 「공동선」의 내용이 무엇이냐 하는 문제가 하나의 문제로 남는다. 대체로 이러한 입장이 목적론적 윤리설의 도덕적 평가기준이다.

전쟁 상황에서 전투원의 행위는 도덕적 문제를 유발한다. "전쟁을 하고 있는 중에는 법이 침묵을 지킨다."는 격언이라든지 "사랑과 전쟁에서는 무엇이든 공정하다."는 속담은 마치 전쟁 중에 하는 행위는 무엇이든지 정당화된다는 의미를 담고 있다. 그러나 그렇지 않다. 전투중의 군인의 행위도 도덕적 평가의 기준에 따라 정당성을 가져야 한다.

가령, 경비원을 쏘아 죽인 은행 강도는 살인자가 되지만 공격해 오는 적을 사살한 군인이 살인죄를 범한 것은 아니다. 그러나 그 군인이 선량한 민간인이나 부상당해 전의가 없는 군인, 투항하는 적군, 점령지의 주민을 마구 쏘아 죽였다면 우리는 주저하지 않고 그를 살인자로 간주하고 비난하게 된다.

이처럼 전쟁에 관한 도덕적 반성은 얼마든지 가능하다. 그리고 전쟁도덕과 관련된 군대윤리는 어디까지나 목적론적 윤리설에서 성립되며 그 의미가 살아난다고 볼 수 있다.

전쟁에 관한 도덕적 반성은 일반적으로 '전쟁의 도덕'(morality of war)과 '전쟁에 있어서의 도덕'(morality in war)으로 나누어 생각할 수 있다.

[사 례]

세월호 침몰 사고(世越號 沈沒 事故)는 2014년 4월 16일 오전 8시 50분경 대한민국 전라남도 진도군 조도면 부근 해상에서 청해진해운 소속의 인천발 제주행 연안 여객선 세월호가 전복되어 침몰한 사고이다. 2014년 4월 18일 세월호는 완전히 침몰하였으며 이 사고로 탑승인원 476명 중 295명이 사망하고 9명이 실종되었다.

선원들이 침몰하는 배와 승객을 뒤로하고 자신의 생명을 부지하고자 먼저 탈출하는 모습을 보면서 우리 사회는 커다란 충격에 빠지게 되었다. 이러한 문제를
해결하기 위해 법이 제정되고 다양한 활동이 전개되고 있다. 그동안 성장 일변도로 달려오던 대한민국 호는 새로운 방안을 마련하게 되었다. 세계유일의 인성교육진흥법을 제정하였고, 인성교육의 패러다임을 바꾸는 계기가 되고 있다.

나. 전쟁의 도덕(morality of war)

전쟁의 도덕은 정당한 전쟁과 부당한 전쟁을 구분하는 도덕적 기준을 문제 삼는다. 즉, 전쟁을 하는 그 자체가 옳은 일인가 옳지 못한 일인가를 따져보는 것이다. 전쟁은 군인이 폭력을 사용하여 인마살상, 공공건물의 파괴 등 의무론적 윤리설의 관점에서 보면 옳지 못한 행위들에 의해 수행된다.

이러한 이유로 칸트와 같은 도덕적 이상주의자는 전쟁을 절대악(絶對惡, absolute evil)으로 보았으며, 유학의 왕도정치론도 병자흉기(兵者凶器)라는 개념으로 군대나 전쟁을 필요악으로 간주했다.

비록 폭력과 살상에 호소하는 것이 일반적으로 악으로 간주된다 할지라도 폭력과 살

상보다 더 큰 악이 발생한다면 이를 제거하기 위한 수단으로서 작은 악을 사용하는 것이 정당화된다는 논리에서 전쟁도덕은 시작된다.

어떤 사람이 나와 나의 가족을 살해하려는 위급한 순간에 정당방위로서의 폭력을 사용하는 것이 용납될 수 있다는 논거에서 전쟁 즉 폭력의 사용이 정당화된다. 이러한 맥락에서 적의 부당한 공격에 대응하는 방어 전쟁이 정당화되는 것이다. 북한이 남침을 하고도 남쪽의 북침을 운운하는 것은 6・25 남침전쟁을 방어적 전쟁으로 호도하고 그 행위의 정당성을 찾으려는 속셈에서 나온 것이다.

그렇지만 전쟁을 먼저 일으키는 것이 어떤 경우에도 반드시 정당화될 수 없다고 단정하기는 어렵다.

왜냐하면 도저히 묵과할 수 없는 도덕적 악과 불의를 응징하기 위해 일으킨 전쟁을 부당한 전쟁이라고 평가할 수 없기 때문이다. 인권이 유린당한 동족의 노예생활과 비극을 종식시키기 위해 일으킨 전쟁, 또는 부당하게 점령당한 영토를 회복하기 위해 먼저 감행한 군사행동이 반드시 도덕적으로 비난받아야 하는지 의문이 아닐 수 없다.

그러나 보복이나 세력 확장을 시도하고 종족이나 주민을 모두 살육하려고 감행하는 군사행동은 도덕적으로 정당화될 수 없으며 그 의도도 불순하다고 말할 수밖에 없다. 의도를 분명하게 밝혀낸다는 것은 매우 어렵지만 이것은 전쟁 수행에 있어서 취하는 수단의 선택과 밀접한 관계가 있다.

이처럼 우리는 전쟁의 도덕성에 관해 많은 논의를 개진할 수 있다. 전통적으로 정당한 전쟁과 부당한 전쟁을 말하는 사람들은 근본적으로 전쟁을 억제하고 평화를 유지하려는 정신을 지니고 있다.

그러면 정당한 전쟁과 부당한 전쟁을 구분하는 기준이 무엇인지 알아보도록 한다.

전쟁이 정당한 전쟁이기 위한 첫 번째 원칙은 정당한 명분(just cause)이다. 전쟁을 하는 이유가 타당해야 한다.

예를 들면, 무고한 인명의 보호라든지 인권의 보호라든지 무엇인가 현실적이고 확실한 위험에 직면한 경우에 전쟁이 허용된다. 혹은 침해된 주권의 회복과 같은 대의 명분이 있어야 전쟁 개입의 정당성이 있다고 본다.

정당한 전쟁의 둘째 원칙은 합법적 권위(competent authority)의 원칙이다. 국가의 통치권을 위임받고 있는 합법적인 당사자에 의해 전쟁의 선포가 이루어져야 하고 정규군에 의해 전쟁이 수행되어야 한다. 자칭 '해방군' 혹은 '시민군'이라고 하는 집단이 전쟁을 선포하고 무력을 사용하는 것은 정당화되지 않는다.

정당한 전쟁의 셋째 원칙은 비례적 정의(comparative justice)의 원칙이다.

살상과 파괴, 굶주림과 죽음 등을 수반하는 무력사용의 결과가 악보다는 선이, 불의보다는 정의가 더 많이 발생해야 한다.

정당한 전쟁의 넷째 원칙은 정당한 의도(right intention)이다. 전쟁 개입의 대의명분 뒤에 숨겨진 의도가 무엇인지 분명해야 하고 또 정당해야 한다.

전쟁종식과 평화유지가 진정한 의도인지 상대국의 종족 말살이 목적인지를 명확히 해야 한다.

정당한 전쟁의 다섯째 원칙은 최후의 수단(last resort)이다. 전쟁에 호소하는 길 외에 별다른 대안이 없어야 한다. 정치적, 외교적 노력 등 문제 해결의 방안을 모색했으나 전혀 다른 대안이 없을 경우에 한하여 최후의 수단으로 전쟁에 호소하는 것이 정당화된다.

이상과 같은 기준에 따라 전쟁수행이 불가피하다고 판단되어도 추가적으로 전쟁의 성공 가능성(probability of success)을 합리적으로 계산해야 한다.

물론, 이 기준을 적용하기가 쉽지 않지만 그 기본 정신은 불합리한 무력의 사용이나 희망 없는 저항을 방지하는 것이다.

마지막으로 정당한 전쟁의 원칙은 균형성(proportionality)이다. 전쟁에서 입은 손해와 비용이 무력 사용을 통해 얻는 이익과 조화를 이루어야 한다는 원칙이다. 비록 전투에서 승리할 가능성이 높다 해도 전쟁의 결과가 민족의 전멸, 국가 재원의 완전 탕진 등을 초래한다면 전쟁에 호소하는 것이 올바른 선택이 되지 못한다.

즉, 전쟁에서 얻을 수 있는 경제적 이해득실과 효율성 여부에 의해 전쟁개입 여부를 다시 검토해야 한다.

결국, 전쟁의 도덕이 추구하는 것은 호전성이 아니다. 오히려 가급적 전쟁을 억제하고 문제를 평화적으로 해결하려는 자세가 전쟁 도덕의 기본 정신이다. 그러나 군인은 위에서 검토한 정당한 전쟁의 모든 원칙에 의거 내려진 정책 결정자의 전투 명령에 절대 복종하고 가능한 모든 역량을 집중하여 신속하고도 정확하게 임무를 수행하고 전투를 승리로 이끌어야 한다.

[사 례]

윤리•도덕을 이야기 할 때 정직을 제외 할 수는 없다. 정직에 대한 역사적 사실을 살펴보면, 도산 안창호 선생이 학생들에게 "죽더라도 거짓이 없어라", "꿈에라도 성실을 잃었거든 참회하라", "거짓은 협잡을 낳고, 협잡은 불신을 낳고 이 불신에서 모든 불행이 생긴다."

"그러므로 나라를 망친 최대 원인도 이 거짓이다."라고 항상 강조하였다.
영국의 속담에"하루를 행복하려면 이발을 해라. 일주일 동안 행복 하고 싶거든 결혼을 해라. 한 달 동안 행복하려면 말을 사고, 한 해를 행복하게 지내려면 새 집을 지어라. 그러나 평생을 행복하게 살려면 정직하여라."는 말이 있다. 우리의 삶 속에서 오래 지속되는 행복은 정직에서만 발견할 수 있다.
위와 같은 역사적 사실에서 볼 수 있는 것처럼, 정직이란 자신의 이익을 포기하면서 모든 사람들이 더불어 이롭게 되기를 추구하는 공익우선 태도를 말한다.

정직은 부단한 도덕의 자기수련을 통해서 쌓아올려야만 실천할 수 있다. 그래서 정직함이 일관된 성격이 되려면 끊임없는 수신과 성찰이 필요한 것이다. 내게 이로울 때에만 정직하고 내게 불리할 때에는 부정직해서는 안 된다. 내게 이롭건 불리하건, 괴롭건, 힘들건 한결같은 정직함이 필요한 것이며, 가장 중요한 것은 정직한 성격을 형성하는 일이다.

특히, 공직자 및 군 간부에게는 더 높은 정직성이 요구된다는 것을 명심하여, 위의 사례와 같이 군 예비간부로서 정직을 어떻게 실천할 것인가를 생각해 보자.

다. 전쟁에 있어서의 도덕(morality in war)

전쟁의 도덕이 전쟁자체의 정당성과 관련된 문제라면 전쟁에 있어서의 도덕은 전투 중에 있는 군인의 행위, 전쟁의 수단, 전술, 전략 등의 도덕성과 관련된 문제라고 볼 수 있다. 전투행위 자체가 무력으로 인명의 살상, 공공건물의 파괴 등을 통해 이루어지기 때문에 의무론적 윤리설의 관점에서 보면 군인은 악과 불의를 자행하는 부도덕한 사람이 될 수도 있다.

그러나 군대윤리는 목적론적 관점에서 타당한 응용윤리이기 때문에 전투 중의 군인의 행위는 비례적 정당성을 갖는다. 그럼에도 불구하고 큰 정의나 선을 실현하기 위한 필요악으로서의 무력사용이 불가피하더라도 군인은 인도주의와 아마추어 선수의 공정한 경기정신과 신사도 정신을 지켜야 하는 것이 전쟁에 있어서의 도덕의 핵심이다.

이러한 정신은 1984년 8월 12일 제정된 전쟁희생자 보호에 관한 제네바 협약에 잘 반영되어 있다. "전쟁 중에도 자비를 베풀어야 한다."는 제네바 협약의 인도주의 정신은 4개의 협약과 2개의 추가 의정서에 담겨져 있다. 국제 인도법의 기본 원칙은 대략 다음과 같다.

첫째, 전투능력 상실자와 적대행위에 직접 가담하지 아니 하는 자는 그들의 생명과 육체적, 정신적 보존에 대하여 존중받을 권리가 있다. 그들은 모든 상황에서 차별 없이 보호되고 인도적으로 대우받아야 한다.

둘째, 투항하거나 또는 전투능력을 상실한 적군을 살상하는 것은 금지되어야 한다.

셋째, 부상자와 환자는 적대행위에 있었던 충돌 당사자에 의하여 수용되고 진료되어야 한다. 의료요원, 시설, 수송기관 및 자재도 보호대상이 된다. 적십자의 표장은 이러한 보호를 위한 표지로서 반드시 존중되어야 한다.

넷째, 포로가 된 전투원과 적대국의 지배하에 있는 민간인들은 그들의 생명, 존엄성, 인권 및 신념에 대하여 존중받을 권리가 있다. 그들은 일체의 폭력 및 보복행위로부터 보호된다. 그들은 자기의 가족과 서신을 교환하고 구호품을 받을 권리가 있다.

다섯째, 모든 사람은 기본적인 사법상의 보장을 받을 권리가 있다. 누구나 육체적 정신적 고문과 체벌 또는 품위를 손상하는 잔혹한 대우를 받아서는 아니 된다.

여섯째, 충돌당사자와 그 군대의 구성원은 전쟁의 방법 및 수단을 무제한적으로 선택할 수는 없다. 불필요한 손실 또는 과도한 고통을 유발하는 성질을 지닌 무기나 전쟁방법의 사용을 금지한다.

마지막으로, 충돌당사자는 어떠한 경우에도 민간인과 그들의 재산을 보호하기 위해 민간주민과 전투원을 구별하여야 한다. 민간인이나 개인이 공격목표가 되어서는 아니 된다. 공격의 대상은 오직 군사적 목표물에 국한되어야 한다.

이상의 제네바협약 7대 원칙이 지니고 있는 인도주의 정신과 아마추어 경기정신이 전쟁에 있어서의 도덕성의 근간이 된다. 그러나 전투 중의 군인이 준수해야만 하는 전시 인도법의 기본 원칙들을 암송하는 것만으로 그 실현이 불가능함을 우리는 전쟁의 역사에서 많이 보아 왔다.

지금까지의 논의를 요약하면, 전쟁도덕이나 전쟁에 있어서의 도덕의 문제는 의무론적 윤리설 보다는 목적론적 윤리설의 관점에서 볼 때 설득력이 있다는 것이다. 그리고 전쟁의 도덕은 전쟁을 일으키는 것 자체의 정당성을 따지는 도덕적 논의가 핵심이고, 그 정신은 전쟁의 방지와 평화 유지에 있다.

전쟁에 있어서의 도덕은 비록 군인이 폭력의 수단을 통하여 전투를 하지만 제네바 협약의 전시 인도주의 법에 따라 "전쟁 중에도 자비를 베푼다."는 정신을 강조한다.

"군인은 그가 우군이건 적군이건 간에 약하고 무장하지 않은 사람을 보호할 책임이 있다. 이것은 군인의 존재 이유이며 본질이다. 이러한 믿음이 사라지면 군인의 모든 명예와 신성함이 더럽혀질 뿐만 아니라 국제사회의 구조가 위협받게 된다."는 맥아더 장군의 말이 전쟁에 있어서의 도덕의 핵심을 잘 대변한다.

[사 례]

역사적으로 우리 국민들의 정신 속에는 나라를 지키는 호국정신이 면면히 이어져왔다. 5천년 역사의 민족정신을 생각할 때 아무리 강조해도 지나치지 않다. 그러나 이러한 선조들이 동방예의지국의 인성문화가 퇴색되고 있다. 국민인성 문화는 국민 사이에 형성될 수 있는 신뢰 관계의 설정이고 국민행복의 선결조건이기 때문에 다시 회복되어야 한다. 우리는 인성이 무너진 지금의 상황에 좌절하지 않고, 인성의 위기를 기회로 만들 수 있는 민족 혼(魂)을 가지고 있다.

을사늑약으로 나라가 넘어가기 직전인 1905년 12월 신채호 선생은 〈대한매일신보〉에 쓴 논설 「시일야우방성대곡(是日也又放聲大哭)」에서"앞으로 하와이의 이민과 같이 미국 영토에 붙어살까? 블라디보스토크의 유민같이 러시아 땅에 예속되어 살까? 라고 하면서 나라의 운명을 한탄하였다."신채호 선생의 이야기는 100여 년이 지난 지금까지도 그 의미를 그대로 시사해주고 있다.

제 2 절

직업군인의 특수성

1. 개 요

일반적으로 군대를 보는 우리사회의 시각은 마치 다른 나라 다른 민족 집단으로 보는 경우가 있는데 먼저 군대윤리의 개념적 의미와 사회생활과 윤리와의 관계를 알아야 한다. 그러기 위해서 철학적 차원의 의미보다는 보편의 정의와 개념을 중심으로 고찰하고자 한다.

2. 군대 사회의 특수성

군대는 계급적 질서와 엄격한 통제를 구성원들에게 강요한다. 이는 군대가 일반사회의 여타 직업집단과는 그 임무와 업무의 성질이 근본적으로 다른데 그 원인이 있는 것이다. 군대는 외부의 침략으로부터 나라를 지키기 위해 조직화된 폭력을 사용한다. 그리고 이런 폭력적 공권력이 효과적으로 사용될 수 있도록 계급적 질서로 조직되고 엄격한 규율로 통제가 되는 것이 군대인 것이다.

군대사회와 일반 시민사회 간에는 차이점 못지않게 공통점도 있으며, 오늘날 군대사회 권위패턴도 과거 권위주의적 리더십으로부터 설득과 이해라는 민주적인 스타일로 바뀌고 있고, 병영 내에서 개인의 자율과 인권의 비중이 점차 증가하고 있다.

가. 조직의 특수성

(1) 임무의 특수성

군대의 제1차적 임무는 외부의 침략으로부터 국가의 사활(死活)이 걸린 국가이익을 방어하기 위하여, 조직화된 폭력을 사용하는 것이다. 이로부터 우리는 군대의 일차적 임무는 "국가 방위이며, 대상은 국가이고 제공하는 봉사는 국가이익을 위한 정당하고도 합법적인 폭력을 사용하는 것이다" 는 명제를 도출해 낼 수 있을 것이다. 이는 군인 개개인이 국가의 이익에 전적으로 연루되어 있음을 의미한다.

그는 국가의 이익을 위해 때로는 군사력을 사용해야 하며, 필요하다면 자신의 생명까지도 희생시켜야 한다. 물론, 전투가 없는 평화의 기간들이 존재한다. 그리고 전시에도 군대의 일부만이 실제로 전투에 종사하게 된다. 그렇지만 평시 상황 하에서도 군대조직은 적의 도발을 억제함으로써 전쟁을 예방하고, 전시·평시를 막론하고 전쟁수행에 대비하기 위해 고도의 전투대비태세를 유지해야만 한다.

그리고 군대의 많은 비전투적인 과업들도 군사력의 유지와 효율성에 필수불가결한 것들이며, 따라서 전투 자체에 못지않게 군대의 제1차적인 임무수행을 위하여 절대적인 중요성을 가진다. 그러나 비록 군대의 활동에는 전투와 직접적으로 상관이 없는 다양한 분야가 존재한다. 하더라도 전투는 여전히 군대의 핵심적인 가치인 것이다. 국가로부터 위임받은 전투행위는 군대의 존재 이유이다.

군대는 일반사회의 여타 조직과 다르다. 어떠한 악조건 하에서도 임무가 부여되면 기꺼이 완수해야 하는 곳이 군대이다. 더욱이 국가의 생존권을 지키기 위해서, 국민의 생명과 재산을 보호하기 위해서는 포탄·총알이 빗발치는 전쟁터에서 죽음을 무릅쓰고 적과 싸워야 한다. 군대는 외부의 침략 등으로 국가가 위태로울 때, 국가를 보위하며 국민의 생명과 재산을 보호할 막중한 사명을 부여받고 있다.

따라서 전쟁에 나아가면 그 부대의 목표를 달성하기 위해 생사를 초월한 전투를 수행해야 한다. 합법적으로 무력을 사용할 수도 있고 적을 사살할 수도 있는 것이다. 죽음을 무릅쓰고 전투에서 승리해야 하며, 필요하다면 자신의 목숨을 바쳐서라도 적을 격퇴하고 국가의 존립을 보장해야 하는 것이다.

1999년 연평해전과 2002년 서해교전에서도 우리 해군은 북방한계선(NLL)을 넘어 기관포와 어뢰로 공격해 오는 북한 경비정을 죽음을 무릅쓴 교전으로 격퇴 및 퇴각시킨 바 있다. 이는 현장 지휘관을 중심으로 일사불란한 지휘와 생사를 초월한 임무수행의 성과다.

이와 같이 군인은 생·사를 초월하여 수행해야 하는 임무를 부여받고 있기 때문에 평소부터 일사불란한 지휘체제와 상명하복의 투철한 군인정신으로 무장되어야 한다. 이것은 곧 "명령과 복종"으로 귀결된다. 명령이란 상관이 계급과 직책에 의해 자신에게 부여되는 권한으로 정당하게 부하에게 부여된 임무를 수행하도록 지시하는 강력한 요구로서 합법적인 권리행사이며, 복종은 이를 수행하기 위한 부하의 임무인 것이다.

(2) 엄격히 통제된 국가기관

군대란 위임받은 조직화된 폭력을 사용한다고 말할 때, '국가로부터 위임'이라는 말은 군인들에게 헌신과 노력을 요구하는 자가 국가라는 의미이다. 따라서 군대란 국가가 자신이 합법적으로 독점하고 있는 폭력사용권을 행사함에 있어 이용되는 국가기관인 것이다.

'국가로부터 위임'이라는 말은 또한 군대는 정부의 통제를 따라야 한다는 의미를 내포하고 있다. 따라서 정부는 군대의 활동에 대해서 정치적으로 책임을 진다. 이는 적어도 군대를 사용하는 분야에 있어서만큼은 군대가 정부의 통제를 받도록 위계질서가 수립되어 있어야함을 의미한다. 그렇게 함으로써 군대의 전부 혹은 일부의 사용은 비록 언제나 직접적으로 그런 것은 아닐 수도 있지만, 항상 정부의 통제에 따르게 되어 있는 것이다.

군대는 정부기관 가운데서도 국가의 군사안보를 책임 맡고 있는 기관이다. 따라서 국가의 군사안보문제에 관한 한 이를 대표해서 제기하고, 국방에 필요한 자원을 배정받고 군사관련정보를 제공하는 기능을 수행한다.

(3) 조직의 복잡성

군대가 전투임무를 수행하는 데는 그 내부의 각기 상이한 기능과 특기를 가진 작업진단들이 지휘에 효과적으로 따를 수 있도록 조직되고 편성되어야 한다. 그리고 이런 작업집단들과 부대편성은 무기의 발달과 전쟁양상의 변화에 따라 변한다. 군대집단의 대표적인 것으로 병과(兵科)를 들 수 있는데, 병과의 탄생과 발전의 역사는 고대 그리스·로마시대의 전투부대는 창이나 칼 또는 활로 무장한 보병과 기병으로 구성되었으며, 이들은 밀집 전투대형을 이루어 운영되기에 용이한 부대단위로 편성되었는데, 그 대표적인 예로 로마의 군단(legion)을 들 수 있다. 소수의 기병을 포함하여 약 3천명 내지 6천명의 보병으로 편성된 레기온은 초급 지휘관이 지휘하는 전술단위인 코르테스(cohortes, 레기온을 10등분한 부대로 3백 명 내지 6백 명으로 구성된 보병부대)로 구성되어 17세기 이전까지도 포병과 공병은 독립 병과가 아니었으며, 17세기 기병과 보병의 중대급 부대에 '야전이발사'가 1명씩 배치된 것이 군의병과(軍醫兵科)의 효시라 할 수 있다. 오늘날 적색 또는 청홍색 나선형 줄무늬로 된 이발소 간판도 이때부터 비롯된 것인데, 적색은 동맥을 의미하는 것으로 이것은 당시의 이발사가 조발만 한 것이 아니라 외과수술도 담당했음을 말해주는 것이다.

이런 과정을 거쳐 오늘날 군대에는 보병, 포병, 기갑, 방공, 정보, 공병, 통신, 의무, 병기, 화학, 수송, 재정, 법무, 정훈, 군종, 헌병, 행정 등의 병과와 수많은 직능, 특기가 출현한 것이다.

조직구조 또한 매우 복잡해졌다. 과거 일직선형(一直線型)의 위계적 조직패턴은 참모제도의 출현과 정보통신 수단을 비롯한 과학기술 무기와 장비 등의 발달로 말미암아 매우 복잡해졌다.

[사 례] 회복탄력성으로 성공적인 삶을 살아가자

회복탄력성이란 세상을 살아가면서 누구나 겪을 수 있는 역경이나 고난의 상황에서 감정을 조절하여 빠르게 정상적인 상태로 회복하는 능력을 말한다. 자신에게 닥쳐오는 온갖 역경과 어려움을 오히려 도약의 발판으로 삼는 힘을 말한다.

어떻게 실천 할 것인지에 대해 생각해 보자. 첫째, 좌절이나 비관적 감정으로부터 빠르게 정상적인 감정으로 회복하기 위해서는 감정조절, 충동억제, 원인분석 등의 자기조절 능력을 향상시켜야 한다.

둘째, 힘든 상황을 함께 극복하기 위해서 조직원(부대원)과의 좋은 관계를 유지해야 한다. 그러기 위해서 상호 소통하고, 공감하며, 자아를 확장해서 대인관계능력을 키워가야 한다.

셋째, 어떠한 역경과 고난의 상황에서도 감정을 긍정적으로 유지하기 위하여 낙관적인 자아를 갖고, 현 생활에 만족하며 감사하는 마음을 가지되 안주하지 말고 끊임없는 성장을 위해 노력하는 것이다.

넷째, 판단이 혼미해 지는 상황에 빠지더라도 판단력을 빠르게 회복할 수 있도록 감정조절과 관계조율을 잘 해야 한다.

누구나 겪을 수 있는 역경과 고난을 어떻게 극복하여 회복탄력성을 함양 할 것인지에 대해 각자 생각해 보자.

(4) 헌신이 전제된 집단

군에 입대한다는 것은 엄청난 자유의 상실을 의미한다. 복무는 하루 24시간 동안 계속되며, 집에 가는 것도 '허락'을 받아야 한다. 최근 일부 국가에서는, 그리고 특히 평화 시에 있어서는 그와 같은 군대의 요구사항들이 일부 특정한 측면에서는 약화되었다. 일과시간 이후에는 야근근무자를 제외하고 외출과 외박이 허용됨으로써 일반사회와 접할 수 있는 기회가 보다 많아졌고, 휴가 기회가 보다 많이 부여되고 있으며, 복무기간도 점차 단축되고 있다. 그러나 이런 변화들이 여기에 기술된 군대의 기본적 성격을 바꿀 정도로까지 진행되지는 않았다.

또 개인의 안전이 침해받을 위험성은 군복무가 지닌 일상적이고도 본질적인 요소가 되기도 한다. 이와 같은 광범위한 헌신은 엄격한 통제를 통하여서만 확보될 수 있다. 군대조직이 지니고 있는 이와 같은 대략적 특징들은 군대사회를 일반사회와 구별시켜 주는 근거가 된다.

2008년 6월 20일, 우리는 뇌출혈을 일으켜 생명이 위독한 동료를 긴급 후송하고 복귀 중 어둠과 짙은 안개로 인하여 헬기추락 사고를 당한 7명의 고귀한 군인들을 안타깝게 보내야만 했다.

이들 중에는 결혼 5개월 된 신혼의 군의관과, 두 살과 6개월 된 두 딸을 둔 간호장교도 있었으며, 동생의 자녀들까지 함께 살며 돌보던 훌륭한 군인도 있었다.

모두가 소중하고 없어서는 안 될 귀중한 전우이고 자식이었으며, 부모였다. 이들은 전날 당직 근무 중 뇌출혈로 생명이 위독한 군인을 구하기 위하여 짙은 안개에도 불구하고 모두가 잠들어 있을 자정에 야간비행에 나섰다가 변을 당했다. 목숨을 담보로 임무를 수행한 진정한 참 군인이요, 신뢰받는 국군의 표상이라 하겠다.

나. 군대생활의 특징

(1) 위계질서 사회

군대는 국가에 봉사하기 위한 기관 중 엄격한 상명하복(上命下服)의 위계조직으로 구성되어 있으며, 직책과 계급으로 대표되는 위계적 권위가 군의 내부질서를 유지시키는 주된 기능을 하고 있는 것이다.

그래서 군대는 전체주의적(全體主義的)이지는 아니지만 불가피하게 권위적이 된다. (권위적이란 상하의 인간관계와 명령과 복종의 규범을 강조) 이는 인간은 평등하고 누구도 자신의 의사에 반하여 행동을 강제 받지 않는다는 민주주의의 요소를 조직구조의 원리로 삼고 있는 것이다.

이와 같은 비민주적 요소가 민주국가에서 정당화 될 수 있는 근거로 바로 이러한 요소로 말미암아 군대가 민주주의의 수호와 국토방위의 임무를 가장 효과적으로 수행할 수 있기 때문이다. 군대사회의 권위적 위계질서가 가지는 성격을 한마디로 "군대는 계급이다"라고 표현할 수 있을 것이다. 결국 군대는 계급사회인 것이다.

(2) 통제 속의 규율

'군대식'이라는 말은 군대사회란 일반사회와 달라서 엄격한 규율로 그 구성원들의 행동을 통제하는 곳이라는 뜻일 것이다. 입영과 동시에 머리를 일률적으로 짧게 깎는 것처럼 군대생활은 통제와 규율 속에서 이루어진다. 기상, 식사, 휴식, 취침 등 거의 모든 생활이 정해진 시간과 규율 속에서 이루어지며 옷을 입거나 외출을 하는 것도 개인이 자유롭게 하지 못하게 규정해 놓고 있다. 따라서 자유분방한 사회생활을 하다가 군에 입대한 초기에 이런 통제는 참기 어려운 것 또한 사실이다. 그렇다면 왜 이토록 군대에서는 규율과 통제가 강조되는가?

군대와 같은 거대한 조직이 유기체와 같이 일사불란(一絲不亂)하게 살아 움직이려면 각 구성원들의 자발적인 참여와 협조도 필요하지만 그에 못지않게 조직이 요구하는 질서와 통제를 어기는 일탈행위를 하지 못하도록 하는 강제성을 띤 규율도 필요한 것이다. 특히 군 직무란 이를 통해 개인에게 직접적으로 어떤 소득이 돌아오는 것도 아니고 이를 수행함에 있어서 때로는 신체적 위험과 심신의 고통을 수반하기 때문에 자발성만으로 군의 질서가 유지되기를 기대하기는 현실적으로 한계가 없지 않다. 따라서 강력한 처벌이 뒷받침되는 통제가 필요한 것이다.

위반 시 강력한 처벌이 따르는 군기만이 군의 질서를 확립할 수 있는 유일한 방법은 아니다. 오늘날과 같이 국민교육 수준이 향상되고 민주적인 의식구조를 지닌 젊은이들이 군에 복무하는 상황에서는 강압적 통제에 의한 군기 확립보다 개개장병들의 자발성에 호소함으로써 더욱 효과적으로 군기와 질서를 확립할 수 있는 것이다.

(3) 단결과 단체성 조직사회

군인 개개인에게는 단결심과 협동심이 요구되며, 군의 상급자들에게는 부하들을 단결시키고 협동시켜야 할 책임이 있는 것이다. 동서고금을 막론하고 훌륭한 지휘관은 부대를 단결시키는 리더십을 발휘했음이 전사(戰史)에 잘 나타나 있는 것이다.

혼자서 전쟁을 하는 람보 영화는 어디까지나 오락물이지 전쟁과 전투의 실상이 아니다. 혼자 하는 전쟁은 옛날 말을 탄 장수끼리 싸워서 이기는 편이 전쟁에 승리하던 때나 가능하지만, 조직의 규모가 방대하고 복잡해지며, 첨단무기나 장비가 정교해짐으로써 각 분야에 많은 전문가가 있어야 하며, 직무가 말단에까지 분업을 이루고 있는 현대군대에 있어서 조직구성원들 간의 단결과 협동은 군의 직무수행과 전투력 발휘에 있어서 매우 중요한 요소이다.

[사 례] 역할을 통해 자기를 이해하자

자기역할을 이해하는 것은 인성함양에 첫 번째 단계일 것이다. 인성은 관계를 통해서 배우고 성장해 나가는 전 생애의 성장 과정이다.

손자병법의 "나를 알고 상대를 알면 백 번 싸워도 위태롭지 않다(知彼知己 百戰不殆)"는 말은 전쟁에서뿐만 아니라 인간사 모든 일에 그대로 적용된다. 인간관계를 맺으면서 서로를 잘 안다고 생각하지만 의외로 잘 모른다. 자기 자신도 잘 모를 뿐 아니라 상대방을 잘 모르기 때문에 소통이 되지 않아 불행으로 빠지는 경우가 많다. 손자 등 여러 선인들의 이야기의 핵심은 자신의 역할을 아는 것이 매우 중요하면서도 그것이 쉽지 않다는 것이다. 자신의 역할을 제대로 알 수만 있다면 아마도 대부분이 성공한 인생을 살 수 있을 것이다.

이와 같이 지기(知己)는 자아정체성, 목표, 분수 등을 인식하는 것이라 할 수 있다. 이것은 자신의 몸에 맞는 옷을 입는 것과 마찬가지이고, 발에 맞는 신을 신는 것처럼 꼭 필요한 것이다.

여러분 자신이 현재 입고 있는 옷이 몸에 맞지 않고, 신발이 발에 맞지 않는 다면 어떻게 되겠는가? 자기통찰이 얼마나 중요한지를 깨달아 보자.

(4) 임무완수 우선

전쟁의 승리는 지휘관이나 한 개인의 책임완수에 의해 이룩되는 것이 아니라 부대원 전원의 종합적인 힘의 결과로서 이룩된다. 따라서 조직의 힘을 최대로 발휘하여 주어진 소명을 다하는데 있어 단 한 사람이라도 임무를 소홀히 한다면 조직이 추구하는 소기의 목표를 달성하지 못할 것이다. 군인의 삶은 기본적으로 나라를 위한 삶이기 때문에, 개인의 이해관계나 사정에 의해 소속부대가 임무를 다하지 못한다거나 지장을 받게 하는 행위가 있어서는 안 된다.

2002년 서해교전 당시 북한군은 계획적인 도발을 자행하였다. 제17회 한・일 월드컵 4강 진출로 온 국민이 환희의 기쁨으로 들떠 있는 상황에서 3・4위전(한국-터키전)이 열리는 날 오전, 북한군 경비정 2척이 NLL을 침범하여 우리 해군의 고속정(참수리 357호)을 기습 공격하였다.

북한의 기습포격으로 참수리호 조타실은 순식간에 화염에 휩싸였고, 양측 함정간의 교전이 벌어졌다. 북한의 기습적인 공격으로 우리 전우 6명이 희생되고 19명이 부상을 당했다. 이러한 상황에서도 우리 해군은 즉각 대응사격으로 적을 격퇴시켰다. 기습공격을 받는 위험 속에서도 영웅적 투혼을 발휘하여 NLL을 지켜낸 것이다.

크림스타이드 함장 "우리는 민주주의를 수호하기 위해서 왔지, 실현하기 위해서 온 것이 아닐세"

맥아더 원수는 "군대는 민주주의가 없다"고 했다. 군대의 특징을 극단적으로 표현한 것이다. 즉, 군대가 맡은 바 임무를 성공적으로 수행하기 위해서는 때로는 민주주의가 가장 소중한 가치로 여기는 생명까지도 군인은 버릴 수 있어야 한다는 의미이다.

일반 사회의 직장에서는 본인이 싫으면 사표를 내고 회사를 그만둘 수 있지만, 군대는 단 하나뿐인 생명도 국가와 민족을 위해서 바쳐야 하는 무한한 헌신이 요구되는 곳이다. 그렇기에 일반사회는 근무한다고 하고, 군인은 국가에 복무한다고 표현한다.

제 2 장

군대예절

제 1 절

예절(禮節)

1. 예절의 의미

예절이란 더불어 잘 살아가기 위한 인간들의 약속이며, 그 밑바탕이 되는 것은 "인간에 대한 존중"이라는 근본정신이다. 이것은 시대와 장소를 가리지 않고 앞으로도 변치 않을 공통(共通)된 대원칙이다.

인간은 귀한 존재이다. 물론 인간만이 아니라 세상의 어느 것 하나 소중하지 않은 것이 없다. 모두가 우리가 살아가는 데 있어 의미를 주고 있는 것이기 때문이다. 모든 것 가운데에서도 우리 인간은 특히 가장 귀한 존재이다. 인간은 그 어느 것도 지니지 못한 것, 즉 양심과 이성(理性)을 지녔기 때문이다. 모든 예의범절의 근본정신은 이 존귀한 존재에 대한 깊은 믿음과 사랑이 바탕이 되어 나온 것이다. 그것은 또한 "인격존중(人格尊重)"이라는 말로도 표현할 수 있다. 서로의 인격을 존중하는 것이 바로 예절의 근본정신임은 두말 할 나위가 없다. 이렇게 본다면 예의범절이라는 것은 우리 조상들이 그렇게 여겨 왔듯이 "인격완성(人格完成)의 수단"이요, 동시에 원만한 인간관계를 이루어나가기 위한 수단인 것이다.

예절이건 규칙(規則)이건 혹은 법률(法律)이건 간에 인간존중이라는 근본정신에는 큰 차이가 없다. 단지 예절은 무엇보다도 더욱 인격의 자율성에 의지한다는 점에서 다른 것들과 구분된다.

우리는 그런 고귀(高貴)한 정신이 바탕에 있는지 깨닫지 못하고, 예절을 그저 귀찮은 것이니, 형식적인 것이니 하면서 쉽게 넘겨버리는 수가 많다.

지금 당장 이 순간은 예절을 무시할 수도 있다. 하지만 우리는 예절을 지키며 세상을 살아가는 것이 훨씬 더 지혜로운 일이며, 그 이유는 인간이란 혼자 살아가는 것이 아니라 사회를 이루고 더불어 살아나가기 때문이라는 것을 깨닫게 된다.

사람은 누구나 세상에 태어나 자기 삶을 의미 있게 살아보고자 노력하며 다른 사람으로부터도 하나의 인격체(人格體)로서 대접받기를 원한다. 내가 남의 인생을 무시하고 나만 홀로 인격을 존중받을 수는 없는 일이다.

내가 대접받기 위해서는 먼저 그만큼 정성(精誠)을 다해 상대방을 대접해 주어야 하는 것이다. 어떻게 대접할 것인가. 일상생활 속에서 우리가 늘 숨을 쉬듯 자연스럽게 몸에 배어 실천할 수 있는 방법은 바로 서로가 예절을 지키는 일이다.

예절을 지킴으로써 비로소 내가 남의 인격을 존중해 줄 수 있고 덩달아 내 인격도 존중받을 수 있는 것이다.

우리나라는 예로부터 "동방예의지국(東方禮義之國)"으로 불리어 왔다.

지금부터 약 2300년 전에 공자(孔子)의 7세손(世孫)인 공빈(孔斌)이라는 이가 우리나라에 관해 쓴 『동이열전(東夷列傳)』에 다음과 같은 이야기가 있다.

"먼 옛날부터 동쪽에 나라가 있는데 이를 동이(東夷)라고 한다."

그 나라에 단군(檀君)이라는 훌륭한 이가 태어나니 아홉 개 부족 구이(九夷)가 그를 받들어 임금으로 모셨다.

일찍이 그 나라에 자부선인(紫府仙人)이라는 도에 통한 학자가 있었는데, 중국의 황제(黃帝; 중국인의 시조)가 글을 배우고 내황문(內皇文)을 받아 가지고 돌아와 염제(炎帝) 대신 임금이 되어 백성들에게 생활방법을 가르쳤다.

순(舜)이 중국에 와서 요(堯)임금의 다음 임금이 되어 백성들에게 사람 노릇하는 윤리와 도덕을 처음으로 가르쳤다.

소련(小連)과 대련(大連) 형제가 부모에게 극진히 효도하더니 부모가 돌아가시니까 3년을 슬퍼했는데 이들은 동이족의 후예였다.

그 나라는 비록 크지만 남의 나라를 업신여기지 않았고, 그 나라의 군대는 비록 강했지만 남의 나라를 침범하지 않았다.

풍속(風俗)이 부드럽고 도타워 길을 가는 이들이 서로 양보하고, 음식을 먹는 이들이 먹을 것을 미루며, 남자와 여자가 따로 거처해 섞이지 아니하니, 이 나라야말로 동쪽에 있는 예의바른 군자의 나라 (東方禮義君子之國)가 아니겠는가?

이런 까닭으로 나의 할아버지 공자께서 '그 나라에 가서 살고 싶다.'고 하시면서 '누추하지 않은 곳이다.'고 말씀하셨다.

우리의 선조들은 이러한 칭송을 긍지로 삼고 살아왔다.

매사에 동방예의지국의 백성답게 올바르게 살고자 했으며, 그 전통을 길이 남기려고 노력하였다. 따라서 예의범절을 가르치고 배우는 데에 무엇보다도 중점을 두었다.

예절은 문화의 한 부분이라고 하였다.

따라서 예절을 잘 지키는 전통은 바로 우리 고유의 문화라고 할 수 있다.

우리는 우리의 조상이 그랬던 것처럼, 우리의 문화인 예절바른 생활을 긍지를 갖고 지켜 나가야 할 것이다.

[사 례]

이러한 이기적이고 개인주의 사상은 현대인들로 하여금 자기중심적이고 이해타산적인 인간관계를 맺게 만들고, 쾌락주의 사고방식은 도덕과 인간성을 변질시켜 왔다. 그리하여 현대인들은 타인에 대해 서로 무관심한 존재로 전락하고 있는 실정이다.

이러한 인간관계는 다른 사람과의 사이에 서로 불신하며 자신을 감추고 타인의 진실한 의미를 파악하려 하지 않는 것이다. 이러한 인간관계는 서로 간에 보이지 않는 벽을 쌓아 진실한 만남을 단절시키고 있어 현대인의 대부분을 고독하게 만들고 있다. 이러한 현상이 심화되면 내 이웃에게 아무런 관심도 두지 않고 오직 자신의 성공과 출세만을 추구하려고 할 것이며, 이는 우리가 사는 이 사회를 점점 더 소통이 단절된 냉냉한 사회로 만들어 가게 할 수 있다.

따라서 다양한 패러다임 오류 체험을 통해, 보이는 것만으로 예단하는 것은 위험함을 깨닫고, 상대를 이해하고 이타적인 패러다임을 가질 수 있도록 해야 한다.

2. 예절의 목적

사람은 남과 더불어 산다. 남과의 대인관계(對人關係)를 원만히 하려면 서로 약속해 놓은 방식으로 하지 않으면 안 된다.

대인관계란 사람과 사람의 관계이다. 때문에 자기가 먼저 사람이 되어야 한다. 스스로 사람다워지려는 노력을 자기관리(自己管理) 자기수양(自己修養)이라 한다.

예절은 인간으로서의 자기관리와 사회인으로서의 대인관계를 원만히 영위하기 위해 필요한 것이다.

사람이 되고 사람 노릇을 해서 사람대접을 받으며 사람과 더불어 살려면 사람끼리 약속해 놓은 생활방식인 예절을 알아서 실천해야 한다. 따라서 예절을 실천하지 않는 것은 바른 사람이 되기를 거부하는 것과 마찬가지이다.

[사 례]

대부분의 사람들은 골치 아픈 일이 생기면 자신에게서 그 원인을 찾기보다는 다른데서 찾는다.'자신은 잘 하는데 다른 사람과 환경이 방해 한다'고 생각한다.

그러면서 원인과 대책을 강구하지 않아 더 큰 화근을 만들기도 한다. 바로 타인이해력이 부족한 어리석은 사람들의 대표적인 모습이다. 이러한 사람들은 남의 탓으로 돌리지 말고 자신의 이해력 부족과 생각 없는 행동을 반성해야 한다. 단편적이고 일시적인 원인을 찾기보다 근본적인 원인을 찾아야 하기 때문이다.

「여덟 단어」 책(박웅현)에 보면"인생에 정답은 없다. 모든 선택에는 정답과 오답이 공존한다. 이해력이 있고 지혜로운 사람은 선택한 다음 그걸 정답으로 만들어내는 것이고, 어리석은 사람들은 그걸 선택하고 후회하면서 오답으로 만든다"라고 이야기 한다.

학생이 공부가 안 되고, 장사꾼이 장사가 안 되고, 사업가가 사업이 안 되면, 지금 나의 상황에 대한 이해력이 어떤지, 내가 무엇이 잘못되었는지 본질을 꿰뚫어 보는 안목이 필요하다. 내게 보이는 것이 아니라 내가 진정 봐야 할 것을 제대로 보려면 현실을 읽을 수 있는 이해력이 있어야 한다. 제대로 볼 수 있는 이해력이 있는 눈을 가질 때 통찰력이 생기고 기회를 얻게 된다. 구름 속에 가려진 태양을 볼 수 있는 힘이 생기는 것이다. 힘들수록 시대의 흐름을 타고 현상과 본질을 제대로 분별할 수 있는 이해력과 눈이 필요하다.

3. 예절의 기능과 본질

스스로 사람다워지려는 자기관리는 수기(修己)라 하고, 남과 어울려 함께 사는 대인관계를 치인(治人)이라 한다.

수기하는 예절은 자기의 안에 있으면서 자기 자신에게 작용[대내 대자적작용 對內對自的 作用]하는 기능을 가지는데 그때의 본질은 정성 [성 誠] 스러운 것이고, 치인하는 예절은 자기의 밖으로 나아가 남에게 활용 [대외 타자적작용 對外對他的活用] 되는 기능을 가지는데 그때의 본질은 공경 [敬] 하고 사랑 [愛] 하는 것이다.

자기관리의 요령은 홀로 있을 때도 삼가는 신독(愼獨)이고, 대인관계의 요령은 남을 편안하게 하는 안인(安人)이다.

정성이란 자기를 속임이 없는 [毋自欺 · 모자기] 양심(良心)이고, 공경과 사랑이란 어른을 공경 [공경(恭敬)] 하고 아랫사람을 사랑 [愛] 하는 인류애(人類愛)이다.

안에 있는 예절의 마음과 밖으로 나타나는 예절의 언동(言動)이 일치해야 참 예절이라 할 것이다.

[사 례]

이 상황은 타인(부하)을 이해하기보다 타벌주의와 책임전가의 전형으로 일상생활이나 직장에서 흔히 일어날 수 있는 사례이다. 상사가 처음에는 부하의 계획을 찬성했다가 실행과정에서 하자가 발생하면"어떻게 계획을 세웠기에 그런 일이 생기나!"하면서 부하에게 책임을 추궁한다. 행사준비 일체를 부하에게 일임해 놓고 막상 행사진행 중에 사소한 문제라도 생기면 노발대발하면서 꾸중한다.

가정에서 남편이 평상시에는 자녀교육을 전적으로 아내에게 맡기고 무관심하고 있다가 자녀의 성적이 떨어지면 "애를 어떻게 가르친 거야!" 하면서 아내에게 성적이 떨어진 책임을 전가한다. 따라서 발생한 문제점에 대해서는 타인에게 책임을 전가하기보다 먼저 문제점은 자신에게 있다는 생각으로 접근하여 문제를 해결하려는 노력을 해야 한다.

[사 례]

현대인이 가지고 있는 중요한 문제점 중의 하나는 패러다임의 오류이다. 세상을 바라보는 시각을 이야기 하는 패러다임은 자신의 경험, 환경, 관심에 따라 많은 오류를 갖고 있다. 어떻게 인식하느냐에 따라 다르게 형성 될 수 있다. 현대인이 가지고 있는 또 하나의 문제점은 개인주의, 이기주의, 물질만능의 가치가 지배적인 사회에 살아가고 있다는 것이다.

이러한 이기적이고 개인주의 사상은 현대인들로 하여금 자기중심적이고 이해
타산적인 인간관계를 맺게 만들고, 쾌락주의 사고방식은 도덕과 인간성을 변질시켜 왔다. 그리하여 현대인들은 타인에 대해 서로 무관심한 존재로 전락하고 있는 실정이다.

이러한 인간관계는 다른 사람과의 사이에 서로 불신하며 자신을 감추고 타인의 진실한 의미를 파악하려 하지 않는 것이다. 이러한 인간관계는 서로 간에 보이지 않는 벽을 쌓아 진실한 만남을 단절시키고 있어 현대인의 대부분을 고독하게 만들고 있다. 이러한 현상이 심화되면 내 이웃에게 아무런 관심도 두지 않고 오직 자신의 성공과 출세만을 추구하려고 할 것이며, 이는 우리가 사는 이 사회를 점점 더 소통이 단절된 냉냉한 사회로 만들어 가게 할 수 있다.

따라서 다양한 패러다임 오류 체험을 통해, 보이는 것만으로 예단하는 것은 위험함을 깨닫고, 상대를 이해하고 이타적인 패러다임을 가질 수 있도록 해야 한다.

4. 예절은 어떻게 만들어지나?

예절은 누가 특별히 만드는 것이 아니다. 아무도 예절을 만들지 않았지만 우리의 생활 속에 예절이 있다.

산을 넘어가는 길은 아무도 만들지 않았지만 산길이 있는 것과 같은 것이다. 누구든지 산을 넘어가려면 제일 빠르고 제일 가깝고 편하게 가려하고, 그러한 길은 수많은 사람들이 밟고 지나가서 그것이 저절로 길이 된 것이다.

예절도 그렇다. 같은 여건(與件) 하의 생활권에서 오랜 관습을 통해 가장 합리적(合理的)이고 가장 편리하기 때문에 누구든지 그렇게 하지 않을 수 없는 생활방식이 된 것이다.

그래서 예절을 '버릇'이라 말하기도 한다. 따라서 예절을 실천하지 않는 것은 합리적이고 편리한 생활방식을 버리고 이치에 맞지 않고 불편하게 사는 것과 같다.

5. 예절과 에티켓

인간은 사회 속에서 타인과 다양한 관계 속에서 살아간다.

인간은 혼자서는 살아갈 수 없으며, 여러 사람들과의 교류와 협동으로 생활한다.

이러한 사회관계 속에서 나 혼자만의 이기적인 행동으로 행복해지기는 어려우며, 공동생활의 조화와 질서를 유지하려는 자각적인 노력과 인격이 필요할 것이다.

예란 자기의 어진 본마음을 솟아나게 하는 것이다.

본 마음을 찾으면 서로 사양하는 마음이 솟아나고, 사양하는 마음이 솟아나면 표정이 밝아지고, 표정이 밝아지면 오가는 말이 순해지고, 말이 순하면 행동거지가 신중해진다.

예절의 근본정신은 상대방의 인격을 존중하는 마음이며, 윗사람을 공경하고 아랫사람을 사랑하는 경애(敬愛)의 정신이다.

존중하고 경애하는 마음을 바탕으로 상대방의 입장에서 생각하는 역지사지(易地思

之)할 줄도 알고, 어렵고 힘든 일을 서로 돕는 상부상조(相扶相助)의 아름다운 생활을 하게 된다.

예절의 정신과 형식은 평소에 관심을 가지고 익혀야 한다.

존경과 경애의 정신을 소홀히 하면 허례에 빠지거나 위선적 행동을 하게 되며, 예의와 범절이라는 형식을 소홀히 하면 자기의 잘못된 생각이 아무 제약 없이 무례한 행동으로 이어지게 된다.

사람과 사람의 교류와 접촉에는 반드시 지켜야 할 도리가 있다. 이것을 동양에서는 "예"라고 하며, 서양에서는 '에티켓(etiquette)' 또는 '매너(manner)'라고 한다.

현대는 세계화 시대이므로, 서양 예절(에티켓)도 국제시대에 적응하기 위해서 배워야 한다. 서양 사람들은 공중도덕에 대한 질서의식을 어릴 때부터 교육시키며, 상대방에게 호감을 주도록 노력한다. 우리 예절과 마찬가지로 모든 예의범절의 바탕은 남을 배려하고 존중하는 것이다.

[사 례]

사람은 '화'을 안낼 수는 없지만, 화를 생산적이고 긍정적으로 다스릴 수는 있다. 화를 낼 때에는 어떤 불쾌한 상황이 닥치자마자 곧 바로 화를 내는 경우는 흔치 않을 것이다.

처음에는 일상적인 스트레스 상황에서 짜증이 나서 욱하고 터져 나오는 곳을 다스리지 못하거나, 혹은 참고 있다가 자기 뜻대로 되지 않을 때 좌절감을 느끼게 되고, 이러한 좌절감에 불쾌한 주변상황이 더해져서 화가 나게 되며, 화가 증폭되어 자신을 통제할 수 없는 지경에 이르게 되는 것이 분노이다.

결국 화도 초기 단계인 일상적인 짜증이나 욱하는 지점부터 잘 다스리는 것이 중요하다. 화를 일으키는 요인은 신체적인 위협과 왜곡된 사고를 들 수 있다. 심리적으로 중요하게 다루는 것은 바로 왜곡된 사고, 즉 비합리적인 신념체계이다. 이러한 비합리적인 신념은 몇 가지 당위성으로 나눌 수 있다.

첫째, "나는 반드시 성공해야 된다."는 자신에 대한 당위성이다. 이것이 달성되지 못했을 때 자신에 대한 화가 된다. 특히 부모의 기대를 받고 있는 수험생은 반드시 대학시험에 붙어야 되는 당위성을 가지고 있으며, 막상 실패했을 때 깊은 좌절감과 낮은 자존감으로 자살까지도 할 수 있는 지경에 이르게 된다.

이러한 사람에게는 "일류 대학시험에 합격하지 못했다고 해서 그것이 꼭 인생의 실패를 의미 하는가", "그렇지 않고 자기 적성을 살려서 잘 할 수 있는 대학•학과에 입학하면 인생을 행복하게 살 수 있다."는 올바른 신념으로 바꾸어 나아가도록 도와주고 자신도 노력해야 한다.

둘째, 타인에 대한 당위이다. 주로 직장에서 일어나는 경우가 많은데,"나는 최선을 다했는데 상사는 날 알아주지 않아.... 등"타인에 대한 화가 생기게 된다. 이런 경우는 "내가 이 사람에게 인정 못 받는다고 모든 사람에게 인정 못 받는 것은 아니다.""내가 이 사람에게 인정 못 받는 것이 내 인생을 좌지우지 할 만큼 절대적인 것인가?" 라는 신념으로 바꾸어 나아가도록 도와주고 자신도 노력해야 된다.

셋째, 세상에 대한 당위이다. 주로 불합리한 제도나 불평등한 사회라고 느끼는 심리적 모순 때문에 생기는 화이다. 가난한 사람은 마무리 노력해도 더 가난해 지고, 가진 자는 별 노력도 없이 계속 부자로 사는 것 같은 사회를 보면서 "세상이 썩을 데로 썩었어!" 라고 분노하게 된다. 그러나 어느 사회이든지 어느 정도의 불평등이 존재할 수밖에 없다는 것을 보편적인 현실로 받아들이고, 이러한 세상에서 "나는 어떻게 잘 살아야 할 것인가"를 고민하고 자신을 발전시키는 방향으로 신념을 수정해야 한다.

위와 같은 세 가지 당위성에 대해 여러분은 현재 어떠한 신념 체계를 가지고 있으며, 앞으로는 어떠한 신념 체계로 바꾸어 나가야 할 것인지에 대해 생각해 보자.

가. 인사에 대한 에티켓

인사하는 모습 하나만 보더라도 그 사람의 인격과 품위를 파악할 수 있다.

동서양을 막론하고 사랑과 진심이 깃든 친절하고 기품 있는 인사가 가장 좋은 인사라는 걸 기억하자.

동양에서는 몸을 낮추는 절과 같은 인사 형태가 발달한 반면 영화에서 너무나 많이 보아왔듯이 서양에서는 악수, 포옹, 볼 키스, 윙크, 제스처 등의 인사를 많이 한다. 그러니 외국에서 잘 모르는 이성이 키스(비즈)를 하더라도 단순한 인사 습관일 뿐이므로 색안경을 끼고 볼 필요는 없다.
특히 프랑스 인들은 아는 친구를 만나거나 헤어질 때, 두 뺨에 키스를 하는데 이를 '비즈(bise)'라고 부른다. 뺨끼리 살짝 부딪치는 것이고 지역에 따라 다르지만 파리 사람들은 대개 2회 양쪽 볼에 부딪치는 식으로 인사한다.

누구를 소개받거나 자신을 소개할 때 가장 많이 하게 되는 악수.

악수할 때는 상대방의 눈을 쳐다보면서 부드럽게 미소 띤 얼굴로 손을 가볍게 쥐는 것이 좋다.
여성이라고 지나치게 힘없이 손을 내밀거나 느슨하게 잡는 것은 무기력하거나 소심한 사람으로 보일 수 있으며 때로는 상대를 경멸한다는 오해를 불러일으킬 수도 있다. 상대의 손을 가볍게 잡고 부드럽고 정겨운 인사말을 건네면 된다. 인종과 국적, 언어를 넘어 눈빛으로 주고받는 마음의 교감처럼 더욱 중요한 것은 없기 때문이다.

악수를 가장 좋아하는 사람들은 프랑스인, 이탈리아인, 스페인인 등 라틴계 사람들이라고 한다. 옛날 로마인들에게 손은 신뢰의 상징이었으며 악수하는 행위는 상대방을 신뢰한다는 표시였다고 하니 그럴 만도 하다.

재미있는 건 프랑스에서는 남성과 여성, 초면과 구면에 상관없이 악수하기를 좋아하는 반면 영국에서는 초대면의 남성들 사이에, 그것도 회합의 장소에서만 제한적으로 악수를 한다는 것이다. 또 프랑스인들은 펌프질을 하듯이 거칠게 하며 이탈리아인은 악수하는 시간이 비교적 길다는 것도 흥미롭다.

만 남

– 처음의 마음으로 돌아가리 中, 정채봉 –

가장 잘못된 만남은 생선과 같은 만남이다.
만날수록 비린내가 묻어오니까
가장 조심해야 할 만남은 꽃송이 같은 만남이다.
피어 있을 때는 환호하다가 시들면 버리니까.
가장 비천한 만남은 건전지와 같은 만남이다.
힘이 있을 때는 간수하고 힘이 다 닳았을 때는 던져버리니까
가장 아까운 만남은 지우개 같은 만남이다.
금방의 만남이 순식간에 지워져 버리니까
가장 아름다운 만남은 손수건과 같은 만남이다.
힘이 들 때 땀을 닦아주고, 슬플 때는 눈물을 닦아주니까.

"당신은 지금 어떤 만남을 가지고 있습니까?..."

사람이 꽃보다 아름다워

– 안치환 –

강물 같은 노래를 품고 사는 사람들은 알게 되지 음 ~ 알게 되지
내내 어두웠던 산들이 저녁이 되면 왜 강으로 스미어 꿈을 꾸다
밤이 깊을수록 말 없이 서로를 쓰다듬으며
부둥켜안은 채 느긋하게 정 들어 가는지를 음 ~
지독한 외로움에 쩔쩔매본 사람은 알게 되지 음 ~ 알게 되지
그 슬픔에 굴하지 않고 비껴서지 않으며 어느 곁에 반짝이는 눈꽃을 달고
우렁우렁 잎들을 키우는 사랑이야말로 짙푸른 숲이 되고 산이 되어
메아리로 남는다는 것을 누가 뭐래도 사람이 꽃보다 아름다워
이 모든 외로움 이겨낸 바로 그 사람 누가 뭐래도 그대는 꽃보다 아름다워
노래의 온기를 품고 사는 바로 그대 바로 당신 바로 우린 참사랑

나. 대화에 대한 에티켓

대화는 서로 부드럽게 바라보며 마음에서 우러나오는 미소로 이야기 하는 것이 좋다는 것은 누구나 다 아는 사실.
그런데, 외국인들은 한국인들이 지나치게 무표정하다고 한다. 심지어는 한국인이 미소 지을 때는 조심해야 한다는 설까지 있다고 한다. 서양인들은 대화를 나누며 팔짱을 끼거나 주머니에 손을 넣고 상대방의 눈을 바라본다. 상대의 시선을 피하면 호감이 없거나 정직성이 결여된 사람으로 오해한다.

대화할 때 상대의 주위를 환기시키기 위해 옷자락을 잡아당기거나 어깨를 툭툭 치는 행위는 실례이다.

실수했을 때 미안하다는 말 한마디, 감사하다는 말들은 정말 인색하지 말아야 한다. 만국 공용어라고 이야기하는 제스처 (body language)는 외국에서 유용할 때가 많지만 나라마다 약간의 차이로 오해를 불러일으킬 수 있으므로 잘 알아두는 것이 좋다.

손가락으로 하는 링 사인이 대부분 OK로 받아들여지지만, 남부 프랑스에서는 무가치함을 뜻하고, 남미에서는 음탕하고 외설적인 사인으로 간주되기도 한다.

중동의 국가에서는 손가락으로 사람을 가리키는 것이 아주 무례한 행동이 된다든지, 그리스에서 '안녕'하는 것처럼 손바닥을 상대에게 보이면 모욕적인 제스처가 되는 건 알아두면 좋다. 호주에서 주먹을 쥔 채 엄지손가락을 올리면 무례한 행동이 되며, 그리스에서도 이런 제스처는 '입 닥쳐!'란 의미로 쓰인다.

[사 례] 첫인상" 5초안에 결정된다.

서로의 인상을 파악하기까지에는 짧은 시간 5초안에 결정된다. 첫인상으로 차갑다, 냉정하다 라는 느낌을 받으면 그러한 느낌이 지워지기가 쉽지가 않다, 특히나 면접처럼 오랜 시간 옆에서 두고 보는 경우가 아니라면 사람을 처음 보았을 때 인상을 결정하는 경향이 있다. 사람이 살아가면서 사회생활이나 학교에서 생활을 할 때, 새로운 인맥을 만들 때 가장 중요하다고 생각이 되는 " 첫인상" 어떻게 만들어 갈 것인가?

다. 조문에 대한 에티켓

슬픈 일을 당할 때 찾아가보고 위로해 주는 사람은 더 없는 친구가 된다.
각 나라마다 장례식 하는 관습도 다양하지만 일단 조문객은 화려하지 않은 검은색 의상을 착용하면 된다. 서양에서 조문을 갈 때 원칙은 모닝코트에 검은 넥타이와 검은 장갑을 착용하는 것이며. 영국과 미국에서는 회색 장갑을 착용한다.

여성은 눈에 띄지 않는 어두운 색상, 즉 회색이나 짙은 청색, 또는 밤색 의상이면 된다. 물론 장식이나 귀금속도 조심하는 것이 좋다.

조위금은 액수보다 성의가 더 중요하다. 화환을 보낸다면 의식이 시작되기 전에 배달되도록 한다. 서양에서 치러지는 가톨릭 장례식은 운구 행렬이 교회 앞에 도착하면서 시작된다. 부모, 친구, 친척들이 교회의 현관에서 기다린다. 관은 교회 안으로 옮겨지고 가장 가까운 친척들이 그 뒤를 따른다. 성당의 장례미사가 끝나면 묘지로 옮겨가는데 특별한 제한이 없으면 따라가는 것이 좋다. 매장이 끝나면 유족을 위로하며 인사를 건넨다. 요즘은 이런 절차도 성당의 입구에 놓인 방명록에 서명하는 것으로 대신하기도 한다.

라. 향수에 대한 에티켓

어느 장소, 어느 때, 어떤 향수를 막론하고 향수 에티켓에 있어 가장 명심해야 할 첫 번째 조건은 뿌리는 향수의 "양"이다. 좋은 향이라고 무조건 많이 뿌리는 사람이 있다면 향수 에티켓 마이너스. 향수를 뿌리는 사람은 처음 뿌리는 순간에만 그 향기를 느낄 뿐 이내 그 향기에 무감각해져 버린다.

그러나 상대방에게서 나는 지나친 향기는 더 이상 향기가 아닌 참지 못할 불쾌함으로 변해 그 사람의 이미지를 손상시켜 버리게 된다. 특히 사람들이 많이 모이는 극장이나 공연장 등에서 옆 사람으로부터 나는 독한 향수 냄새는 영화도 공연도 망치게 하고 마는 무형의 무기가 돼버릴 수도 있다는 사실을 명심해야 할 것이다.

비오는 날이나 습도가 높은 날에도 되도록이면 향수 사용을 자제하는 것이 좋으며, 겨드랑이 등 땀이 많이 나는 곳을 피해서 뿌려 준다.
습기가 많으면 향기가 한곳에 몰려 있게 되므로 살짝 뿌린 향수조차 습기에 뭉쳐 유쾌하지 못한 향기로 변해버리게 되기 때문이다. 사무실 등 업무를 수행하는 공간에서 향이 너무 강하거나 섹시함을 어필하는 향수는 금물이다.

- 팔꿈치 안쪽 : 튀지 않게 은은하게 향을 낸다.
- 목 : 좋아하는 향기를 본인도 늘 느낄 수 있는 방법.
- 손목 : 정맥위에 뿌리면 체온으로 향이 데워져 은은한 향을 연출한다.
- 무릎이나 발목 : 향기가 튀지 않아 분위기를 우아하게 해 준다.
- 머리카락 : 머리카락이 흔들릴 때마다 향기가 스친다.

마. 소개에 대한 에티켓

모르는 두 사람을 소개할 때 가장 중요한 것은 먼저 아랫사람을 윗사람에게 소개한다는 것.

격식을 차려야 하는 경우라면 "김 선생님을 소개해도 되겠습니까?" 하고 묻는 형식을 취하기도 한다. 하지만 여성이나 부인에게 "이 남자를 아십니까?"라고 소개하는 것은 곤란하다. 스스로를 소개하는 경우에 자신의 이름만을 말하는 것이 원칙이다.

이름에 직함이나 경칭을 붙이지 않는다.

미혼여성이라고 자신을 "미스 김입니다."라고 소개하면 곤란하다. 미국인들은 상대방이 연장자라도 이름만 부르며, 한국 여성을 남편의 성으로 부르기도 하니 이럴 땐 당황할 필요 없다.

윗사람이나 어른을 소개 받게 되면 자리에서 일어나는 것이 좋으며, 파티를 주최한 호스티스도 자리에서 일어나는 것이 매너이다. 공공장소에서 아는 사람이 다른 사람과 함께 있을 경우 망설이는 경우가 많다. 영국인들은 굳이 소개할 필요가 없다고 생각하는 반면, 미국인들은 꼭 소개를 시킨다. 여성을 동반한 경우에 굳이 쫓아가서 인사할 필요는 없다는 건 눈치학상 다 아시겠지?

소개를 받은 경우 상대의 이름을 잊어버려서 두세 번 말하게 하는 것은 매우 실례가 되는 행동이므로 상대의 이름을 잊었을 경우에는 다른 사람을 통해 알아내는 것이 좋다.

상대방으로부터 명함을 받았을 때 접거나 구겨가며 대화를 나누는 것은 큰 결례이다.

바. 축하에 대한 에티켓

가족이나 친구들에게 선물을 주고 축하하는 것은 삶을 정말 부드럽고 풍요롭게 해준다. 생일, 결혼, 약혼, 출산, 결혼기념일 등 그 중에도 생일을 축하해 주지 않는 나라는 없을 것이다. 따라서 생일 축하는 국제 사회에서 사람을 사귈 수 있는 좋은 기회가 될 수 있다.

서양에서는 특히 성인이 되는 18세 생일을 가장 중요시 하며, 10의 배수가 되는 주기도 중요하게 여긴다.

결혼기념일에도 흔히 축하 파티를 여는데, 대개 25주년인 은혼식이 가장 성대하게 치러진다. 아기를 낳으면 사진을 찍어 엽서를 만들어 친지들에게 보내기도 한다. 출산 소식을 들으면 산모에게는 생화를 보내고 아기에게 선물을 보내며 축하해 준다.

결혼식의 경우 한국인은 부조금을 하는 게 일상적이지만, 서양에서는 신랑과 신부가 자신들이 받고 싶은 물품의 리스트를 만들어 정해진 상점에 맡겨 놓으면 하객들이 본인의 주머니 사정에 따라 고르면 되는 문화를 가지고 있다.

결혼 피로연은 대개 칵테일파티 형식을 취하는데 밤을 새워 계속 된다. 여기에 초대를 받으면 반드시 참석 여부를 회신해 주어야 한다.

축하 선물을 하는 데는 어디나 통하는 비슷한 매너가 있다.

받을 사람의 취향을 우선적으로 고려하고, 선물을 받으면 그 자리에서 바로 포장을 뜯어 감사를 표시하는 것, 선물을 받았다고 즉시 다시 선물을 보내지 않는다는 점들이 그렇다.

나라마다 선물하는 관습도 가지가지인데, 일본인들은 별다른 이유가 없이도 기회 있을 때마다 선물을 주고받기를 즐긴다.

남미 사람들이 특히 선물 받는 것을 매우 좋아하여 선물 없이는 제대로 사업을 할 수 없을 정도여서 상대방의 집을 방문할 때 빈손으로 가서는 안 되며, 여성이 남성에게 선물할 때는 프러포즈로 오해받지 않도록 조심하여야 한다.

아랍인들에게는 술을 선물하는 것이 금물이며, 홍콩이나 말레이시아와 같은 곳에서는 알람시계나 벽시계는 장송곡과 유사한 소리를 낸다고 해서 선물로 하지 않는다.

사. 옷차림에 대한 에티켓

'옷이 날개다.'라는 말이 있듯이 옷은 어떤 사람은 완전히 딴 사람으로 바꿔 놓기도 한다.

오늘날 옷차림은 그 사람의 개성 뿐 아니라 심리적 상태나 취향, 사회적 위치까지지도 나타내는 잣대가 된다.

어떤 상황이나 장소에서 반드시 이렇게 입어야 한다는 원칙은 없지만, 자신의 교양을 드러내는 옷차림 에티켓은 자신의 센스 지수가 될 것이다.

남발되는 외국어 옷들 속에서 무슨 뜻인지 모르는 외국어가 쓰인 옷들은 피하는 게 좋다. 혹 외설적인 내용이어서 자신을 웃음거리로 만들 수도 있는 일.
격식 있는 파티에 갈 때 알아두어야 하는 것도 있다.

초대장에 '화이트 타이'라고 쓰여 있다면 남성은 연미복(정식 야회복), 여성은 원피스 형으로 된 파티용 드레스를 입어야 한다. 예를 들면 외교적 만찬회라든가 무도회, 오페라 초연의 박스석에 앉을 때 주로 입는다.

'블랙 타이'라고 쓰여 있다면 남성은 턱시도, 여성은 긴 원피스를 입는다.

턱시도는 오후 6시 이후에 열리는 각종 파티, 연극이나 콘서트, 또는 유람선에서 만찬에 참석할 때 입는 약식 예복이다. 서양에서는 사교상 필수품으로 대중화되어 있으므로 외국생활을 시작할 때 남성이라면 턱시도를 한 벌 정도 준비하는 것도 좋다.

여성이 칵테일파티와 같은 공식 행사에 입는 옷을 칵테일 드레스 (cocktail dress)라 부른다. 밝고 화려한 색깔보다는 무난하고 정감을 주는 색상과 형태가 좋다.
이브닝 드레스(evening dress)는 최고의 야간 정식 예복이다.

팔과 가슴을 충분히 노출시키고 바닥에 끌릴 정도로 긴 원피스를 입으면 된다.
요즘에는 이러한 예복도 간소화되어 웬만한 행사에는 평상복을 그대로 입고 가는 경향이 많아지고 있다.

아. 레스토랑에 대한 에티켓

함께 식사를 하는 것만큼 서로의 마음을 열고 교감을 나눌 수 있는 자리가 있을까? 어떤 이와 함께 격조 있고 잔잔한 음악이 흐르는 레스토랑에 간다면 그 즐거운 시간을 당황스러움과 창피함으로 망쳐서는 안 될 일.

레스토랑이 많이 대중화되어 있지만 외국에서나 격조 있는 레스토랑에서의 테이블 매너를 모른다면 자칫 자신의 무지와 야만성을 드러내는 계기가 될 수도 있다.

레스토랑에 들어갈 때나 연회에 참석할 때는 모자나 코트, 가방 등의 짐은 클라크 룸

(cloak room)에 맡기는 것이 원칙이다. 핸드백은 화장품이나 손수건 등 곁에 두어야 하는 물건들이 있어 맡길 수 없으므로 등 뒤에 놓거나 의자 밑에 놓아둔다.

긴 장갑을 꼈을 경우에도 이를 핸드백 속에 넣거나 핸드백과 함께 의자 뒤에 놓으면 된다.

레스토랑에 초대 받은 경우에는 지배인이나 리셉션이스트(receptionist)의 안내를 받아 앉는다. 대개 통로의 반대쪽이나 전망이 좋은 자리가 상석이다.

퍼스트레이디가 기본이므로 여성은 웨이터나 남성이 의자를 빼주면 앉고, 이후 남성이 앉는다. 남성은 자신의 왼쪽에 앉을 여성의 의자를 가볍게 끌어 내주어 앉도록 배려한다.

의자에서 몸을 흔들거나 다리를 꼬거나 흔드는 것은 보기 좋지 않다. 팔꿈치를 테이블 위에 세우거나 턱을 괴는 행위도 삼가 한다.

식사 중에는 가볍고 재미있는 대화를 나누며, 음식을 입에 넣은 채 이야기 하지 않도록 주의한다.

식사 테이블에서 화장을 고치고 립스틱을 바르는 것도 보기 좋지 않으므로 화장실을 이용하도록 한다.

자. 비행기에서의 에티켓

요즘은 비행기를 많이 이용하므로 기내에서의 에티켓 몇 가지는 기억해 두자.

무거운 짐은 선반에 넣으면 떨어져 사고가 생길 수 있으므로 의자 밑에 놓도록 한다. 선반에는 옷과 같이 가벼운 물건만을 넣어둔다. 비행기는 이착륙 때가 위험하므로 머리 위에 'FASTEN SEAT BELT' 불이 켜지면 승무원의 지시에 따라 안전벨트를 착용한다.

자신의 등 뒤에 뒷사람의 간이용 테이블이 있다는 사실을 잊어서는 안 된다. 기내식을 먹기 전에 등받이를 세워주어야 하며, 의자를 갑자기 뒤로 눕히지 않는다.

테이블 아래쪽 주머니에는 기내 잡지, 방수 휴지 주머니 등이 있다.

식사도중에 화장실에 가거나 자주 돌아다녀 다른 승객을 불편하게 해서는 안 된다.

스튜어디스를 부를 때는 호출 버튼을 누르거나 지나칠 때 가볍게 손짓이나 눈짓으로 부르면 된다. 스튜어디스에게 서비스를 받고 나서는 감사의 표시를 잊지 말자.

여름에 에어컨 바람이 추우면 모포를 부탁하되, 타인 것을 여러 장 한꺼번에 덮는 행동은 좋지 않다.

화장실은 사용 중일 때에는 'OCCUPIED', 비었을 때에는 'VACANT' 불이 켜진다. 여성의 경우 화장실에서 화장을 하면서 지나치게 오랜 시간을 체류하는 경우가 있는데 조심해야 할 부분이다. 비행기가 수평 비행으로 옮아가면 대개 주스 같은 것이 제공된다.

테이블을 펴고 기다리면 된다. 식사 때에는 술도 나온다.

비행기 안은 기압이 낮아 취기가 빨리 오기 때문에 많이 마시지 않는 것이 좋다.
식사는 아침, 점심, 저녁 등으로 나누어 구간마다 나온다. 매일 먹는 쇠고기나 닭고기 중 선택할 수 있는 경우가 많다. 배가 꺼지지 않으니까 적당히 먹는 것이 좋다.
식후에는 커피 등도 나온다. 음료(주류도)는 대개 무료로 서비스 한다.

차. 영화 관람할 때 에티켓

영화관이나 극장에서 핸드폰을 켜두는 사람은 이제 드물 것이다.

타인의 관람을 방해하지 않는다면 영화관이나 음악회장, 전시회장에서 꼭 격식을 차려서 지켜야 하는 건 없지만, 유럽에서의 연극이나 오페라 혹은 음악회에 갔을 때는 몇 가지를 주의해야 한다. 오페라나 음악회장에서는 좌석이 어디인가에 따라 감동이 무척 다를 수 있다. 미리 예약하는 것이 선택의 폭이 넓다.

남녀 동반인 경우 여성을 앞세우는 것이 매너이다. 그러나 안내인으로부터 안내를 받는 경우에는 해당좌석이 있는 열까지는 남성이 앞장서서 여성에게 좌석을 알려주며, 여성이 먼저 앉은 뒤 남성이 앉는다. 또 좌석 양끝에는 여성을 앉히지 않는다. 지각을 하면 입장을 거절당하는 경우가 있고, 어쩔 수 없이 늦은 경우 잠시 기다렸다가 막간에 입장할 수 있다.

파리의 극장에서는 예정보다 15분 정도 늦게 시작하는 경우가 많은데 이를 '파리의

15분'이라고 부른다. 서양에서는 전통적으로 정식예복을 입어야 하는 관습이 있지만, 요즘은 초연을 빼놓고는 턱시도나 칵테일 드레스 정도로 입으면 된다.

외투는 클라크 룸에 보관시키며, 그렇지 않을 경우 좌석 뒤쪽에 걸쳐 놓으면 된다. 관람이 끝나고 나갈 때 남성은 여성이 외투 입는 것을 도와준 후 자신의 외투를 입는다.

제 2 절

군대예절

1. 군인의 용모

가. 용모

용모단정은 군인의 근성을 가늠하는 척도이다.

(1) 면도는 매일하고 손발을 깨끗이 하며 외모를 단정히 하여야 한다.

(2) 학교 졸업반지는 패용할 수 있으나 기타 사치성 비인가 사제 반지와 목걸이 및 귀걸이 등은 패용할 수 없다.

나. 두발

(1) 운동형으로 단정하게 조발한다. 두발은 착모 시 측면과 후두부분에서 긴 머리가 보이지 않아야 하며, 간부는 헤어로션을 바르거나 드라이를 하여야 한다.

(2) 복장착용 : 복장은 항상 깨끗이 세탁하고 예법에 맞게 입는다.

(가) 지정된 복장을 착용하고 항시 최선의 상태를 유지하여야 하며 단체 행동시 전원의 복장이 통일되어야 한다.

(나) 우의, 장갑 및 군모는 실외에서 착용함을 원칙으로 하며 무장 시나 근무시에는 실내에서 착용할 수 있다.

표 2-1. 복장 착용기준 ※ ① : 동절기, ② : 하절기

군복 \ 복장		정장		근무장				전투장			
		정복차림	특전정복차림	근무복차림		약 근무복차림		전투복차림		단독군장	완전군장
				장교 부사관	병	장교 부사관	병	장교 부사관	병		
군모	정모	○		○	○						
	전투모					○	○	○	○	○	
	약모		○			○	○	○	○	○	○
	방한모					①	①	①	①	①	①
	근무모			○	○	○	○				
제복	정복	○	○								
	근무복			○	○	○	○				
	전투복							○	○	○	○
	특전복							○	○	○	○
	전차병복							○	○	○	○
	비행복							○	○	○	○

※ 복장별 착용 요령은 육군 복제규정에 의한다.

경례
경례는 엄정한 군기를 상징하는 군대예절의 기본이므로 항상 엄숙단정하게 행하여야 한다.
용모 및 두발 군인의 용모와 두발은 항상 깨끗하고 단정하여야 한다.

-군인복무규율-

2. 언어 및 행동

가. 대화의 예절

가장 중요한 것은 성실과 진실을 가지고 말하는 것이다.

(1) 올바른 대화의 요령

(가) 말은 침착하고 조용히, 간결하게 한다.

(나) 말하는 자세를 바르게 하고, 올바른 호칭과 언어를 사용한다.

(다) 말은 독점하지 않으며, 자연스럽고 허심탄회하게 말한다.

(라) 상대방의 눈을 바로 보고 말한다.

(마) 혼자 아는 척 해서는 안 된다.

(바) 남의 비밀이 되는 것, 싫어하는 것을 묻지 않는다.

(사) 남의 말을 가로채서는 안 된다.

(아) 말을 하기 보다는 듣기를 잘 하여야 한다.

(자) 공통된 화제를 찾는다.

(2) 남의 말을 들을 때

(가) 대화 시 상대방의 말을 잘 들음으로써 상대를 유쾌하게 하고 또 자기의 대화방법을 원만하게 발전시킬 수 있다.

(나) 말을 많이 하기 보다는 열심히 들어주는 태도가 바람직하며 상대 이야기에 적당히 관심과 반응을 보이면서 대화를 잘 이끌어 갈 수 있게 분위기를 조성하는 것이 좋다.

(다) 상대가 말하는 도중에 끼어들어 말을 가로채거나 의견이 다르다고 자기주장만을 내세우지 말고 서로의 의견을 존중하면서 공감할 수 있는 점을 밝혀 부드러운 분위기로 만들어야 한다. 대화에는 참을성과 끈기가 필요하다.

나. 언어

(1) 표준말을 사용하고 간단명료하여야 하며, 저속한 언어를 사용해서는 안 되며, 군사용어 사용을 원칙으로 한다.

(2) 상관을 대할 때는 존경하는 마음가짐과 공손한 태도로서 경어를 사용한다.

(가) 언어는 표준말의 사용을 원칙으로 하며, 품위 있고 간단명료하여야 하고, 저속한 언어를 사용해서는 안 된다.

(나) 상급자에 대한 언어는 경어를 사용하여야 하며(~ 다, 까?), 존경하는 마음가짐과 공손한 태도로써 대하여야 하고, 지적을 받았을 경우에는 진심에서 우

러나오는 사과의 표현을 해야 한다. (시정하겠습니다. 제가 잘못 판단해서 실수를 했습니다. 죄송합니다.) 또한, 자기 변명식 언행을 하거나 기형적 언어를 사용해서는 안 된다.

(다) 하급자에 대한 언어는 점잖은 말을 써야하며, 온화하고 위엄 있는 태도로써 대하여야 한다. 특히 욕설이나 폭언 등 하급자의 인격을 모독하는 언어나 행동을 해서는 안 된다.

(라) 민간인에게는 예절을 지키며, 친절하고 겸손한 언어와 태도로써 대하여야 한다.

(마) 유언비어에 현혹되어 이를 유포해서는 안 된다.

3. 호칭

가. 국가원수에 대한 호칭

(1) 국가원수에 대해서는 "대통령님"의 존칭을 사용한다.

(2) 국가원수의 이름을 함부로 불러서는 안 되며, 대통령과 부인을 함께 부를 때는 "대통령님 내외분"이라고 한다.

나. 상관에 대한 호칭

(1) 상관에 대하여서는 성과 계급 또는 직명 다음에 "님"의 존칭을 붙인다.
(예 : 김 소령님, 작전참모님)

(2) 장관급 군 간부에 대하여서는 계급 대신에 "장군" 또는 "제독(해군의 경우)"의 호칭을 사용할 수 있다. (예 : 박 장군님, 김 제독님)

(3) 성 또는 직명을 알지 못할 경우에는 그 계급 다음에 "님"을 붙여 호칭한다.
(예 : 원사님)

다. 하급자, 자기, 기타 호칭

(1) 상급자의 호출 또는 지적 시 관등성명을 복창하여야 한다.

(2) 지휘계통 또는 참모계선상의 상관으로부터 명령, 지시를 받을 때에는 복명복창으로 명령, 지시내용을 확인하여야 한다.

(3) 상호간의 "000 후보생" 이라고 호칭하고 상급자에 대하여는 "000 후보생님"이라 호칭한다.

(4) 호칭 시 직위를 우선하고 직위가 명확하지 않을 경우에는 계급을 호칭한다.

(5) 자기호칭 : 상관에 대하여 자기를 호칭할 경우에는 "저" 또는 성과 계급이나 직명을 사용하며, 하급자나 동급자간에는 "나"를 사용한다.

4. 자세 및 경례

가. 자세

(1) 기본적인 자세

군대에서 기본자세는 군인의 품성을 나타내는 첫 조건이다.

(가) 선 자세

1) 군복 착용 시 "차려 자세 및 쉬어자세"를 적용한다.

(나) 앉은 자세

1) 의자에 앉을 때는 언제나 정좌하여야 하고 되도록 의자 깊숙이 앉아서 허리와 가슴을 펴야 한다. 의자에 몸을 기대서 금방 일어날 듯이 의자 끝에 조금만 걸터앉아서는 안 되며 다리를 꼬고 앉는 것은 삼가야 한다.

2) 방바닥에 앉을 때는 먼저 왼발을 뒤로 조금 빼고 왼편 무릎을 꿇으면서 조용히 앉는다.

(2) 보행자세

(가) 분당 120보의 속도를 유지하며, 절도 있고 패기 있게 보행하여야 한다.

(나) 보행 중 잡담을 하거나, 껌을 씹거나, 웃거나, 시선을 돌리거나 장난을 하거나 주머니에 손을 넣어서는 안 된다.

(다) 보행 중 품위를 손상시키는 물건을 손에 들어서는 안 되며, 필요시는 소형 가방에 넣어서 운반한다.

(라) 보행 중 타인과 손을 잡고 보행할 수 없다. 단, 노약자 및 연소자에 대한 보호의 경우에는 예외로 한다.

(마) 2인 이상이 같이 보행할 때에는 대오를 갖추고 보조를 맞추어 걸어야 한다.

(바) 노인, 부녀자 및 연소자와 같이 걸어갈 경우에는 자신이 차도에 가까운 또는 위험한 편에서 걸어야 한다.

나. 경례

(1) 육군의 경례구호 및 사용

(가) 육군의 기본 경례구호는 "충성"으로 한다.

(나) 휴가, 외출, 외박, 출장 등 영외에서 개별 활동 시에는 경례구호를 생략할 수 있으나, 구호 사용을 권장한다.

(2) 경례의 일반요령

(가) 대통령, 국방부장관, 군복을 착용한 국군 간부, 학교의 교수 및 상급자에게 경례하여야 하며, 보고 및 신고 시에는 동급생일지라도 상위 직위자에게 경례를 한다.

(나) 간부가 사복이나 체육복을 착용했을 경우(승차 시 포함) 간부로 인지했을 때는 군복을 입었을 때와 동일하게 예의를 표시한다.

(다) 착모, 탈모를 막론하고 거수경례를 실시함을 원칙으로 한다.

(라) 경례는 일반적으로 6보 거리에서 상호 교환하며, 원거리 통과 시는 가장 가

까이 상호 통과하는 지점에서 경례를 한다. 단, 뛴걸음 시에는 바른걸음으로 전환 후 경례를 실시한다.

(마) 열중에 있을시 특별히 경례하도록 지시가 없는 한 경례를 하지 않는다. 그러나 대열을 대표하는 지휘근무자는 개인이 하는 것과 같이 경례를 한다.
경솔하거나 난폭한 행동을 하여서는 안 되며, 언제나 명랑 활발하여야 한다.

(3) 경례의 대상자

다음에 해당하는 자에 대하여 경례를 해야 한다.

(가) 대통령

(나) 국무총리

(다) 국방부장관 및 국방부차관

(라) 상급자인 국군장교, 준사관, 부사관 및 병

(마) 공식 방문 중인 국내외 귀빈으로서 군 예식령에 의한 의장 례의 수례자격을 가진 자

(바) 상급자인 우방국의 군 간부

(사) 기타 장관과 육·해·공군 참모총장이 특별히 지정한 자

(4) 경례를 생략하거나 특수한 경우

(가) 경례를 생략할 수 있는 경우

1) 상급자와 대화 중 그보다 하위의 상급자를 만났을 때

2) 차량운전, 단정조정(오토바이, 자전거 포함)중일 때

3) 열중에 있거나 경기 중일 때

4) 입원중이거나 구급중일 때

5) 상관에게 보고중일 때

6) 상급자가 죄수일 때

(나) 목례 실시 및 특수한 경우

1) 두 손에 물건을 들고 있거나 기타 사정으로 경례하기 곤란한 자세에 있을 때

2) 도서실, 진료실, 식당, 매점, 화장실, 이발소, 세면장, 목욕탕, 극장, 기타 공공집회 장소에서는 목례실시(경례구호 생략)

3) 전투, 근무, 작업, 훈련 또는 임무수행 중 부득이한 경우 최선임자만 경례

(5) 착모 및 탈모

군인은 실내에서 탈모, 실외에서는 착모하는 것이 원칙으로 하며 다만, 임무의 성격상 착모하여야 할 경우에는 실내에서도 착모할 수 있다.

(6) 실내 및 실외의 구분

실내 착모 및 탈모의 기준이 되는 실내와 실외의 구분은 아래와 같다.

(가) 실내 : 건조물내의 사무실, 강당, 교실, 응접실, 생활관, 침실, 식당, 진료실, 면회실, 도서실, 오락실, 극장, 목욕탕, 화장실 등의 시설 내부와 천막내로 한다.

(나) 실외 : 건조물의 외부, 건조물내의 작업장, 복도, 체육관, 차내, 함선의 갑판 및 각 격실, 항공기내, 기타 부대훈련 또는 연습 등에 사용되는 유개시설을 실외로 한다.

(7) 개인경례

(가) 개인 경례는 실내, 실외 또는 착모, 탈모를 막론하고 거수경례를 하되, 무장 시에는 해당 제식에 의한 경례를 한다. 다만 앉아서 경례를 받을 때에는 수례자는 고개만 숙여서 답례할 수 있다.

(나) 실내에서 경례를 하여야 할 경우 : 실내에서는 특별한 규정이 없는 한 다음에 해당할 때에 한하여 경례를 한다.

1) 상급자의 방에 출입할 때

2) 상관이 실내에 들어올 때

3) 상관으로부터 서류 등을 받거나 제출할 때

4) 상관에게 보고 등을 할 때의 전·후

(다) 상급자 방에 출입할 때의 경례

1) 상급자의 방에 출입할 경우에는 무장하고 있을 때를 제외하고는 모자를 벗어 차양을 앞으로 향하게 하여 왼쪽 옆구리에 끼고 문을 노크(knock)하여 허락을 얻은 후 실내에 들어서서 최 상급자에게 먼저 경례를 하고 용무가 있는 상급자의 약 3보전에 정지하여 경례를 한 후 용무를 말한다.

2) 용무를 마치고 그 방을 떠날 때의 경례는 앞의 기술된 역순으로 한다.

3) 사무실 등에서 상급자와 늘 같이 근무하고 있는 자는 당일 처음 만난 때와 헤어질 때만 하고 그 외에는 경례를 생략할 수 있다.

(라) 상관이 생활관, 식당, 휴식장소 방문시의 경례 : 생활관 및 식당(식사 중)에 들어오거나 청소, 작업 시 최고선임자 또는 먼저 발견한 자의 "쉬어" 구령으로 앉은 채로 전원 쉬어자세를 취하고 그 중 최상급자만 경례하며 "제 ○생활관 ○○중" 또는 "제 ○중대 식사 중"이라고 보고하며, 상관이 답례와 허락이 있을 경우 "식사개시" 또는 "행동개시", "편히쉬어"의 구령으로 원자세로 돌아간다. 상관이 떠날 때에는 동일한 구령으로 하되 그 중 최선임자가 보고한다.

(마) 정지중의 경례(휴식 중)

실외에서 정지 중 또는 앉아 있을 경우에 상급자가 그 옆을 지나가거나 가까이 다가올 때에는 선임자나 제일 먼저 인지한 자만 일어서서 차려 자세를 취한 후 경례를 한다. 단, 상관이 방문하였을 때에는 "라"항의 경우와 동일한 요령으로 실시한다.

(바) 2인 이상이 모여 있을 때의 경례

1) 실외에서 2인 이상이 모여 서서 있을 때에 상관을 만나면 제일 먼저 발견한 자의 "차렷" 구령으로 전원이 차려 자세를 취하고 선임자만 경례를 한다.

2) 실외에서 2인 이상이 모여 걸어가고 있을 때에 상관을 만나면 우측 선두에 위치한 자가 경례한다.
(인솔자가 있는 경우는 인솔자가 경례)

3) 2인 이상이 동시에 신고, 기타 용무로서 상관 앞에 나갈 때에는 그 중 최상급자가 오른쪽에 위치하여 "경례"의 구령을 하고 전원이 경례를 한다.

4) 의식에 참가 중 또는 부대의 열중에서 쉬어 자세에 있을 때에 상관이 앞으로 접근함을 발견한 자 또는 특별히 지목된 자는 개별적으로 차려 자세만 취한다.

(사) 상관이 사무실 등에 들어온 때의 경례 : 직속상관이 사무실 등에 들어오거나 떠날 때에는 앞에서 기술한 바와 같이 경례한다.

(아) 상관으로부터 서류 등을 받거나 제출할 때의 경례

1) 상관으로부터 서류 또는 물건을 받거나 제출할 때에는 3보전에서 경례 후 수령, 제출한 다음 뒷걸음으로 3보전 위치에 돌아가 다시 경례를 하고 물러간다.

2) 상장 등을 받을 때에는 그 수여자 앞에서 경례를 하고 두 손을 펴서 받은 후 상장 등을 왼쪽 옆구리에 끼고 다시 경례하고 물러간다. 다만 2인 이상이 동시에 받을 때에는 그 중 최상급자의 구령에 의한다.

3) 상관으로부터 명령, 지시를 받거나 보고 등을 할 때에는 약 3보 앞에 서서 경례를 하고 용무를 마친 후 다시 경례를 하고 물러간다.

4) 상관이 주관하는 회의 및 집합 시는 실내·외를 막론하고 선임자 또는 회의를 주관하는 대표자가 시작과 끝 보고를 한다.
(예 : "부대차렷, ○○준비 끝, 쉬어, 부대차렷, ○○끝)

(자) 보행중의 경례

1) 실외에서 보행중인 상급자를 만나거나 그 옆을 지날 때에는 약 6보전에서 계속 보행하면서 경례를 하고 군용차량을 만났을 경우도 동일하며, 승용차일 경우 예의를 표한다.

2) 보행중 상급자를 앞질러 가야할 경우에는 상급자의 좌측에 나가 경례하고 "실례 합니다", "먼저 가겠습니다" 라고 양해를 구한 후 앞질러 가야 한다.

(차) 뜀걸음중의 경례 : 실외에서 뜀걸음 중에 상급자를 만나면 4명이하인 경우 바른걸음으로 전환 후 우측 선두만 경례하며, 5명 이상인 경우는 인솔자만 속보로 전환 후 보행중의 경례를 실시한다.

(카) 2인 이상의 상급자에 대한 경례 : 실외에서 2인 이상의 상급자를 만난 때에는 그 중 최 상급자에 대하여 경례를 하며, 답례는 최상급자가 한다.

(타) 부대에 대한 경례 및 답례 : 실외에서 상급자가 지휘하는 부대를 만난 때에는 그 부대의 장에게 경례를 하며, 부대로부터 경례를 받은 때에는 그 부대의 장에게 답례를 한다.

(파) 승차 시 경례

1) 차량이 서로 교차 시 경례 대상자가 승차하고 있는 경우에는 그 경례 대상자임을 인식할 수 있을 때에 선임 탑승자만 경례를 한다.

2) 차량의 뒷부분(적재함)에 탑승한 자가 뒤따라오는 차량에 경례대상자가 탑승한 것이 확인되면 즉시 경례를 한다.

(하) 사복 착용 시 경례 : 군인이 사복을 착용하고 있을 때 상황에 따라 거수경례 또는 목례를 실시할 수 있으며 국기, 국가 및 장렬에 대한 경례는 모자를 오른손으로 벗어 왼쪽가슴에 대거나 모자가 없을 때에는 오른손을 왼쪽가슴에 대는 경례를 하며, 기타의 경우에는 일반사회 예법에 따를 수 있다.

(8) 부대 경례

(가) 부대는 국가 또는 국기 및 그 지휘자가 경례해야 할 상관에 대하여 부대 경례를 행한다.

(나) 부대 경례의 단위는 참모총장이 따로 정한 경우를 제외하고는 다음과 같이 행한다.

1) 분대, 소대 또는 중대(이에 준하는 부대를 포함) 단위로 독립하여 정지 또는 행진중일 때에는 그 단위부대별로 행한다.

2) 대대 또는 대대 이상의 부대가 정지중일 때는 대대단위로, 행진중일 때는 중대단위로 행한다. 다만, 시간 또는 장소관계로 부득이한 때에는 중대, 소대 및 이에 준하는 부대단위로 행할 수 있다.

(다) 직속상관에 대한 부대경례는 집총경례의 경우를 제외하고는 다음과 같이 행한다.

1) 부대가 정지하고 있을 경우에는 지휘자의 "차렷" 구령으로 대열을 정돈하

고 지휘자만 경례를 한다. 그러나 승차중인 부대에 있어서는 하차함이 없이 섰거나 앉은 채로 지휘자의 "차렷" 구령으로 자세를 올바로 한 후 지휘자만이 경례한다.

2) 부대가 행진하고 있는 경우에는 지휘자의 "바른 걸음으로 가"의 구령으로 대열을 정돈하고 지휘자만이 경례를 한다.

3) 직속상관이 승차하여 지나갈 때의 행진중인 부대의 경례는 그 지휘자만이 경례로써 행한다.

(라) 기타 상관에 대한 부대경례는 부대 정지나 행진 중을 막론하고 지휘자만 경례를 한다.

(마) 부대가 야외에서 훈련 및 연습중일 때에는 통제관 또는 지휘자만이 경례를 하며 직속상관에 대해서는 그 상황을 간략히 보고한다.

(바) 부대가 교실 및 훈련장에서 수업 시에 상관이 들어오면 별도로 경례하지 않는다.

(사) 부대가 행군 중에 휴식하고 있을 때 상관을 먼저 발견한 자가 "쉬어"를 하면 현자세로 움직이지 않는다. 이때 지휘자만 경례하고 상황보고를 한다.

5. 유형(상황)별 예절

가. 국기에 대한 경의

(1) 경례 방법

(가) 국기는 어떠한 경우에도 경례를 하지 않는다.

(나) 군인은 국기를 향하여 거수경례를 한다.

(다) 사복을 착용한 군인은 국기를 향하여 오른손을 펴서 왼쪽 가슴에 대고 국기를 주목함으로써 경례를 대신할 수 있다.(모자를 쓴 경우에는 국기를 향하여 오른손으로 모자를 벗어 왼쪽 가슴에 대고 국기를 주목한다.)

(라) 행사장 등에서 기수단의 국기가 통과할 때에는 모든 사람들은 차려 자세로 주목하고 위항에 명시된 방법으로 경례를 한다.

(2) 게양식 및 강하 시 경의 표시

> 나는 자랑스러운 태극기 앞에 자유롭고 정의로운 대한민국의 무궁한 영광을 위하여 충성을 다할 것을 굳게 다짐합니다.

(가) 군인은 국기의 게양 및 강하 시 실외에서 국기가 보일 경우 국기를 향하여 경례를 하고, 국기를 볼 수 없고 주악만 들릴 경우 국기 방향을 향하여 선 채로 차려 자세를 취한다. 단체 집합 또는 이동시에는 선임자의 구령에 의해 실시한다.

(나) 건물 안에 있을 시에는 선 채로 국기가 있는 방향을 향하여 차려 자세를 취하며 차려 자세를 취할 수 없는 경우에는 실시 중인 동작을 멈추고 경의를 표한다.

(다) 영내 운행 중인 차량은 정지하고 앉은 채로 차려 자세를 취한다.

나. 대통령(국가원수)에 대한 경의

(1) 일반의식에서의 예의

(가) 대통령이 참석하는 공식행사시 단상 초청인사가 있는 경우에는 미리 착석하도록 하는 등 대통령이 도착하기 전에 모든 식장 정리를 마치도록 한다.

(나) 대통령이 식장에 도착할 때는 행사주관 기관장 등 2~3명이 식장 입구에서 영접한 뒤 식장까지 수행한다.

(다) 대통령이 식장에 입장할 때 사회자의 "지금 대통령께서 입장하십니다."라는 안내에 따라 모든 참석자는 기립하여 자연스럽게 대통령을 향하여 박수를 치거나, 손에 국기를 가졌을 경우에는 오른손으로 국기를 흔들면서 환영의 뜻을 표하고, 대통령이 착석한 후에 착석한다. 이때 교향악단 또는 군악대 등이 있을 때는 입장 음악을 연주한다.

(라) 대통령이 훈장 또는 상장을 수여하면 참석자는 박수를 쳐서 축하하고, 연단에서 연설을 하는 경우에도 참석자는 감명 깊은 대목이 있을 때와 끝날 때 박수를 치는 것이 예의이다.

(마) 대통령이 폐식 후 퇴장할 때에 특별한 안내가 없어도 참석자는 모두 일어서서 박수로 환송하고, 영접했던 인사는 출구까지 나가 전송한다. 의식시 대통령보다 늦게 참석하거나, 먼저 식장을 나가는 행위는 큰 결례(缺禮)이다.

(바) 대통령이 행사에 참석하거나, 특정기관이나 단체 등을 순시하는 경우, 관련부대 장병들은 평소 있는 그대로 자연스럽게 경의를 표하도록 한다. 대통령이 부대를 순시할 경우 관련부대는 상급부대의 행사지침에 따라 영접행사를 준비하고 실시한다.

(2) 특수의식에서의 예의

(가) 군(軍)이 주관하여 대통령이 참석하는 특수의식의 경우 군 예식령(軍禮式令) 등이 규정하는 바에 따라 경의(敬意)를 표한다. 다만, 대통령에 대한 경례 시 일반 참석자는 일어서서 차려 자세만 취한다.

(3) 개별 접견 시 또는 기타 예의

(가) 개별 접견 시는 대통령이 자기 앞에 오면 공손하게 목례를 하면서 자기를 소개하고 악수를 청하면 오른손을 내밀고 가볍게 손을 잡는다. 이 경우 두 손으로 잡거나 먼저 손을 내미는 것은 결례가 된다.

(나) 공연장, 경기장 또는 거리에서 대통령을 만났을 때는 걸음을 멈추고 손을 흔들어 환영하며, 대통령이 탑승한 승용차가 지나갈 때에도 손을 흔들어 환영하는 것이 예의이다.

(4) 사진 부착(附着)

(가) 각 부대는 대통령 존영(尊影)을 부착할 경우 정부에서 배부한 규격을 사용한다.

(나) 실내에 걸 때에는 벽면의 넓이에 따라 조화되도록 적절히 게시한다.

- 국기의 중앙 하단 게시
- 국기와 나란히 게시
- 국기 하단에 대통령 존영과 국정지표(國定指標)를 나란히 게시

(다) 색채가 선명한 천연색 사진을 사용하되 존영 액자는 목재 원색을 사용해야 한다.

(라) 장관급 지휘관 사진, 수칙류 등을 게시할 때에는 국기 및 대통령 존영을 게시하지 않은 측면에 부착해야 한다.

(마) 대통령의 사진이 신문, 잡지 등에 실렸을 때 고의로 더럽히지 않는다.

다. 업무수행간 예절

(1) 지시 및 보고, 결재 시 예절

(가) 상급자의 예절

1) 업무에 대한 전문적인 지식을 갖추어 하급자가 스스로 믿고 따르고 존경할 수 있는 상급자로서의 통솔(統率) 자세를 갖추어야 한다.

2) 계급에 의한 부당한 지시나, 사적인 지시를 해서는 안 된다.

3) 억압적이고 질책성 있는 말투와 비하(卑下)하는 언행으로 하급자의 인격을 모독하여서는 안 된다.

4) 하급자의 말을 끝까지 경청(傾聽)하고, 지시는 간단명료하게 꼭 필요한 사항 위주로 한다.

(나) 하급자의 예절

1) 지시를 받을 때에는 끝까지 경청하고, 반드시 메모하며 지시사항에 대하여 확인 및 복창한다.

2) 지시사항에 대한 조치 내용을 시기적절하게 보고(최초, 중간, 최종보고)하여야 한다.

3) 지시사항에 대하여 다른 의견이 있을 때에는 공손한 태도로 보고하고, 필요시에는 근거 자료를 구비하여 재건의 한다.

4) 지시사항이 타인의 임무에 속하는 경우, 또는 다른 명령으로 인하여 실행 시간이 부족할 때는 책임회피의 인상을 주지 않도록 주의하여 사정을 설명하고 재지시를 받는다.

(다) 결재 시 예절

1) 결재 전 아래 사항을 확인한다. 결재를 위해 상급자의 사무실을 출입 시에는 가볍게 2~3회 노크하고 출입문을 조용하게 개·폐한 후 결재권자에게 거수경례를 하고 용건을 보고한다.

2) 결재 시에는 결재판을 결재권자 책상 중앙상단에 위치하고 지시봉(포인터)을 사용하여 간략하고 조리 있게 핵심적인 사항을 설명하고, 질문사항에 대해서는 정직하게 대답하여야 한다.

3) 결재 시 지시사항에 대해서는 필요시 기록하고 내용이 이해가 안 되면 재질문을 한다. 결재 후에는 지시사항을 복명하고, "돌아가겠습니다."라고 말하고 경례 후 퇴실한다.

(2) 회의 시 예절

(가) 비서실(행정실)에 결재 시간 확인

(나) 결재문서의 오·탈자 여부, 예상 질문 답변 자료, 타 참모와 협조내용 등을 확인 및 검토

(다) 복장과 용모를 단정히 하고 냄새(담배, 입냄새 등) 제거

(라) 수첩, 필기구, 관련 참고자료 휴대

(마) 상관이 주관하는 회의 및 집합 시에는 실내·외를 막론하고 선임자 또는 회의를 주최하는 대표자가 시작과 끝 보고를 한다.
(예 : 부대차렷, ○○ 준비 끝, 쉬어, 부대차렷, ○○ 끝)

(바) 상급자는 자신의 의견을 강요하는 어투로 회의 분위기를 이끌어서는 안 된다.

(사) 회의에 참가하여 의견을 발표할 때는 간단·명료하게 하고, 시선은 참석자 한 사람 한 사람을 향하도록 한다.

(아) 발표할 때에는 가급적 자신의 뒷모습이 참석자들에게 보이지 않도록 한다.

(차) 발표를 하면서 뒷짐을 지거나, 머리를 긁적이는 등 불필요한 동작을 하지 않는다.

(3) 전화 예절

(가) 전화를 걸 때

1) 상대방이 나오면 자신의 신원을 밝히고, 비록 상대방이 하급자일지라도 언짢을 정도의 반말을 해서는 안 된다.

2) 장시간 대화를 나누고자 할 때에는 "좀 시간이 걸려도 되겠습니까?"라고 사전에 물어 보아야 한다. 식사중인지 외출할 시간인지를 문의하여 양해를 얻은 후에 대화를 나눈다.

3) 전화가 잘못 걸렸을 때는 미안한 생각에 아무런 말없이 전화를 끊는 경우가 있는데 이것은 큰 실례이다. 이런 때에는 반드시 "전화가 잘못 걸렸습니다. 죄송합니다."라고 사과를 해야 한다.

(나) 전화를 받을 때

1) 전화벨이 울리면 가급적 신속하게 받아야 한다. 손님과 대화중일지라도 "잠깐 실례하겠습니다."라고 말하고 전화를 받아야 한다.

2) 수화기를 들면 소속과 관등성명을 상대방에게 밝혀야 한다.

3) 용건이 모두 끝났을 때 하급자가 상급자보다 먼저 전화를 끊지 않는다.

4) "기다리세요" "모릅니다" "할 수 없습니다" "뭐라구요?"등의 표현 시 상대방이 불쾌하게 느끼지 않도록 어투에 조심해야 한다.

(다) 전화를 연결할 때

1) 전화를 연결할 때 송화구(送話口)를 손으로 막은 다음 연결한다.

2) 전화 받을 사람이 즉시 전화를 받을 수 없을 때(예 : 출타 중, 통화 중, 회의 중 등)는 상대방에게 상황을 알려 주어 기다리게 하거나, 다시 전화하게 한다. 이때 "실례지만 들어오시면 누구시라고 전해드릴까요?"라는 식으로 물은 후 필요한 연락처를 메모하여 해당자에게 전한다.

(라) 휴대전화 사용

1) 공공장소에서는 휴대전화 전원을 끄거나, 매너모드(진동)로 전환하거나, 음성사서함 또는 문자사서함 기능을 이용해야 한다.

2) 병원이나 항공기 등에서는 휴대전화를 사용하지 않는다.

3) 벨소리나 대화소리가 너무 커서 주위 사람에게 불쾌감을 주지 않도록 한다.

4) 운전할 때에는 안전운행을 위해 휴대전화를 사용하지 않는다.

* 부대 사고, 보안사항 통화. 문자 알림 등을 임의로 대외 누출금지

(4) 사무실 예절

(가) 대화 시 예절

1) 입장 또는 퇴실할 때 서로에게 인사를 나눈다.

2) 진행 중인 대화의 분위기를 파악한 후 참여한다.

3) 다른 사람이 새로 참여할 때에는 "어서 오십시오."라는 환영의 인사를 하여 좋은 대화 분위기를 마련한다.

4) 대화 실에서 빠져나갈 때에는 양해를 구하고 나간다.

5) 초대할 때에는 각 개인의 바쁜 업무를 방해하지 않도록 한두 번 정도만 부르고 기다리는 것이 바람직하다.

6) 개인의 인격이나 명예에 관한 내용을 게시판에 올려서는 안 된다.

(나) 출 근

1) 하급자는 일과 시작과 동시에 업무가 수행될 수 있도록 일과 시작 시간보다 조금 일찍 출근하여 업무 준비를 한다.

2) 상급자는 지나치게 일찍 출근하여 하급자에게 조기 출근을 강요하여서는 안 된다.

(다) 근무태도

1) 자리에 앉을 때에는 의자를 당겨 앉고, 자리에서 일어설 경우는 의자를 책상 밑에 넣는 것이 좋다.

2) 남의 자리에 앉아 업무 외적인 잡담을 하지 않는다.

3) 업무 중인 사람에게 용무를 볼 때 조용히 옆에 가서 먼저 양해를 구한다.

(라) 퇴 근

1) 상급자는 하급자의 정상퇴근을 보장하여야 한다.
2) 상급자가 개인 사유로 늦게 퇴근할 경우 하급자의 동반 지연 퇴근이 되지 않도록 하여야 한다.
3) 통화 중 담배를 입에 물고 있거나 껌을 씹어서는 안 된다.

(5) 전입 및 전출시 예절

지휘관, 상・하급자 및 동료들은 전입자가 부대에 조기 동화될 수 있도록 도와주어야 한다.

전입자는 원활한 업무를 위해 가능한 빠른 시간 내에 업무 관계관을 방문하거나 또는 전화로 인사를 하여야 한다.

전입 및 전출 간부에 대한 환영 및 환송을 위해 개별적인 방문이나 모임보다는 가능한 한 공식적인 자리를 통해 인사를 나눈다. 전임자는 후임자가 인수인계와 동시에 업무를 수행할 수 있도록 배려해야 한다.

(6) 남녀 간 예절

이성이 혼자 있는 사무실 출입 시에는 노크 등을 통해 사전 승낙을 받아야 한다. 이성간 개인 신상에 관한 질문은 삼간다. 이성이 함께 근무하는 사무실에서 환복 시에는 지정된 탈의실을 이용하고, 특히 혹서기에 민소매 런닝셔츠를 착용한 채로 상의를 탈의해서는 안 된다.

계단이 넓을 경우 나란히 오르내려도 되지만, 좁은 계단의 경우 오를 때에는 여군이 뒤에서, 내려갈 때에는 여군이 먼저 내려가도록 한다. 여군이 안내자일 경우에는 먼저 오를 수 있다.

이성간 신체접촉, 독신자 숙소 출입, 무리한 음주 강요 등 성희롱 발생 가능한 여건을 배제한다. (성 군기 위반사고 방지에 관한 지침[국방부 훈령 686호, 2001. 6. 11])

(7) 악수 예절

상급자가 하급자에게, 연장자가 연소자에게 먼저 악수를 청한다. 손에 약간 힘을 주어 가볍게 잡고 상대방의 눈을 마주보면서 자연스럽게 악수하여야 하며, 절도 있는 목소리로 관등성명이나 "감사합니다." 등의 인사말을 한다.

악수를 할 때에는 양손을 사용하거나 허리를 굽히거나 고개를 숙이거나 몸을 흔들지 않는다.

라. 승용물(자동차, 항공기, 선박, 승강기 등) 탑승 예절

(1) 차 량

(가) 승 용 차

1) 운전기사가 있는 경우에는 뒤의 오른쪽이 상석, 왼쪽이 차석, 가운데가 말석이다. 따라서 승용차를 탈 때에는 하급자가 왼쪽 문으로 타고 상급자가 오른쪽 문으로 탄다. 만일, 오른쪽 문만이 열렸을 때는 하급자가 먼저 탄다.

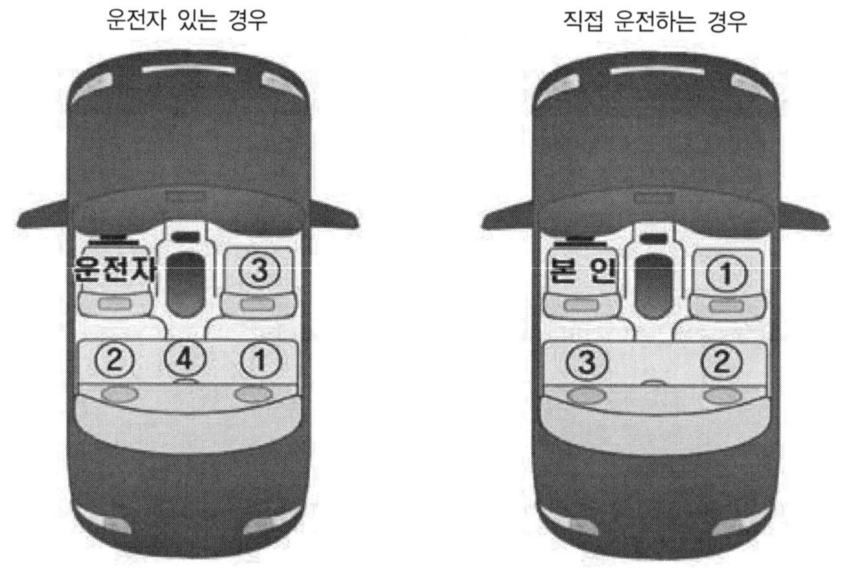

2) 직접 운전할 경우에는 운전석 옆 좌석이 상석, 뒤에 오른쪽이 차석, 왼쪽이 말석이다.

3) 일반적으로 상급자가 먼저 타고 하급자가 먼저 내린다. 하차할 때 문은 운전 기사가 열어주게 마련이나, 하급자가 먼저 하차하면 상급자의 하차를 도와야 한다.

4) 여성이 동승할 경우 여성에 대한 예의를 고려하여 좌석을 권하는데, 예를 들어 부인과 함께 탈 때에는 부인을 상석에 앉히고, 부인이외의 여성이 동승할 경우에는 남자가 왼쪽에 앉는다.

(나) 짚 차

1) 짚차는 운전병 옆자리가 상석이다. 따라서 하급자가 먼저 타고, 상급자가 먼저 하차한다.

2) 민간인과 함께 짚차에 탑승할 경우 뚜렷한 이유가 없는 한 군인이 상석에 탑승한다.

3) 군인 또는 군무원이 아닌 민간인이 혼자 짚차에 탑승할 경우에도, 상석(앞자리)에 앉지 않는 것이 예의이다.

신형 찝차

구형 찝차

(다) 버 스

1) 버스에 승차할 때는 승용차 탑승 시와는 달리 운전사 뒷좌석(출입문 반대쪽) 창 측이 상석이다.(①번 좌석이 불편할 경우 빈 좌석으로 둔다.)

버스

(라) 기 차

1) 두 사람이 나란히 앉게 되어 있는 좌석에서는 창문 쪽 좌석이 상석이다.

2) 네 사람이 마주 앉게 되어있는 좌석 구조에서는 기차가 진행하는 방향 쪽의 창가 자리가 제1석, 그 건너편 창가가 제2석, 제1석 옆자리가 제3석, 그 건너편 통로 쪽 좌석이 제4석이 된다.

3) 침대차의 경우 아래쪽 침대가 상석이다.

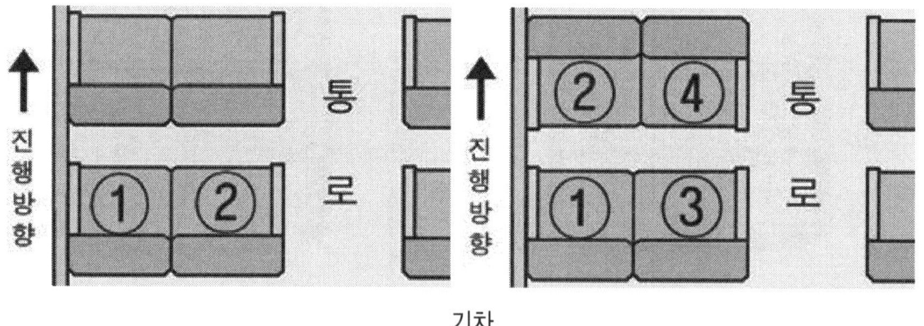

기차

(2) 비행기

(가) 민항기

1) 상급자, 연장자가 마지막으로 타고 제일 먼저 내린다. 창 쪽의 자리가 상석이며 3~4인용 좌석은 ① 창 쪽 ② 통로 쪽 ③ 가운데 순서로 상석이 된다.

2) 기내에 들어가면 승무원에게 탑승권을 보여주고 안내에 따라 지정된 좌석에 앉는다.

3) 무거운 짐이나 휴대용 가방 등은 좌석 아래에 놓고, 코트나 모자 등 가벼운 것은 머리 위 선반에 넣는다.

4) 이·착륙 시나 난기류(亂氣流)를 만나 요동칠 때 표시등에 불이 들어오면 반드시 안전벨트를 착용해야 한다.

5) 이·착륙 시에는 휴대폰, 휴대용 전자기기 사용 금지 등 안전에 관련되는 사항을 철저하게 지켜야 한다.

6) 장거리 여행의 경우 기압의 변화로 발이 붓는 경우가 많기 때문에 신발을 벗고 슬리퍼로 갈아 신는 것은 무방하며, 이때 벗은 신발은 본인 좌석 밑에 가지런히 정돈한다.

7) 식사 서비스가 시작되면 자기 자리에 앉아서 등받이를 바로 세우고 테이블을 펴놓은 후, 식판이나 음료를 받고 승무원에게 감사 표시를 한다.

8) 목적지에 도착해서 기내에서 내릴 때에는 문 앞에 도열한 승무원들에게 가볍게 인사하는 것이 예의이다.

(나) 군용기

1) 좌석의 선택권은 상급자에게 주어진다. 단순한 수송업무나 전술적 임무를 띤 항공기에서는 상급자가 일반적으로 맨 앞좌석에 앉는다.

2) 비슷한 직위의 승객일 경우 문에서 가까운 쪽에 앉는 승객부터 내리는데 통상 기수 쪽에 있는 승객이 나중에 내린다.

3) 가족을 동반한 경우에는 귀빈 다음으로 다른 탑승객보다 먼저 탑승하며 내릴 때에도 같은 순서이다. 가족을 동반한 병사의 경우도 우대를 받는다.

이 경우에는 계급에 무관하다.

4) 조종석에는 허가 없이 접근할 수 없으며 선임 조종사(기장)가 그 항공기에 대한 최종 권한을 가진다. 탑승자들은 계급에 무관하게 기장의 통제에 따라야 한다.

5) 장군이 군용기에 탑승한 경우에는 통상 탑승한 장군 중에서 최선 임자의 성판을 게시한다.

6) 탑승객들은 항공기 운항 중 기내에서 불필요한 동작과 이동을 하지 않아야 한다.

7) 일기가 불순할 때 조종사가 비행 계획을 취소해도 승객은 절대 항의해서는 안 된다.

8) 기타 항공기의 발착시간 준수, 금연, 안전벨트 착용 등 제 규정의 준수가 필요하다.

(다) 헬 기

1) 헬기 탑승 시는 최상급자가 먼저 탑승하고 먼저 내린다. 단, 상급자가 먼저 내리기가 구조상 불편할 경우에는 하급자가 먼저 내린 다음 상급자가 내린다.

2) 장군이 헬기에 탑승할 경우에는 탑승한 장군 중에서 최선임자의 성판을 게시한다.

3) 고도가 높은 항공기 안에서는 잉크가 셀 경우가 있으므로 필기도구는 만년필보다 연필을 준비하는 것이 좋다.

4) 일기가 불순할 때 조종사가 비행 계획을 취소해도 탑승객은 항의해서는 안 된다.

UH-60

UH1-H

(3) 선 박

(가) 군 함

1) 승·하선 시에 군 간부는 통상 우현(右舷, Starboard) 출입구를 이용하며, 입구 갑판에 올라서면 선미(船尾)에 게양된 기(旗)에 경례를 한다.

2) 특별한 경우를 제외하고는 군함의 선미가 중요하므로 기가 없을 경우에도 선미를 향하여 경례를 한다.

3) 승·하선 시 입구에 서서 영접하는 당직사관과 인사를 나눈다. 당직 사관은 선미에 한 경례와 자기에 대한 인사에 모두 답례를 한다.

4) 군함에 오르면서 "승선 허가를 요청합니다.(Request permission to come aboard Sir)"라는 짤막한 말을 건네면 당직 사관은 "승선을 허락합니다.(Permission granted Sir)"라고 대답을 하게 된다.

5) 하선 시에는 승선시의 역순이다. 출입구 갑판에 도착하여 당직 사관에게 경례를 하며 "하선하고 싶습니다(Sir, with your permission I will leave the Ship)" 또는 "하선 허가를 바랍니다."라고 말하면 당직 사관은 "승선해 주

셔서 고맙습니다(It was a pleasure to have you aboard, Sir)" 라고 대답한다. 인사를 교환하고 출구를 내려서기 전에 마지막으로 선박 후미에 경례를 한다.

6) 군함 내에서는 긴급시를 제외하고 보행 시 하급자가 상급자를 추월할 수 없다. 긴급한 경우에도 육군처럼 "실례합니다(By the leave)"란 말을 건넨다.

7) 선상에서는 "갑판장의 신호"와 혼동할 가능성이 있으므로 피리 및 휘파람을 불지 않는다.

8) 군함이 정박하고 있거나 항해중일 때 소주정이 장관급 군 간부 표지기를 달고 지나가면 예식 갑판에 있는 전원이 경례한다.

9) 예포를 발사하는 동안 갑판 위의 전 장병은 예포를 받는 사람과 군함에 대해서 차려 자세를 취하여야 한다.

10) 군함이 서로 교차할 때 양쪽 함정의 승선 인원은 자리에 앉은 채 상호 인사(경례)를 교환한다. 단, 탈모를 했을 때에는 경례를 하지 않는다.

(나) 단 정

1) 육상에서나 함상에서 단정을 탈 때 하급자가 먼저 오르고 상급자가 뒤에 타며, 내릴 때에는 그 반대 순이다.

2) 함상에서 단정으로 옮겨갈 때 당직사관 허가 없이 타서는 안 되며 인원이 정원 초과할 때에도 하급자가 양보하는 것이 예의이다.

3) 단정에서 정미석(艇尾席)은 상급자용이므로, 상급자로부터 권고를 받았을 때나 자기가 최고 상급자일 경우 이외에는 앉아서는 안 된다.

4) 단정의 운행에 관해서는 부장이 정하며, 함정장을 제외한 다른 사람은 이를 변경할 수 없다.

5) 단정은 유람선이 아니다. 따라서 단정 내에서 고성방가, 휘파람, 기타 난잡한 행동을 해서는 안 되며, 언제나 단정하고 신사다운 언행을 하여야 한다.

마. 회식 예절

(1) 일반적으로 지켜야할 예절

회식 시 군인상호간 예의는 서로의 인격과 품위를 표현하는 것이다. 따라서 회식을 통한 원만한 인간관계는 부대의 화합과 단결을 도모하고 궁극적으로 부대전투력 향상에 기여한다.

(가) 회식은 부대행사의 연속으로 간주되며, 공식적인 회식이 아닌 경우 참석자가 회식비를 공동부담(서양에서는 Dutch Pay(비속어) 라는 용어를 사용하지 않고, Split the bill 또는 Share the cost 라는 용어를 사용하고 있음)하는 것이 원칙이다.

(나) 지휘관은 회식 주관 시 부하의 원만한 가정생활이 유지될 수 있도록 아래사항에 유의한다.

부부동반 시 어린 자녀 또는 노부모 관리
가족의 직장생활 및 동거 여부
종교 활동, 가족과 함께 하는 주말 및 공휴일 보장

(다) 단체회식을 할 경우 부대 식당, 복지회관 등 가급적 부대시설을 활용하고 부득이 민간시설을 이용할 경우 검소하고 품위가 손상되지 않는 장소에서 한다.

(라) 회식은 명분에 부합된 대상자 위주로 실시되어야 하며, 지휘관은 가족 또는 여군(여군무원) 등의 참석 시는 지나친 농담이나 불필요한 신체적 접촉 등이 발생하지 않도록 회식 분위기 조성에 지휘관심을 가져야 한다.

(마) 상·하급자 모두가 회식 시간을 준수해야 하며 상급자는 너무 일찍 도착하지 않도록 한다.

(바) 공식적인 회식 시에는 회식 전·후 선임자에게 보고를 한다.

(사) 회식 주관자가 격려 차원으로 축배제의를 실시하고, 회식의 목적에 맞도록 자발적인 축배제의 분위기가 조성되도록 하여야 한다.

(아) 야간 회식을 할 경우 상급자는 다음날 업무수행에 지장이 없도록 회식시간을 적절히 통제한다.

(2) 회식 간 음주

(가) 하급자는 상급자와 같이 술을 마실 경우 상급자보다 먼저 마시지 않는다.

(나) 음주를 할 수 없는 사유(종교, 건강, 운전)가 있을 시 본인이 명확하게 사유를 밝히고 상급자와 동료는 이를 존중하여 음주를 강요해서는 안된다.
참석자 전원에게 개별적인 축배제의를 강요하지 않는다.
회식의 처음과 끝의 축배는 통상 선임자가 하며, 회식의 명분과 부합된 인원 중 축배에서 소외되는 사람이 없도록 한다.
자발적으로 축배 제의 시 적절한 시기에 최선임자에게 허락을 득한 후 실시한다.

(다) 타인으로부터 술잔을 권해 받았을 때는 잔을 놓기 전에 조금 마시는 것이 일반적인 주도(酒道)이다.

(라) 상급자에게 술을 따를 때 술잔은 반드시 상급자에게 직접 오른손으로 드려야하며 술병 또는 주전자를 오른손으로 잡고 두 손으로 공손히 따라야 한다.

(마) 좌석을 이탈할 시는 상급자의 양해를 구하고, 탈의와 흡연 등의 행동은 상급자가 권했을 때만 행하여야 한다.

(바) 회식 종료 후 음주운전을 하여서는 아니 되며 음주자가 운전 하는 것을 방관해서도 안 된다.

(3) 부대회식 진행

(가) 진행순서

지휘관 입장	· 부대원들은 일어서서 박수로 환영 또는 차려 자세로 대기
회 식 시 작	· 사회자의 개식선언 또는 지휘자의 보고
축 배 제 의	· 지휘관이 먼저 축배를 제의, 회식 사유와 목적을 설명
식 사 축 배	· 식사 시작 · 회식의 명분과 관계된 인원의 자발적인 축배 제의
행 사 종 료	· 지휘관의 행사종료 인사말, 퇴장 · 경우에 따라 차선임자 또는 사회자의 폐식사로 종료

(나) 진행시 참고사항

- 부대 내에서 회식 시 회식장소에 부대기를 위치시키거나 또는 지휘관 입장 시 기수에 의해 부대기를 봉지(捧持)하게 하여 입장함으로써 부대 소속감을 강조할 수 있다.
- 지휘관은 부대 회식 간 필요시 군악 연주를 하도록 할 수 있다.
- 인원이 많은 경우 자연스럽게 대화가 식탁별로 이루어지므로 지나치게 지휘관 위주로 대화가 집중되지 않도록 한다.
- 뷔페식 회식인 경우 축배제의는 식사 시작 전에 하는 것이 바람직하다. 그러나 아주 자연스런 분위기를 유도할 때는 식사시작 시간을 정하여 도착순으로 식사를 하고 일정시간 경과 후 축배 제의를 할 수도 있다.
- 지휘관은 부대원들 간의 자연스런 친목을 유도하기 위해 행사종료 전에 먼저 퇴장할 수 있다.

※ 리시빙 라인(Receiving line)(모임을 주관한 초청자와 주빈이 입구 쪽에 일렬로 서서 손님을 맞이하는 것 또는 모임이 끝나고 퇴장 시 동일한 요령으로 환송하는 경우도 리시빙 라인이라 부르기도 한다.) 형성

바. 경조사 및 위문 예절

(1) 경사 (慶事)

(가) 축하시기는 진급 및 영전(榮轉), 전역, 자녀 출산, 본인 또는 자녀의 입학 및 출산, 결혼, 취직, 종교별 임직(任職) 등 다양하다.

(나) 경축(慶祝) 인사 내용은 경사의 성격에 맞도록 하고 경축 인사의 시기도 적절하게 맞추어야 한다.

(다) 경사에 따른 축의금 및 축하 선물 등은 공직자 생활윤리를 따른다.

(라) 식사 시작 전에 형성 시 식사장소 외의 별도의 대기 장소 준비

(마) 식사 종료 후에 형성 시 가능한 건제를 유지하여 이동

(2) 문상 (問喪)

(가) 시 기

1) 문상자(問喪者)는 상례를 치르는 가족과 절친한 관계가 아니면 입관(入棺) 절차가 끝난 후에 방문한다.

(나) 옷차림

- 남자의 경우 검정색 계통 또는 어두운 색상의 양복과 넥타이를 착용한다.
- 검정색 계통의 복장 착용이 곤란할 경우라도 지나치게 밝고 화려한 색상의 옷이나 넥타이를 착용해서는 안 된다.
- 여성의 경우도 동일하며 화장을 짙게 하거나 화려한 액세서리는 하지 않는다.

(다) 순서와 절차

1) 문상은 방문한 가정의 의식절차에 따라 행하는 것이 바람직하다.

2) 조객록(弔客錄) 서명 및 부의(賻儀)

- 상가에 도착하면 우선 조객록에 서명한다.
- 상가에 부의를 할 때는 부의단자(單子)(부조(扶助)하는 물건의 수량이나 이름, 현금으로 부조 시 금액 등을 적은 종이)를 써서 봉투에 넣어 전한다.
- 부의는 현금이나 물건으로 할 수 있으나, 현금으로 할 경우 부의 단자에는 부의금 ○원, ○월○일, 이름순으로 내용을 적는다.
- 부의금(賻儀金)은 헌 돈을 사용하며, 새 돈일 경우는 길이로 반을 접었다 편 후 넣는다.
- 부의 문구는 근조(謹弔), 조의(弔意), 근위(謹慰) 등의 표현을 쓴다.

(라) 분향(焚香) 또는 헌화(獻花)

영정 앞으로 나가서 무릎을 꿇고 앉아 향을 피운다. 향나무를 깎아 만든 나무향이면 왼손으로 오른손을 받치고 오른손의 엄지와 검지로 향을 집어서 향로 속에 넣는다.

선향(線香)인 경우 향을 한 개만 집어서 불을 붙인 다음 엄지와 검지로 불을 끄고 향로에 꽂는다. 헌화시는 오른손으로 꽃을 받쳐 들고 꽃봉오리가 영정을 향하도록 놓는다. 여러 사람이 함께 분향 또는 헌화 시 대표자만 분향 및 헌화

할 수도 있다. 상제(喪制)(부모의 상중에 있거나, 이미 아버지가 세상을 뜬 뒤에 조부모의 상중에 있는 사람)와의 맞절

> 분향 또는 헌화 후 두 세 걸음 물러나 영정을 향해 큰절을 두 번 하거나, 바른 자세로 서서 머리를 숙여 잠시 묵념의 예를 표한다.
> 고인에 대한 예의 표시 후 상제가 있는 쪽을 향하여 서서 상제와 맞절을 한다.
> 절을 마친 후에는 "얼마나 애통하시겠습니까?" "상심이 크시겠습니다." 등의 간단한 위로의 말을 전한다.

(마) 조문을 받는 예절

상제는 애도하고 근신하는 자세로 영좌(靈座)가 안치되어 있는 방에서 조문객을 맞이해야 하며, 조문객을 마중하거나 전송하기 위해서 영좌 옆을 떠나서는 안 된다. 조문객을 위한 음식 준비를 하며, 날씨에 따라 간단한 차나 음료만을 준비할 수 있다. 장례가 끝난 뒤에는 조객록이나 메모를 참고하여, 초상 기간이나 장례 때에 참석했던 분들께 서신 또는 전화로 인사를 드린다.

(3) 문병 및 위문

(가) 병문안

1) 병원 입원자의 문병 시간은 환자의 면회 시간을 이용한다.

2) 입원중인 환자를 위문할 때에는 가능한 범위 내에서 환자의 상태를 알아본 다음 적당한 선물을 지참하고 위문하는 것이 좋다.

3) 지루함을 달랠 수 있는 간행물이나, 병실의 분위기를 온화하게 하는 꽃이 좋으나, 꽃가루와 향기가 환자에게 해로울 수 있으므로 주의해야 한다.

> · 환자가 말을 꺼내기 전에는 병에 관한 이야기를 하지 않는 것이 좋다. 차라리 "생각보다 가벼워 안심입니다." 또는 "안색이 좋으시군요." 등으로 위안시키는 것이 좋다.
> · 환자의 가족이 간호 중에 있다면 가족에게 "아드님의 병고로 심려가 많겠습니다." "결과가 좋으시다니 곧 완쾌되겠습니다." 등의 위로 인사를 드린다.
> · 병실에서 담배를 피워서는 안 된다.

(나) 재난 시 위문

1) 재난을 입은 사람의 입장에서 진심으로 절망을 극복하도록 도와주는 자세가 중요하며 재난을 당했다는 소식이 있으면 바로 방문한다.

2) 여건이 가용한 범위 내에서 재난 극복을 도와준다.

3) 재해 상태에 따라 식기, 침구, 취사용구, 쌀, 의류, 세면도구, 신발, 휴지 등 다양한 위문품과 필요시 현금을 기부하는 것이 좋다.

6. 술과 병영생활

가. 술과 병영생활과의 관계

(1) 군인은 술을 접할 기회가 많은 직업이다.

술을 잘 마셔야 군인답고 잘 마시지 못하면 군인답지 못한 것으로 받아들일 정도로 술과 군인은 밀접한 관계를 맺어 왔으며 특히, 창군초기부터 매점을 주보(酒保)라고 칭할 정도로 병영생활에서 술은 빼어 놓을 수 없는 것으로 여겨졌다.

군대의 직업적인 특수성과 환경 때문에 술을 접할 수 있는 기회가 많은데 그 이유는 다음과 같다.

(가) 군 생활 자체가 혹서기 나 혹한기 등 계절에 구애됨이 없이 각종 작전임무 수행 교육훈련을 통한 전기전술 연마 전술공사 등 육체적인 활동을 많이 요구하고 있으므로 육체적인 피로를 잊기 위해 술을 찾는 기회가 많다.

(나) 공동생활이라는 직업상의 특수성 및 인간관계의 지대를 심화 유지하고자 하는 필요성 때문에 집단 음주의 기회가 많다.

(다) 군인은 항시 엄격한 군 기강 가운데 생활하므로 정신적으로 긴장하고 있으며 정신적 긴장을 잊기 위해서 술을 마시는 기회가 많다.

(라) 위험물의 취급, 위험한 작업, 일단 유사시에는 자신의 귀중한 생명까지도 걸고 임무를 완수해야 하는 강박관념 때문에 술을 접할 기회가 많다.

(2) 술을 마시는 이유는 무엇일까?

군인들이 보편적으로 내세우는 술을 마시는 이유를 "바로 이것이다"라고 말하기는 어렵지만 여기서는 일반적으로 말하는 음주 이유를 몇 가지 들어 보기로 한다.

(가) 술을 마시면 육체적인 피로를 풀 수 있고 기분이 좋아진다.

(나) 술을 마시면 대인관계에서 마음이 편해진다.

(다) 군 생활의 어려움과 골치 아픈 일을 잊으려고 마신다.

(라) 습관적으로 술을 마신다.

(마) 군인은 술을 잘 마셔야 한다고 생각한다.

(바) 전우들이 마시니까 따라 마신다.

(사) 술은 소화 작용을 돕는다고 생각한다.

(3) 술잔을 돌리는 유래

옛 조상들에게 있어 술은 요즘처럼 일상적인 음료가 아니라 신령과 접하는 제사 때나 불신의 이질요소를 신뢰의 동질요소로 바꾸는 양식에서만 마셨던 것이다.

곧 술은 신인융합이나 이인융합의 모체였다. 우리 조상들은 술잔을 돌려 마시는 것으로 동질화를 모색, 공동체 의식을 강화했던 것이다.

나. 선진군인의 음주자세

(1) 바른 음주자세의 본뜻

(가) 군대와 같이 많은 사람이 모여 생활하는 집단에서 무분별한 음주는 몸과 마음을 상하게 할 뿐 아니라 조직에도 악영향을 미친다. 이러한 경우의 음주는 대게 무절제하여 과음하기가 쉽다. 다시 말해서 분별없이 마구 마시고 떠들어 대며 사소한 일에도 시비를 걸고 과민한 반응을 나타내게 된다.

(나) 병영생활을 하는 동안 불평불만이나 갈등이 있다 해서 술로 문제를 해결하려고 생각해서는 안 된다. 술을 마실 경우에는 신의와 절도를 지켜 마셔야 할 것이다. 병영생활에서 음주는 개성이 다른 전우들끼리 모여 함께 술을

즐기는 자리이므로 질서가 유지되어야 하며 실수가 있더라도 너그럽게 보아 넘길 수 있는 여유가 있어야 한다.

(다) 병영생활의 의도를 바르게 이해하고 음주통제 지침의 범위 내에서 자기의 주량을 알고 건강을 해치지 않도록 원칙을 준수하며 술자리의 분위기를 빛내면서 술을 즐길 수 있어야 한다. 이는 바로 술자리에서 지켜야 할 바른 음주자세라 하겠다.

(2) 바른 음주 자제

술자리의 분위기를 즐겁게 만들고 상하간이나 전우들과의 인간관계를 더욱 명랑하게 할 수 있도록 다음 사항을 염두에 두고 바른 음주습관을 익혀 건전한 병영생활을 이룩할 수 있도록 함께 노력하자.

- 자신의 주량을 알고 마셔라.
- 공복 시에는 천천히 마셔라.
- 도수가 높은 술은 가급적 삼가라.
- 안주를 충분히 먹어라.
- 취해서 기분이 언짢으면 그 자리를 뜨라.
- 술을 못 마실 경우에는 청량음료를 마셔라.
- 술은 허가된 장소에서만 마시는 습관을 가져라.
- 술로 위력을 과시하지 마라.
- 술잔을 돌리지 마라.
- 술자리에서 문제를 독점하지 마라.
- 술자리의 성격을 보고 앉을 자리를 택하라.
- 건배 시는 술잔을 들고 축배의 기분으로 하라.
- 술을 따를 때 잔을 들어 올리지 마라.
- 술을 따를 때 넘치지 않도록 하라.
- 취중에 약속은 신중하게 하라.
- 술자리에서 자신의 허점을 보이지 마라.
- 술로 인한 실수가 용납된다고 생각하지 마라.
- 술자리에서 따지거나 훈계하지 마라.
- 냅킨은 주최자의 인사가 끝난 뒤에 이용하라.
- 여성에게는 도수가 낮은 술을 권하라.
- "칵테일파티"의 정신을 본받자.

[사 례]

음주를 하고 운전을 하는 것은 중대한 범죄 행위이다. 그런데 운전자가 만취상태에서 운전을 하다가 행인을 다치게 하였으나 응급처치도 하지 않고 뺑소니를 친 사고가 종종 발생한다. 여러분은 이러한 사고사례에 대하여 어떻게 생각하는지 자신을 통찰해 보자.

■ 군대 윤리를 어떻게 수행할 것인가에 대해서는 학생으로서, 지도자(예비 군 간부)로서 다음과 같이 생각할 수 있다.

- 목숨 바쳐 국가를 수호하는 것이 군인의 최고의 명예임을 인식한다.
- 조직원들의 자발적인 복종을 이끌어내기 위해 정직한 언행을 실천한다.
- 부여된 임무를 반드시 완수하겠다는 책임감을 갖는다.
- 명확한 공과 사의 구분과 법과 규정 준수를 생활화 한다.
- 군인으로서 전쟁법의 내용을 숙지하고 준수하려는 노력이 필요하다.

제 3 절

성(性) 군기 및 기타 예절

1. 성(性) 군기

가. 성(性) 군기 위반이란

성(性) 군기 위반이란 '성을 매개로 군 기강을 문란케 해 부대 단결을 저해하거나 군 위상을 실추'시키는 모든 행위를 말한다. 이는 개개인의 성(性) 인식의 문제와 더불어 도덕성과도 무관치 않다는 점에서 사회적으로 지탄의 대상이 되는 것이다.

나. 성(性) 군기 위반유형

(1) 성범죄 : 성범죄란 상대방의 의사에 반해 인권을 침해하는 성폭행·강제추행과 성매매, 그리고 동성 간 범죄를 말한다.

(2) 성희롱 : 상대방에게 신체적·언어적·시각적으로 성적 수치심을 느끼게 하는 제반행위로서 상대에게 입맞춤·포옹 등을 하거나 안마를 요구하는 행위, 음란한 농담과 성적인 비유, 외설적인 사진을 보여주거나 전송하는 행위, 자신의 신체 일부를 노출하거나 만지는 행위들이다.

(3) 기타 성(性) 군기 위반 : 성범죄에 해당되나 고소가 없는 경우, 기타 품위유지를 위반한 행위로 불륜, 사생활 방종, 성적 문란 행위 등이 있다.

[사 례]

이번에 입사한 미혼의 K○○ 씨는 중견기업이지만 연봉이 높고 근무환경이 좋아 직장에 대한 애착심이 높다. 업무의 특성 상 해외에 자주 나갈 수 있는 기회도 있으며 성과급제가 있어 자신의 꿈을 펼칠 기회의 장으로까지 생각되었다.
외국회사의 지사로 사장 이하 200여 명의 직원 규모를 보이는 이 회사에 치열한 입사경쟁을 뚫고 당당히 합격한 것도 대견하였다.

K 씨는 열심히 일했고 능력을 인정받게 되어 사장에게 자주 칭찬을 받는다. 그녀는 기뻤으나, 사장의 칭찬하는 방법은 그녀의 기쁨을 날려 버리곤 하였다. 사장은 여직원들이 일을 잘한다고 칭찬할 때 그들의 엉덩이를 툭툭 친다거나, 머리를 쓰다듬는 방식을 취했다. 그것이 사장의 여직원들에 대한 업무 능력에 대한 인정과 칭찬의 표현이라는 것은 그 직장에 있는 사람은 누구나 알고 있는 일이다. K 씨는 처음 이런 일을 당했을 때 매우 불쾌했지만, 자신을 칭찬한다는 점에서는 어느 정도 불쾌감이 감해졌고, 그 이상의 짓을 할 것 같지는 않았으므로, 이 정도면 참을 수 있다고 스스로 달랬다.

이럴 때 여러분은 어떻게 해야 되는지 생각해 보자

다. 성(性) 예절

(1) '성 인지력' 향상 노력 : 성군기 위반가해자는 '장난・친밀감의 표시', 심지어 '잘못인 줄 몰랐다, 상대방이 원하는 줄 알았다'는 등 비상식적 사고(思考)를 하는 경우가 있다. 그러나 피해자는 가해자와 달리 심한 모욕감과 분노를 느낀다. 성에 대한 인식은 남녀 간 인식의 차이가 분명하므로 상호 언행에 주의하고 성 군기 위반 환경 제거 및 지속적인 학습을 통해 '성 인지력' 향상 노력을 기울여야 한다.

(2) 촉발요인 차단 : 성군기 위반의 촉발요인은 음주취기, 과도한 신체접촉과 노출, 성경험 등 음담패설 등에서 찾아볼 수 있다. 이 또한 근원적인 문제는 '왜곡된 성 인식'에서부터 출발한다고 볼 수 있다. 피해자가 내 소중한 사람이라면 과연 그러한 일들이 벌어질 수 있겠는가? 다시 한 번 주위를 돌아보고 노출된 문제점은 없는지 살펴볼 일이다.

라. 이성과의 예절

(1) 일반적 예절(Date Manner)

(가) 길을 걸을 때 : 여성이 도로 안쪽에서 걷도록 하며 보조는 여성에 맞추어야

하고 좁은 길에서는 남성이 비켜주는 것이 예의이나 그렇지 못할 경우 여성이 비켜 주어야 한다.

(나) 계단을 오르내릴 때 : 계단이 넓을 경우 나란히 오르내려도 되지만 좁은 계단에서는 오를 때에는 여성이 뒤에서, 내려갈 때에는 여성이 먼저 내려가야 한다.

(다) 출입문을 드나들 때 : 남성이 문을 열어주면 여성부터 들어가되 상관일 경우는 그렇지 않다.

(라) 레스토랑 등에서 : 자리는 안쪽 창가의 좌석이 상석이지만 둘 만일 경우는 마주 앉는다.

(마) 여성을 방에 들이지 않으면 부득이한 경우 동반자를 데리고 가거나 동반자가 없을 경우는 문 밖에서 용무를 마친다.

(2) 성희롱 방지를 위한 행동규범

(가) 군인은 이성에게 불쾌한 성적접근, 성적요구, 성을 소재로 한 언어 표현이나 신체적 행위, 기타 성과 관련하여 상대방의 인권을 침해하는 행위를 금지한다.

(나) 남녀 군인 간 신체 접촉은 악수 정도가 원칙이며 교육 및 기타 임무 수행 간 팔짱을 끼는 자세, 앞이나 뒤에서 껴안는 행위는 금지한다.

(다) 회식 간 여군은 주량을 제시하고 상급자는 주량이상의 음주를 강요하는 행위를 지양한다.

(라) 회식 후 여군과 남군과의 개별적인 술자리 참석을 지양한다.

(마) 남녀군인이 단독으로 사무실에 잔류시 출입문을 잠그는 행위를 금지한다.

(바) 여군 숙소에 남군 출입을 금지하나 공식적인 업무관계상 출입 시는 통보 후 가능하며 22:00이후는 금지한다.

(사) 여군은 남성을 자극할 수 있는 노출이 심한 복장착용은 지양한다.

[사 례]

일부 학생들이 대학 내에서 선배나 동기, 교직원들에게 성희롱을 당하는 경우가 있다. 성희롱 예방법을 토의하는 시간이 주어지면 여러 가지 예방법을 이야기 할 수 있을 것이다. 대학생이 선배나 교직원들로부터 성희롱 발언을 들었을 때 어떻게 조치 할 것인지 생각해 보자.

[사 례]

성이 다름으로써 발생되는 성문제는 직장에서 논란이 점차 증가 되고 있다. 성과 관련된 에티켓에는 어떠한 것이 있으며 무엇을 의미하는지 생각해보자.

최근 직장에서 성희롱과 같은 문제가 이슈화되고 있다. 이러한 문제는 서로에 대한 무지에서부터 비롯되기도 한다.

다음은 우리사회의 성희롱 문제에 대한 전근대적인 인식의 전환이 가장 시급함을 말해주는 사례이다. 각자 사례를 읽고 성 예절에 대해서 생각해보자.

2. 기타예절

가. 노상에서

(1) 교통규칙 준수

많은 사람, 많은 차량이 오고가는 거리를 걸을 때에는 우선 교통규칙을 지켜야 한다. 이것은 질서를 유지하는 면에서도 중요하고 위험을 피하는 뜻에서도 중요하며, 또는 자기의 인품을 높임에도 중요하다. 보행자와 차량은 좌측통행 하는 것이 우리나라의 규칙이다.

(2) 신호규정 이해

교통질서를 유지하는 것 중에 하나로 교차로 횡단 때에는 신호를 준수하는 것이 중요하다. 그러나 실제에 있어서는 이것이 제대로 이행되지 않으며, 횡단보도가 있는데도 다른 곳으로 횡단하는 사람, 육교가 바로 옆에 있는 데도 육교 밑을 횡단하는 사람들이 많다. 이런 행동들은 교양 있는 사람의 처신이 아니다.

(3) 붐비는 곳에서

번화한 거리에서나 또는 출·퇴근 시간 등 매우 붐비는 노상에서 느릿느릿 걸어간다거나 동료들과 이야기를 하며 서 있는 행위는 많은 사람들에게 불편을 준다.

(4) 청결한 도로 유지

우리가 거처하는 주택부근이나 도로상을 깨끗이 청소하는 풍경은 어느 도시 에서나 볼 수 있는 것이기는 하나 도로를 걸을 때에 서로가 그 청결유지에 힘쓰는 노력에는 부족함이 많다.

(5) 동반자와 같이 보행 시

길을 걸을 때 동행하는 사람이 있으면 자연스럽게 걸음을 맞추어서 걷도록 한다. 윗사람과 동행할 때에는 한두 걸음 뒤로 따른다. 세 사람이 동행할 때에는 윗사람이 가운데에 서도록 하고 좌우 뒤로 따르도록 한다. 여자나 아이들과 동행할 때에는 자기의 평소의 걸음이 습관이 되어 뒤를 돌보지 않고 먼저 앞을 가다가 서로의 거리가 생겨서 서서 기다린다든가 이들이 동행하기에 고통을 느끼게 하여서도 안 된다.

(6) 알고 있는 사람을 만났을 때

길을 걷다가 윗사람을 만났을 때에는 6보정도 앞에 멈춰 서서 인사를 한다. 사복하고 모자를 쓰고 있었으면 벗고서 인사를 한다.

나. 식당에서의 예절

간부 식당에서 식사 중에 직속상관이 들어오면 일어서지 않고 식사를 멈추고 예의를 표한 후 식사를 계속한다. 식당에 들어오고 나갈 때에는 상관에게 목례로써 예의를 표한다. 이때 과도하게 허리를 굽히지 말아야 한다.

다. 면회 장에서의 예절

면회중 상관이 들어오면 정중히 일어서서 상황에 따라 거수경례 또는 목례로 써 예의를 표하고 다시 앉아서 면회를 계속한다.

라. 휴게실(매점)에서의 예절

휴게실에서는 조용히 휴식을 취해야 하며, 출입 시에는 정숙과 질서를 지켜야 한다. 휴게실에 상관이 들어오면 먼저 본 자가 "쉬어" 구령으로 여러 사람에게 알리고 선임자가 경례를 하며 직속상관인 경우 "휴식 중"이라고 보고한다.

마. 이발소의 예절

이발소에서는 상황에 따라 거수경례 또는 목례로써 인사를 하고 이발 순서가 되면 상급자 먼저 이발할 것을 권하는 것이 좋다.

바. 목욕탕에서 예절

탈의장에서 옷은 단정하게 차근차근 개어서 넣어 둔다. 탕에 들어가거나 나올 때에는 국부를 수건으로 가리고 행동하는 것이 좋다. 목욕탕에서는 상관에게 목례로써 예의를 표한다. 욕탕 안에 들어가기 전에는 반드시 샤워를 하고 머리와 국부, 발을 씻어야 한다.

사. 화장실에서의 예절

화장실 사용 시는 항상 노크를 하며 응답이 없을 시 문을 열어야 하고 공중도덕을 지켜서 항상 청결을 유지하도록 깨끗하게 사용하여야 하며 화장실에 출입시 상급자를 만나면 용변을 마친 후 거수경례를 하거나 목례로서 예의를 표해야 한다.

제 4 절

비서 및 상훈·의전 업무

1. 비서업무

가. 비서의 정의

비서란 중요한 직무를 취급하는 사람의 곁에서 기밀 사무를 취급하는 사람을 말하는 것이다. 이는 지휘관 또는 중요한 직위에 있는 자가 그들에게 부여된 직무를 충분히 수행할 수 있도록 보좌하는 업무수행을 직무로 하는 자를 말한다.

나. 임 무

각급제대 비서실장 및 행정실장은 지휘관의 행정업무를 보좌하고, 일반참모 및 예하부대 지휘관의 활동을 조정하고, 협조를 요하는 사항에 대한 지원을 제공하며, 부대의 의전 및 의식행사와 회의 사항에 대한 업무를 수행한다.

비서실장(행정실장)

- 참모활동의 조정, 협조를 요하는 사항에 대한 행정적 지원을 제공하고 사후처리 절차를 규정한다.
- 접수되는 문서 중 지휘관이 선람을 요하는 문서의 결재를 보좌한다.
- 지휘관을 위한 각종 자료, 문서, 연설문 등의 준비를 위한 협조와 종합
- 예하 지휘관 및 참모의 휴가, 외박, 출타 일정계획의 조정 협조
- 주요 회의에 따른 회의실 준비 및 안내업무 관장
- 내빈에 대한 의전 및 행동절차 수립
- 각 참모 및 지휘관 활동 및 보고의 조정 협조
- 기타 지휘관이 부여한 제반업무 수행

전속부관

전속부관은 개인 참모로서 일반 및 특별참모 직능에 속하지 않은 다음의 기능을 수행한다.

- 상사의 활동 및 집무시간 계획에 관한 보좌
- 업무계획표 유지 및 상사의 업무 수행 보좌를 위한 관계관과 협조
- 전화, 서신, 민원서류 등의 접수, 처리, 회신을 위하여 관계참모에게 연락
- 상사를 위한 기록문서 및 참고자료 관리 유지
- 부대를 방문하는 내빈의 접대 및 안내
- 상사의 신변보호와 안전 도모
- 기타 상사를 보좌하기 위한 근무병의 근무 조정 및 감독

다. 비서의 기본 요건과 자세

(1) 비서의 구비요건

(가) 책임과 의무를 권리나 주장보다 앞세워 생각한다.

(나) 품위유지 및 명확한 상황판단과 모든 일에 공공성을 먼저 생각하고 사심이 없어야 하며, 소명의식을 갖고 책무를 성실히 수행한다.

(나) 전문지식을 함양하며, 참모들이 지휘관에게 보고되어야 할 업무를 조정, 협조하여 최대한으로 지휘관을 보좌한다.

(라) 검소하고 근면하여, 청렴결백한 생활태도를 견지하여야 한다.

(마) 매사에 신중하고 언제나 명랑하여야 한다.

(바) 예의가 바르고, 간단한 영어는 구사할 수 있어야 하며, 세밀하고 센스 있는 간부라야 한다.

유능한 비서의 요건

- 상사로부터 신뢰를 받아야 한다.
- 상사의 업적을 높여주는 일을 본분으로 생각한다.
- 일반교양, 사회상식, 업무지식, 부대 내·외의 정보에 정통해야 한다.
- 상사의 사고방식, 성격을 정확히 파악한다.
- 서비스 정신이 필요하다.
- 상사의 편에서 생각한다.
- 기밀을 엄수한다.
- 준비는 세심하게, 처리는 분명하게 하여야 한다.
- 호감을 주는 비서가 되도록 노력한다.

(2) 비서의 준수사항

(가) 시간을 엄수하여야 한다.

(나) 치밀한 계획을 수립해야 한다.

(다) 자세를 항상 단정히 하고 공손하며 상냥하여야 한다.

(라) 업무상의 기밀을 유지하여야 한다.

(3) 비서의 기본 매너

(가) 인사의 에티켓

출근과 퇴근 인사 이외에도 다음의 인사가 생활화되어야 한다.

1) 감사합니다. 수고하십시오. 고맙습니다.
2) 실례했습니다. 용서하십시오. 죄송합니다.
3) 어서 오십시오. 다녀오십시오. 실례합니다. 죄송합니다.

(나) 출퇴근의 에티켓

1) 상사보다 먼저 출근하고 업무를 준비한다.
2) 상사에게 기분 좋은 아침 인사를 하여야 한다.
3) 부득이한 사유로 상사보다 먼저 퇴근할 시 허락을 득하고 이 경우 자신의 부재중 발생 가능한 모든 일에 대한 대책을 강구하여야 한다.
4) 상사의 출근 직후, 퇴근 직전에 관련 부서의 동태를 파악 보고한다.
5) 상사의 출·퇴근 수행은 상황에 따라 사무실 안에서 할 수도 있으며, 필요한 경우 자택까지 수행을 한다.

비서의 T.P.O

비서의 외관은 좋은 인상을 주는 요체이다. 스스로 시간(Time), 장소(Place), 업무성격(Occasion)에 부합되도록 행동하여야 한다.

- 업무의 정확성을 기하여야 한다.
- 업무내용을 확실히 이해하며, 일의 목적을 명확히 인식해야 한다.
- 어떤 식으로 일을 처리하면 효율적인가를 항상 염두에 둔다.
- 상사로부터 지시받은 내용을 요령 있게 정리하며, 확인하고, 궁금한 사항은 그 장소에서 질문하고 의문이 없도록 한다.

- 업무 중 문제가 발생하고 의문이 생겼을 때는 반드시 상사에게 보고하고 지시를 받아야 한다.
- 자만은 금물이며, 타성에 빠지지 않도록 주의한다.
- 전달을 능숙하게 하여야 한다.
- 전화의 전언, 내객의 보고, 기타 정보의 전달을 잊어서는 안 된다.
- 첩보나 동향에 대해서 사견을 배제하고 사실을 이야기해야 한다.
- 전달이나 보고는 즉시성을 갖추어야 한다.
- 기민하게 행동하여야 한다.
- 일의 순서를 정하고 나서 착수한다.
- 업무의 우선순위가 없으면 어려운 일부터 착수한다.
- 일을 착수하기 전에는 필요한 것을 준비해 둔다.

(4) 업무처리

어떤 일이라도 '계획 → 실행 → 검토' 라고 하는 사이클에 따라 진행하는 것이 기본이다.

(가) 계획단계

1) 업무의 목적을 확실하게 파악하여야 한다.

2) 목적을 달성하기 위한 방법을 몇 가지 생각해 보아야 한다.

3) 각각의 방법에 의한 계획서를 써 보아야 한다.

4) 최적의 계획을 선택하여야 한다.

5) 계획을 실시하기 위해 필요한 순서, 용구, 재료, 조직, 기간 등을 검토하여야 한다.

(나) 실행단계

1) 계획한 것을 확실히 실행하여야 한다.

2) 실행은 계획에 의거 행하여야 한다.

3) 주저하지 않고 과감하게 실행하여야 한다.

4) 의문이 있을 때는 반드시 상사에게 확인한 후 실행한다.

(다) 검토단계

1) 끝낸 일이 반드시 목적에 일치하는가를 검토한다.
다음과 같은 [5W 2H 1R]로 행하는 것이 좋다.

- Why : 왜 하는가!
- What : 무엇을 하는가!
- Who : 누가 하는가!
- When : 언제 할 것인가!
- Where : 어디서 할 것인가!
- How : 어떻게 할 것인가!
- How many or How much : 얼마만큼 할 것인가!
- Result : 결과는 어떤가!

라. 비서실무

(1) 일정(Schedule)관리

(가) 예정표의 종류 : 예정표에는 다음 3가지가 있다.

1) 월간 예정표 : 월례적으로 실시하는 행사, 회의, 방문, 보고 등을 열거한 후 상부의 계획과 중복을 회피하여 계획을 수립한 다음 상사에게 보고하는 과정에서 이를 확정한다.

2) 주간 예정표 : 월간 예정표를 기초로 하여 1주간의 주요행사 및 예정사항을 늦어도 금요일까지 작성하여 보고한 후 해당 부처에 배포

3) 일일 예정표 : 월간 및 주간예정표를 기초로 매일 결산 시까지 작성하고, 상사의 퇴근 전 누락사항이 없는지 검토를 받은 후 확정하고 각 부처 및 해당 관계관에게 배부한다.

(나) 작성상의 유의점

1) 회의, 면담, 방문, 회합, 출장, 교육, 일시가 정해진 업무나 의식, 사적인 행사가 주된 것이지만, 정례회의나 행사와 같이 정해져 있는 것은 월간예정표에 미리 기입해 둔다.

2) 변경에 대해 충분하게 대처할 수 있도록 융통성이 있는가! 체크해 본다.
3) 결재는 일정한 시간을 정해서 정기적으로 한다.
4) 약속 예정시간은 적어도 15분간의 여유를 둔다.
5) 면회시간은 적절히 조정한다. 월요일 오전, 수요일 오후의 면회는 되도록 이면 피한다.
6) 사적인 약속이나 방문은 점심시간이나 퇴근 후 시간으로 잡는다.

(다) 예정의 변경방지

일단 계획된 예정은 변경되지 않도록 세심한 주의를 기울이고 예정 변경을 방지하기 위해서는 다음과 같은 조치가 필요하다.

1) 회의가 오래 지연되거나 출타해서 돌아오는 시간이 늦어질 우려가 있을 시는 일정을 작성할 때 시간 여유를 미리 만들어 두든가 또는 이 뜻을 미리 상사에게 전달한다.
2) 상사가 깜빡 잊어버리는 경우도 있으므로 수시로 확인하면서 상사의 일정과 비서가 작성했던 일정계획표를 대조한다.
3) 상사가 비서 모르게 누구와 약속을 하는 일이 없는지 일정계획을 수립하여 상사에게 보고하는 과정에서 확인토록 한다.
4) 매일 아침 그날의 일정을 상사에게 알리거나 메모로 사전 보고 한다.
5) 회의, 외출시간이 일정시간보다 오래 끌 것으로 예상될 경우에는 미리 시간 약속이 된 사람에게 연락을 취해 변경 내용에 대해 양해를 얻는다.

(라) 예정변경

예정표가 변경되었을 시는 신속 정확하게 처리하여야 한다.

1) 예정이 변경되었을 때는 우선 비서용 스케줄 표를 바꿔 써넣는다. 그리고 상사에게 그런 취지를 전하고 상사의 예정표도 바꿔 써넣고 관계부서에 연락한다.
2) 상대방으로부터 예정변경 신청이 있을 경우는 상대방과 새로운 예정에 대해 협의를 하고, 신속하게 상사용/비서용 예정표를 바꿔 써 넣는다.
3) 연락을 변경, 조정할 경우에는 관계 부서에 잊지 말고 될 수 있는 한 빨리 연락하여야 한다.

(2) 내빈영접

(가) 방문계획 접수 및 준비단계

내빈의 방문에 대한 영접계획 수립 시 계획 및 준비 단계에서의 필요한 사항은 다음과 같다.

1) 방문계획 접수 및 준비사항
2) 세부 영접 계획서 수립
3) 일정표 작성 및 확정
4) 차량 선정
5) 대담자료
6) 순시 코스 결정
7) 사진사 준비
8) 준비단계
9) 방문목적
10) 방문 시 교통편
11) 체재일정 시간 및 기타 참고사항
   (기호품, 음료관계, 흡연여부)

(나) 내빈영접기준

내빈의 부대방문 시 이동수단에 따른 준비사항은 다음과 같다.

1) 헬 기 편
2) 영접자 선정
3) 헬기장에서 이동계획(차량, 도보)
4) 현관 앞 참모 도열계획 수립
5) 해당 장성기 게양자 선정
6) 육 로 편
7) 영접 위치 선정

8) 영접자 및 도열자 선정

9) 에스코트 실시여부 결정 및 코스 결정

10) 중요지점 교통정리 헌병배치

11) 해당 장성기 게양자 선정

12) 도로청소 및 정돈

(다) 환담준비

환담장소는 내빈으로 하여금 편안한 분위기를 느낄 수 있는 장소를 선택하여야 하며 보통 직속상관은 지휘관실, 기타 내빈은 접견실을 이용하며 고려사항은 다음과 같다.

1) 환담장소의 선정 및 좌석배열

2) 배석자 선정

3) 다과 또는 음료수 선정

4) 일기에 따른 물수건 사용여부 결정

5) 일반 접대에 필요한 집기류 점검
(필기구, 담배, 재떨이, 기타 필요한 물품)

6) 접대요원에 대한 행동요령 교육 점검
(용모확인, 차 접대순서, 차 나르는 방법 등)

7) 냉·난방시설 및 청결상태 확인 점검

8) 사진병 대기

(라) 현황보고 준비

현황보고는 내빈의 공식방문 또는 내빈의 요청, 지휘관이 필요하다고 판단할 경우 실시할 수 있으며 고려사항은 다음과 같다.

1) 보고 장소(집무실, 접견실, 회의실 등) 및 보고자 선정

2) 보고 장소에 따른 적절한 형식의 선정(슬라이드 등)

3) 배석자 선정

4) 예상 질의응답 준비

5) 일자 준비사항 확인

6) 보고장소의 청결정돈

7) 좌석배열 명패 준비

8) 필기구 준비

9) 슬라이드, 마이크, 비상전원 등 확인

10) 사진병 촬영

11) 필요시 음료수 준비

(마) 기념촬영

부대방문을 기념하기 위하여 실시하는 공식적인 촬영으로서 보통 현관 앞에서 실시하나 부대별로 별도의 장소를 선택하여 영접 후 또는 환송 전에 실시할 수 있으며 고려사항은 다음과 같다.

1) 촬영 시 좌석배열

2) 촬영 참가자에게 사전 통보하여 촬영자의 위치 및 촬영 시간 지연 사례 방지

3) 사진병의 선정 및 예비 사진기 준비

4) 촬영위치 선정은 기상 고려 선정

(바) 부대순시

부대순시는 내빈의 공식방문, 지휘관이 필요하다고 판단할 경우에 실시할 수 있으며 고려사항은 다음과 같다.

1) 순시 시간은 가급적 여유가 있도록 계획하여야 하며, 시간 촉박으로 인하여 계획된 방문 장소를 변경하는 일이 없도록 해야 한다. 다만 내빈 의사로 변경한 것은 무방하다.

2) 방문 장소의 선정은 내빈의 방문 목적과 일치하는 곳을 선택하도록 한다.

3) 순시 시 안내는 가급적 부대 지휘관이 직접 담당 하는게 좋다.

4) 사전에 순시 장소마다 영접자를 선정하여 방문 장소에 대한 안내 및 보고를 담당케 한다.

5) 순시 시 차량계획을 수립하며 정차위치 및 방향 등을 세부적으로 준비한다. 내빈은 부대 지휘관차로 준비하고 기타 수행원은 타 차량(미니버스 등)을 준비한다.

(사) 오찬 준비

오찬을 실시할 경우 고려사항은 다음과 같다.

1) 오찬메뉴 결정(음식, 후식 등)

2) 좌석배치/좌석 배치도 비치(필요시 좌석 명패작성)

3) 모자 및 옷걸이/옷 보관 장소 선정

4) 축배/샴페인 준비

5) 담배 및 재떨이 준비

6) 서브요원의 용모, 복장확인 및 행동요령 교육

(아) 환 송

내빈이 부대 방문목적을 충분히 달성할 수 있도록 모든 영접행사가 끝난 후 환송이 있으며 이때 환송에 참가하는 자는 지휘관 및 필요한 부서장이 되며 헬기를 이용 시는 헬기장, 육로 이용 시는 현관 또는 기타 장소가 된다. 고려사항은 다음과 같다.

1) 교통정리 초병 확인

2) 환송참가자 선정

3) 내빈 탑승 헬기 또는 차량이 시야에서 보이지 않을 때까지 환송 장소에서 환송자는 남아 있는 것이 예의이다.

(3) 방문객 응대

(가) 개 요

상사를 찾아온 분들에게는 여러 종류의 사람이 있다. 그 대응으로 다음의 네 가지 수칙이 있다.

1) 손님을 반갑게 맞는다.

2) 용건을 정확하게 묻는다.

3) 정확하게 판단한다.

4) 그 용건을 처리하고 손님이 만족스러워 하게 한다.

상기와 같은 수칙에도 불구하고 상사의 성격에 따라 손님을 면접하는 요령이 다르다. 누구든지 다 만나보려는 상사가 있고, 함부로 만나기를 싫어해서 비서가 적당히 조정하는 것을 원하는 상사가 있을 것이다. 때문에 비서는 처음 근무할 때 상사의 성격, 취미를 빨리 파악하여야 전임자로부터 다음의 사항을 알아두면 도움이 된다.

1) 주로 어떤 사람과 면회를 하는가?

2) 개인적으로 친분이 두터운 분으로는 어떤 사람이 있는가?

3) 미리 면회 약속이 없어도 면회시켜야 할 사람이 누구인가?

4) 방문객과 환담시 또는 다른 손님이 왔으면 어떤 요령으로 알리며, 어떻게 안내하는 것을 희망하는가?

5) 장시간 있는 손님을 돌려보내려면 어떻게 하는가?

(나) 내방객의 접대

1) 손님의 내방을 상사에게 알릴 때에는 미리 약속이 되어 있는 손님이면 누구나 메모(상사가 통화 중, 회의 중, 먼저 온 손님이 있을 때)로 바로 알려서 상사의 지시에 따라 손님을 안내한다.

2) 약속되지 않은 내방객일 경우 반드시 성함, 소속, 내방 목적을 물어본다. 이때 방문객이 이름이나 방문 목적을 이야기하지 않고 "상사를 직접 만나서 이야기 하겠다"고 하면 사전 약속이 없을 경우에는 상사를 만날 수 없음을 손님에게 단호하게 말하는 것이 좋다. 그래도 직접 이야기하기를 고집할 때는 봉투와 메모지를 드려서 방문객이 봉투에 직접 명함을 넣거나 메모지에 위 사항을 기입한 후 봉투에 넣게 하고 이를 비서가 보지 않고 상사에게 전달한다.

3) 먼저 온 손님이 있을 때 혹은 전화나 회의 때문에 조금 지체하게 될 경우는 사유를 손님에게 말하여 양해를 얻는다. 시간이 걸릴 때는 상사에게 손

님을 어떻게 할 것인가를 물어봄으로써, 회의나 먼저 온 손님과의 대화를 빨리 마치도록 유도할 수 있다.

(다) 안내요령

상사의 사무실이나 응접실에 손님을 안내할 경우 다음 사항에 유의한다.

1) 자리를 비울 때는 책상 위의 서류가 남의 눈에 띄지 않도록 덮어 둔다.

2) 복도를 안내할 때는 손님의 보조에 맞춰 두세 발짝 앞서가며 층계나 모퉁이에서는 뒤를 확인하면서 안내한다.

3) 엘리베이터를 사용 할 때는

- 타기 전 "○층입니다."라며 층수를 알려둔다.
- 탈 때는 손님을 먼저 태우고 행선 층의 버튼을 누른다.
- 내릴 때는 버튼을 누르고 손님을 먼저 내리게 한다.

4) 응접실 앞에서는 문을 앞으로 당겨 손님을 먼저 들어가게 한다. 반대편으로 열 경우에는 오른손으로 손잡이를 잡고 연 다음 먼저 들어가서 손잡이를 왼손으로 갈아 잡고 손님을 맞아들인다.

5) 실내에 들어가면 "잠시만 여기서 기다려 주십시오."라고 상좌의 의자(입구에서 먼 쪽의 의자)를 권한다.

6) 손님의 우산, 모자, 코트 등을 받아 적당한 곳에 두는데 이 경우 "여기에 걸어 놓겠습니다."라고 말하며 둔 장소를 인식시킨다.

7) 방을 비우고 나갈 때는 "바로 연락드리겠습니다." "잠깐만 기다려 주십시오." 라고 공손히 말하며, 목례한 다음 물러선다.

8) 시간이 걸릴 때는 다시 연락해서 "죄송하지만 조금만 더 기다려 주십시요" 라고 말하며, 신문 혹은 적당한 읽을 것을 권한다.

(라) 응접실 이용법

응접실은 항상 청결하고 정돈이 잘 되어 항상 손님을 맞아들일 준비가 되어 있어야 한다. 처음 방문해서 안내된 응접실의 인상은 그 부대 전체 이미지로 이어지고, 상사의 명예와 인품에까지 영향을 미치는 수가 있다. 응접실 관리를 위해 주의해야 할 점과 필요한 것은 다음과 같다.

1) 테이블보나 의자 커버의 청결 및 청소 여부의 검사
2) 손님이 바로 이어질 경우, 기다리게 하지 않도록 신속히 정리한다.
3) 앞 손님의 흔적이 남지 않도록 한다.(재떨이, 찻잔, 환기)
4) 기타 응접실에 필요한 소도구 즉, 소형탁자, 옷걸이, 꽃, 담배케이스, 재떨이, 메모용지

(마) 다과 접대

손님을 응접실에 안내한 다음에는 차를 준비한다. 차를 손님에게 가져 갈 때는 복장을 단정히 하고 청결한 느낌을 주도록 한다.

1) 차 준비는 재빠르게 한다.
2) 찻잔의 이가 빠졌거나 금이 가 있는지 확인한다.
3) 찻잔을 나를 때에는 양팔을 약간 앞으로 내밀어 수평을 유지한다.
4) 소형탁자에 쟁반을 놓고 두 손으로 낸다.
5) 차를 내는 순서는 손님을 먼저 주어야 하며, 손님이 두 사람 이상 일 경우는 상석에 앉은 손님부터 준다.
6) 손님의 왼쪽으로 차를 내는 것이 예의이며, 왼손에 찻잔받침을 잡고 오른손을 받쳐 두 손으로 낸다.
7) 차와 과자를 내놓을 때는 과자를 먼저, 다음에 바로 차를 낸다.
8) 소리 내거나 실수하지 않도록 하여야 하며, 밝은 표정을 짓는다.

(바) 상사 대리로 응접할 때

1) 상사가 출타 또는 회의로 면회를 할 수 없을 시는 비서가 대리로 맞는다.
2) 이 경우 상사의 면회 못할 이유를 설명하고 손님의 용건을 메모한다.
3) 상사로부터 지시된 용건을 손님에게 전달할 때는 자신의 견해를 첨가해서는 안 되며, 지시받은 그대로 전달해야 한다.
4) 지시받지 않은 사항에 관한 질문을 손님으로부터 받았을 때도 추측해서 대답해서는 안 된다.
5) 대리로 응대한 그 결과는 가능한 빨리 상사에게 보고해야 한다.

(사) 상사가 부재중일 때

1) 상사부재의 이유와 복귀 예정을 전한다.

2) 손님의 의향을 묻고, 다음 방법을 찾는다.

3) 전할 말씀이 있으면 하십시요.

4) 「대신 면담 한다」 든지 「기다려라」 든지 「다시 오라」 든지 혹은 「나중에 전화한다」 든지 등으로 응대한다.

(아) 면회 거절시 유의사항

상대방에게 불쾌감을 주지 않고 거절하는 요령을 비서는 알아야 하며, 상사가 바쁘거나 일을 중단시켜서는 안 될 때 혹은 전화를 걸어온 사람과 접선시켜서는 난처한 일이 생길 경우 비서는 적당히 얼버무려야 하는데 이때 유의사항은 다음과 같다.

1) 상대방의 의향을 충분히 들어본다.

2) 정중하고 성의 있는 태도로 대한다.

3) 상사의 사정이 부득이함을 이해시킨다.

4) 상대방이 납득할 만한 요점을 정확히 파악한다.

5) 진심으로 사과한다.

(4) 전화 응대

(가) 전화사용 기본매너

1) 벨이 울리면 곧 받는다. 벨은 3회 이내여야 한다. 4회 이상일 때는 '미안합니다.'라는 말을 잊지 말고 한다. 메모도 잊지 말고 준비한다.

2) 인사를 잊지 않도록 한다.

3) 상대를 알기까지에는 공손하게 이야기한다.

4) 용건에 들어가기 전에 상대의 형편을 묻는다.

5) 혹시 바쁘시다면 다시 전화 드리겠습니다.

6) 바쁘신 데 죄송합니다.

7) 평소보다 천천히 공손히 이야기한다.

8) 전화가 도중에 끊어지면 일반적으로 거는 쪽에서 다시 거는 것이 원칙이다. 받는 쪽이 다시 걸려오기까지 기다린다.

9) 전화를 거는 쪽이 먼저 조용하게 수화기를 놓는다.

10) 상대가 연상이거나 상관이라면 상대가 끊기를 기다려 놓는다.

11) 좀처럼 상대가 끊지 않을 때는 '실례 합니다'라고 공손하게 인사를 하고 나서 수화기를 놓는다.

(나) 전화사용 요령

1) 전화를 걸기 전에 충분한 준비를 한다.

2) 상대의 전화번호, 소속, 성명을 확인한다.

3) 용건과 이야기 순서를 메모하여 간단하게 한다.

4) 가능하면 상대방이 한가한 시간에 전화한다.

5) 걸 때나 받을 때나 메모에 의해 5W1H를 체크하는 태도를 습관적으로 반복 연습해 두어야 한다.

6) 신분을 밝히는 방법

- 전화가 걸려 왔을 경우

전화가 걸려오면 "여보세요" 대신 "부관부 ○○○입니다."라고 확실하게 신분을 밝힌다. 벨이 4번 이상 울릴 경우는 사과의 말을 하고서 신분을 밝힌다. 상대의 이름을 알아듣지 못한 경우에는 공손하게 다시 묻는다.

- 전화를 걸 경우 상대가 나오면 확인하고 이쪽의 신분을 밝힌다. 통화하고 싶은 사람에게 중재를 부탁하고 그 사람에게 재차 신분을 밝히고 인사한다. 또 비밀을 요하는 경우 "이러 이러한 용건인데 말씀드려도 괜찮으시겠습니까?"라고 주의를 환기시킨다.

만약 통화하고 싶은 상대방이 부재중일 때는 돌아오는 예정 시각을 질문한 후에 용건을 부탁하는 차선책을 쓴다.

7) 상사에 대한 전화 중재

- 전화를 중재할 때는 "○○부대의 ○○○전화입니다."라고 명확히 전한다.

- 면식이 있는 사람의 전화일 경우에는 직접 상사에게 연결해도 된다. "○○ 부대의 ○○○에게서 전화 왔습니다."라고 전하고 나서 수화기를 놓고 손님과 상사의 전화가 연결되었는지 확인한다.
- 용건을 대답하지 않거나 알지 못하는 사람일 경우에는 일단 전화를 보류하고 상사에게 물어보고 대처한다. 상사도 모르는 사람이면 외출이나 회의 등의 이유를 들어 용건을 묻고 메모를 하는 것도 한 가지 방법이다.

8) 상대에게 기다리게 할 경우

- 오래 기다리는 일이 없도록 한다. 그러나 이유가 있어 기다리게 할 때는 그 이유를 상대에게 말하고서 기다리게 한다.
- 다른 전화가 와 있을 때는 "죄송합니다만 지금 다른 전화를 하고 있으니 잠시만 기다려 주십시요"라고 한다.
- 기다리게 하는 시간이 길어질 경우 보류가 1분 이상이 되면 "조금만 더 기다려 주십시요"라고 하고 또 1분이 지나도 통화할 수 없을 때는 사과를 하고서 이쪽에서 다시 걸도록 한다.
- 통화중 급한 일이 생겼을 때는 "죄송합니다만, 잠깐 실례하겠습니다."하고 수화기를 놓고, 용무가 끝나면 "실례 했습니다"라고 사과하고 상대에게 중단된 이유를 설명하고 다시 이야기를 시작하도록 한다.
- 회의 중이거나 부재중일 때의 전화 대응
- 중요 전화가 예정되었을 경우 회의 전 상사와 협의를 해둔다.
- 몇 시에 회의가 끝날 예정인가를 말해준다.
- 이쪽에서 다시 걸어주기를 바라는지 묻고 상대의 연락처를 묻는다.
- 급한 용무의 경우 회의실에 메모로 연락하고 지시를 받는다.
- 부재중일 경우 부재의 이유를 말하고 돌아오는 예정을 말한다.
- 대리로서도 좋은 지를 묻고 담당자와 연결해 준다.

(다) 전언(Message)

1) 전언을 부탁할 경우

- 자신의 신분을 확실하게 상대에게 전한다.

- 외부 전화인 경우 특히 성명을 다 밝힌다.
- 전화를 부탁할 경우는 상대가 전화번호를 알고 있어도 다시 한 번 전화번호를 말해주고 '죄송합니다만, 말씀을 전해주시겠습니까'하고 양해를 얻은 다음 내용을 전달하고, 필요시 상대방의 이름을 묻는다.

2) 전언을 부탁받을 경우

- 상대방의 이야기를 잘 듣고 확실하게 메모한다.
- 복창하여 부탁내용을 확인한다.
- 용건확인이 끝나면 자신의 소속과 성명을 말해준다.
- 상대의 연락처를 확인해 둔다.

(라) 잘못 걸려온 전화의 경우

1) 전화가 잘못 걸려왔을 시는 "잘못 거셨습니다."라고 정중하게 말한다. "여기는 844국-6131번 ○사단 부관부입니다. 몇 번으로 걸으셨습니까?"라고 말한다.

2) 잘못 걸었을 경우에는 정중하게 사과하고 수화기를 놓아야 한다. "미안합니다. 잘못 걸었습니다."

(5) 회의준비

(가) 회의준비와 운영

1) 회의 전 준비

2) 회의에 관한 것도 비서업무 중 중요한 것이다. 그 준비로서 테이블, 의자, 책장, 재떨이 청소를 하고 커튼을 열어 놓는다.

3) 회의실의 조명을 확인하고 환기를 시켜 회의실을 정비한다.

4) 회의실이 정비되면 각 부서에 연락하여 출결을 확인한다.

5) 회의 시작 전, 회의 중에 방문객이나 전화 연락방법과 처리방법 등을 상사에게 확인해 둔다. 또한 상사가 회의실에 들어가기 전에 회의 예정표, 자료, 메모, 성판 등을 책상 위에 준비해 둔다.

(나) 회의자료 표찰을 "회의 중"으로 해둔다.

1) 차는 출석자가 자리를 갖추면 분위기를 보아 사람 수만큼 내온다. 장시간에 걸친 회의의 경우에는 시간을 보아 새로 차를 넣는다.

(다) 회의 중 연락은 회의가 방해되지 않는 범위에서 메모를 건넨다.

1) 회의예정의 연락을 받으면 목적이 어떤 것이며, 거기에 따른 준비 자료는 갖춰져 있는가? 등을 확인한다.
2) 의제에 대한 자료의 완성 유무를 확인한다.
3) 자료는 사전 배포될 것인지 당일 배포될 것인지를 확인한다.
4) 당일 배포될 경우 자료에 따른 회의시간이 어느 정도 소요될 것인지를 확인해 둔다.
5) 회의 후 모든 회의 자료를 문서보관의 기본원칙에 의거 정리를 한다.
6) 필요시 상사용 회의 자료철이나 문서철을 제작한다.

(6) 집무실 환경정비

(가) 조명 및 채광

조명은 사람과 사람, 사람과 물건, 공간의 쾌적함을 연출하는 중요한 요소임. 되도록 기본적으로는 자연광을 받아들이면서 커튼 등으로 채광을 조절한다. 또 PC를 조작할 때 눈의 피로나 잘못 보는 일의 가장 큰 원인이 되는 눈부심이나 빛의 양 부족을 없애기 위한 조명 기구를 사용하는 것도 필요하다. 집무실의 조도는 300~700룩스가 알맞다.

(나) 색채조절

색은 사람에게 심리적, 생리적인 영향을 주기 때문에 환경을 결정하는데 있어 중요한 요소의 하나이다. 색채조절은 색의 작용에 의하여 기분이 좋은 분위기나 일하기 쉽고 피로가 적은 환경을 만들어 내는 것을 목적으로 한다. 북향 방은 따뜻한 색, 남향 방은 시원한 색이 좋다.

(다) 공기조절

실내에 건습온도계를 비치한다든가 가습기를 놓는 것이 건강관리 면에서 필요하다. 실내온도는 18~24℃가 이상적이며 습도는 50~70%가 적당하다.

(라) 화분장식

식물은 탄산동화 작용에 의하여 산소를 공급하여주므로 공기의 청정화에 도움이 된다. 또한 사무실에 윤기를 주고 부드러움으로 피로회복이나 집중력, 지속력을 증대시킨다.

(7) 사무실 관리

지휘관의 집무실이나 접견실의 사무집기를 관리하는데 유의해야 할 사항은 다음과 같다.

- 책상 위의 비품(전화번호부, 일정표, 문구류, 메모지, 결재함 등)은 일과 전에 정리 정돈한다.
- 필기구(볼펜, 만년필, 연필 등)의 상태를 확인한다.
- 책상, 의자, PC 등은 바르게 세트되어 있는가?
- 시계는 정확하게 움직이고 있는가?
- 신문, 잡지는 최근 것으로 되어 있는가?
- 책장은 잘 정돈되어 있는가?
- 담배, 재떨이는 청결한가?
- 휴지통은 청결한가? 휴지통 청소 시 중요한 서류나 정보가 유출될 수도 있기 때문에 항시 주의한다.

(가) 경조사 업무

1) 경사의 일처리

- 경사는 대부분 우편으로 통보되고 있다. 우편접수 시 참석여부 및 축전, 축의금 여부를 결심 받아 처리한다.
- 부대 내 예하 지휘관 및 간부들의 본인, 가족, 친지 등에 대한 경사 시 일처리는 부대의 관례에 의해 처리한다.

2) 조사의 일처리

- 조사는 대부분 전화로 통보되고 있다. 참석여부, 조전, 조의금, 조화 등의 여부를 결심 받아 처리한다.
- 조화는 백색과 황색의 국화 등으로 만들며 리본에 붙이는 이름은 부대명만으로 하는지 지휘관의 이름도 쓰는지 결심을 받아 확인한다.
- 부대 내 예하 지휘관 및 간부들의 가족, 친지 등에 대한 조사 시 일 처리는 부대의 관례에 의해 처리한다.

(8) 예산사용 및 정리

비서업무 중 제반 경비의 타당한 사용 및 정리 또한 중요한 업무 중 하나이다. 비서실에서 사용하는 제반 경비는 국고예산에서 지출되는 것이므로 사소한 금액이라도 상사의 지시를 받거나 보고에 의해 사용해야 한다. 또한 사용 후 정리에도 예산 회계규정에 의거 모든 증빙서를 갖추어 감사에 대비해야 한다.

마. 전속부관(보좌관)

(1) 출·퇴근 업무 준비

(가) 상사가 일하기 쉽도록 정리를 한다.

1) 책상, 의자, 책장, 테이블 등의 청소를 하여야 한다.

2) 조명, 에어컨 등이 적절한 상태가 되게 한다.

3) 신문, 잡지 등은 읽기 쉽도록 소정의 장소에 둔다. 여러 종류의 신문을 볼 경우에는 신문이름과 부수를 확인한다.

4) 탁상 달력을 당일 일자로 바꾼다.

5) 담배를 보충하고 라이터 점검을 해둔다.

(나) 우편물을 분류, 정리한다.

1) 우편물이 상사 앞으로 온 것인지를 확인한다.

2) 확인을 마친 우편물을 긴급도, 중요도 순으로 분류한다.

3) 초대장, 안내장 등에 대해서는 우선 상사에게 참석여부를 확인한다.

(다) 상사가 출근하면

1) 밝은 얼굴로 아침인사를 하는 것이 중요하다.

2) 상사와 스케줄을 의논한다. 이때에 상사의 일정표와 자신의 일정표 간 차이가 없는가를 확인한다.

3) 부대 내에서의 전언, 연락사항에는 회의의 유무, 행사 및 그 자료 등이 사소한 것이라도 반드시 상사에게 전하는 습관을 들인다.

4) 상사가 사무실을 벗어날 경우 그 소재를 수시로 확인한다.

(라) 상사의 퇴근

1) 퇴근 시에는 우선 승용차를 대기시킨다.

2) 상사와의 의사소통도 중요하지만 운전병과의 의사소통도 중요하다.

3) 다음날 일정 확인

4) 중요서류의 보관상태 확인

(2) 수행요령

전속부관의 일상 업무 중에서 빼놓을 수 없는 것이 상사가 각종 공식 또는 비공식적인 회의나 모임에 참석 시나 방문 시에 상사에 대한 편의 및 안전대책을 제공하기 위한 수행업무이다.

(가) 차량 이용 시 수행요령

1) 출발 전 확인 및 조치사항

2) 방문지의 정확한 위치나 사용통로

3) 방문지까지의 소요시간을 고려한 출발시간

4) 방문지에서의 시간계획과 상사의 해당 조치사항

5) 회의나 모임 시에는 참석예정 명단 파악

6) 방문지에서의 각종 예정계획의 변경여부를 사전에 가용한 통신 수단을 이용하여 확인

7) 상사와 동반인원에게 사전 연락

8) 차량의 정비 및 연료 충만 상태

9) 상사의 휴대품 확인 및 준비

10) 카폰 등 사용법과 장비 점검

(나) 좌석위치

1) 승 용 차

통상 전속부관은 운전석 옆 좌석에 타고 상사는 전속부관의 뒷자석(뒷자석 우측)에 탄다.

2) 짚 차

통상 상사가 운전석 옆 좌석에 타고 전속부관은 상사의 바로 뒷좌석에 타며, 동반인원이 있을 시 동반인원은 전속부관의 좌측에 탄다.

(다) 승・하차 요령

1) 승 용 차

승차 시에는 상사와 동반인원이 완전히 승차 후 승차하며 하차 시에는 전속부관이 제일 먼저 하차한다.

2) 짚 차

승차 시에는 전속부관과 동반인원이 먼저 승차한 후 상사가 승차하며 하차 시에는 이의 역순이다.

(라) 경례 답례 요령

승용차를 타고 이동간의 모든 답례는 전속부관이 받는 것이 통례이다. 그러나 상사의 특별한 지시가 있었다든가 또는 특별한 상황에서는 상사가 직접 답례를 받는다.

(마) 주요 대화의 기록 유지

1) 전속부관은 차량 이동간이나 방문지에서의 주요 인사와의 모든 대화 중 필요한 사항을 기록 유지한다.

2) 기록 유지한 자료중 상사가 요구시 상사에게 정서하여 제공하고 기타 사항 중 참모에게 필요한 사항은 해당 참모에게 제공하여 조치하도록 한다.

(바) 헬기 이용 시 수행요령

1) 출발전 확인 및 조치사항

2) 기상을 고려한 헬기 운행 가용 여부 확인

3) 헬기 도착 여부 확인

4) 헬기 조종사와 협조 사항 : 방문지의 헬기 착륙지점 위치 소요 시간을 고려한 출발시간과 도착시간

5) 탑승요령 : 상사가 제일 마지막에 타고, 내릴 때는 상사가 제일 먼저 내린다.

(사) 도보 이동시 수행요령

1) 전속부관이 상사를 수행하여 도보로 이동할 경우에는 상사의 좌측 일보 뒤에서 상사의 발에 자기 발을 맞추어 걸으면서 수행한다.

2) 도보 이동 간 상사는 가끔 질문 및 지시를 하는 경우가 있다. 이러한 질문 및 지시에 대하여 전속부관은 항상 귀를 기울이고 주위를 집중하는 것을 습관화하여 재차 반복하여 문의를 한다든가 아니면 엉뚱한 대답을 하는 일이 없도록 해야 한다.

3) 전속부관은 항상 상사의 시야 내에 위치해야 한다는 것을 명심해야 한다.

(3) 각종 회의준비

(가) 외부 회의 참석

상사가 외부회의에 참석할 때 전속부관으로서 주의할 점은 다음과 같다.

1) 정확한 시간에 지정된 장소에 참석할 수 있도록 할 것

2) 사전에 준비해야 할 사항을 점검하고 지참할 것이 있으면 빠짐없이 준비할 것

3) 때로는 동행하며 잡무 처리를 한다.

4) 동행하지 못할 시는 운전병에게 철저히 교육을 시킨다.

(나) 대내 회의 참석

1) 시간 엄수 참석토록 한다.

2) 회의 시작 20~30분전에는 결재 및 보고를 금하고 당일 회의 성격에 따른 자료를 볼 수 있는 시간을 마련해 준다.

3) 회의록, 안경, 훈시사항 등을 점검하여 준비한다.

(4) 출장준비

(가) 국내출장

- 출장일정 확인
  - 출장에는 여러 가지 유형이 있는데 일정표를 일시, 장소, 목적 등을 확인하고 출장 예정 자료를 보며 재확인한 후 출장 준비에 착수한다.
- 출장 중의 업무처리에 관해서 미리 지시를 받아둔다.
- 일정표 작성
  - 출장이 결정되면 다음에 일정표를 만들게 되지만 출장 목적을 충분히 이해하고 자신이 출장 가는 마음가짐으로 작성한다.
  - 무리 없이 일정을 소화하도록 시간적 여유를 고려하여 일정표를 2~3개 안을 작성하고 상사로 하여금 선택할 수 있도록 한다.
- 그 지방의 관광자료를 첨부해 두는 등의 배려도 필요하다.
- 출장 일정을 세울 때에는 다음 사항을 점검한다.

1) 용건(목적)은 무엇인가?

2) 기간은 어느 정도인가?

3) 언제 출발하고 언제 목적지에 도착해야 하는가?

4) 차편과 경로는 무엇을 어떻게 이용할 것인가?

5) 숙박 장소의 선택은 적당한가?

6) 목적지에서의 일정은 어떻게 되는가?

7) 무엇을 가지고 갈 것인가?(자료, 회의록 등)

8) 상대측과의 면담, 화합, 약속 등의 일정확인

9) 부재중의 업무 협조 및 부재중에 해야 할 일은 무엇인가?

- 출장 복귀시
- 영 접

1) 상사가 돌아오기 전일에 열차번호나 편명 등을 확인하여 관계 부서에 연락하고 필요시 승용차를 준비한다.

2) 상사를 영접하기 전에 방문지에 감사의 전화를 걸어 자연스럽게 상사의 상황, 짐의 양, 건강 등을 물어두면 좋다.

- 부재중

1) 보고는 미리 준비하고 긴급 용건은 곧바로 결재를 한다.

- 여비정산

1) 출장중의 여비에 대해서는 영수증이나 청구서 등에 의해 정리한다. 숙박비, 일당 등 규정된 금액과 교통비를 정산하여 출장비로서 경비를 충당한다. 필요시 명세서를 덧붙여 출장비 확인을 받는다.

(나) 해외출장

- 해외출장 업무 처리절차

1) 해외출장은 간단한 일이 아니다. 여행준비에만 몇 주일이 걸린다. 준비는 해외출장 관계 부서와 긴밀한 협조가 필요하며 출장일정 검토 보고로부터 시작된다.

- 출장일정 검토보고(해당국 무관협조)
- 비행기 편명 검토보고
- 비행기 표 및 호텔 예약/항공운임증명서(G.T.R) 접수
- 무관동의서 요청(국방부)
- 신원조사 의뢰(기무부대)
- 해외출장 승인 건의/승인/
- 관용여권 발급 신청 비자 필요 국가 : 비자 신청(해당국 대사관)
- 항공권 구입/항공권과 교환
- 해외출장 결과보고(국방부)
- 출장일정표 작성 국내 출장일정표 작성 참조

- 여행용품 준비 출장의 성격, 기간 등을 감안하여 꼭 필요한 것만 준비하되 최소한으로 줄이는 게 좋다.

- 가 방
  - 휴대품(여행용 서류, 업무관련 서류, 여행자료, 필기구, 선물, 세면 도구, 외화, 기타)
- 의 약 품
- 복 장
- 기 타

사 례

이 상황은 타인(부하)을 이해하기보다 타벌주의와 책임전가의 전형으로 일상생활이나 직장에서 흔히 일어날 수 있는 사례이다. 상사가 처음에는 부하의 계획을 찬성했다가 실행과정에서 하자가 발생하면"어떻게 계획을 세웠기에 그런 일이 생기나!"하면서 부하에게 책임을 추궁한다. 행사준비 일체를 부하에게 일임해놓고 막상 행사진행 중에 사소한 문제라도 생기면 노발대발하면서 꾸중한다.

가정에서 남편이 평상시에는 자녀교육을 전적으로 아내에게 맡기고 무관심하고 있다가 자녀의 성적이 떨어지면 "애를 어떻게 가르친 거야!" 하면서 아내에게 성적이 떨어진 책임을 전가한다. 따라서 발생한 문제점에 대해서는 타인에게 책임을 전가하기보다 먼저 문제점은 자신에게 있다는 생각으로 접근하여 문제를 해결하려는 노력을 해야 한다.

2. 상훈 및 의전

가. 상훈 예절

우리나라 상훈에는 훈장, 포장 및 표창의 세 가지가 있다. 훈장과 포장의 종류는 각각 11종으로서 훈장(포장)간에는 차등이 없고, 다만 패용 시 우선 순위만 있다. 각 훈장은 5개 등급으로 구분되어 있으나 무궁화 대 훈장은 등급이 없으며 건국훈장은 3개 등급으로 구분되어 있고 수교훈장 1등급만은 2종류의 훈장으로 세분화되어 있다. 포장은 등급이 없으며 5등급 훈장의 다음가는 훈격이다. 표창은 훈장(포장)과는 별개의 법령에 근거한 포상제도로서 훈장 및 포장보다 낮다.

(1) 훈장 · 포장의 종별

(가) 훈장 명 등급별 명칭

· 무궁화 대훈장(Grand Order of Mugunghwa)

· 건 국 훈 장(Order of Merit for National Foundation)

1. 대한민국장 : Republic of Korea Medal
2. 대 통 령 장 : Presidential Medal
3. 독 립 장 : Independent Medal
4. 애 국 장 : Patriotic Medal
5. 애 족 장 : National Medal

· 국 민 훈 장(Order of Civil Merit)

1. 무 궁 화 장 : Mugunghwa Medal
2. 모 란 장 : Moran Medal
3. 동 백 장 : Dongbaeg Medal
4. 목 련 장 : Mogryeon Medal
5. 석 류 장 : Seogryu Medal

· 무 공 훈 장(Order of Military Merit)

1. 태 극 : Taegeug
2. 을 지 : Eulji
3. 충 무 : Chungmu
4. 화 랑 : Hwarang
5. 인 헌 : Inheon

· 근 정 훈 장(Order of Service Merit)

1. 청 조 : Blue Stripes
2. 황 조 : Yello Stripes
3. 홍 조 : Red Stripes

4. 녹 조 : Green Stripes
5. 옥 조: Aquamarine Stripes

· 보 국 훈 장(Order of National Security Merit)

1. 통 일 장 : Tong-il Medal
2. 국 선 장 : Gugseon Medal
3. 천 수 장 : Cheonsu Medal
4. 삼 일 장 : Samil Medal
5. 광 복 장 : Gwangbog Medal

· 수 교 훈 장(Order of Civil Merit)

1. 광 화 대 장 : Grand Gwanghwa Medal
   광 화 장 : Gwanghwa Medal
2. 흥 인 장 : Heung-In Medal
3. 숭 례 장 : Sungrye Medal
4. 창 의 장 : Chang-Eui Medal
5. 숙 정 장 : Sugjeong Medal

· 산 업 훈 장(Order of Industrial Service Merit)

1. 금 탑 : Gold Tower
2. 은 탑 : Silver Tower
3. 동 탑 : Bronze Tower
4. 철 탑 : Iron Tower
5. 석 탑 : Tin Tower

· 새마을 훈장(Order of Saemaeul Service Merit)

1. 자 립 장 : Jarib Medal
2. 자 조 장 : Jajo Medal
3. 협 동 장 : Hyeobdong Medal
4. 근 면 장 : Geunmyeon Medal

5. 노 력 장 : Noryeog Medal

· 문 화 훈 장(Order of Culture Merit)

1. 금 관: Geum-Gwan
2. 은 관: Eun-Gwan
3. 보 관: Bo-Gwan
4. 옥 관: Og-Gwan
5. 화 관: Hwa-Gwan

· 체 육 훈 장(Order of Sport Merit)

1. 청 룡 장 : Cheongryong Medal
2. 맹 호 장 : Maengho Medal
3. 거 상 장 : Geosang Medal
4. 백 마 장 : Baegma Medal
5. 기 린 장 : Girin Medal

· 포 장(Medals of Honour)

· 건 국 포 장 : National Foundation Medal

· 국 민 포 장 : Civil Merit Medal

· 무 공 포 장 : Military Merit Medal

· 근 정 포 장 : Service Merit Medal

· 보 국 포 장 : National Security Medal

· 예비군 포 장 : Reserve forces Medal

· 수 교 포 장 : Diplomatic Service Medal

· 산 업 포 장 : Industrial Service Medal

· 새마을 포 장 : Saemaeul Service Medal

· 문 화 포 장 : Culture Merit Medal

· 체 육 포 장 : Sport Merit Medal

(2) 서훈 절차

훈장, 포장 및 대통령 표창은 대통령이 친수함을 원칙으로 하나 특별한 사유가 있을 때에는 법령에 정해진 바에 따라 전수 또는 대리 수여케 할 수 있다. 3부의 장, 각원・부처의 장, 재외공관장, 기타 상훈법시행령 제18조에 정하여진 자는 훈장을 전수할 수 있으며 국방부장관은 일정한 조건하에 2등급 이하의 무공훈장을 대리 수여할 수 있다.

(3) 훈장의 패용

훈장은 본인에 한하여 종신 패용하며, 사후에는 그 유족이 보존하되 이를 패용하지 못한다.

(가) 패용시기

훈장은 국경일, 법령으로 정한 기념일, 열병식 및 사열식, 축일 및 제일, 시무식 및 종무식, 입학식, 졸업식 및 개교기념일, 기타 공식 행사시 패용한다. 다만, 금장은 평일에도 패용할 수 있다. 대통령 개인표창 수장의 패용시기도 훈・포장의 패용시기와 같다.

(나) 패용순서

1) 훈장과 포장을 함께 패용할 때에는 훈장을 선순위로 한다.

2) 훈장의 패용순위는 등급이 높은 것을 선순위로 한다.

3) 포장의 패용은 상훈법이 정한 순위에 따른다.

4) 우리나라 훈장과 포장은 외국훈장의 선순위로 패용한다.

순위를 바꿀 때는 의전상 필요한 경우에 한한다.

1) 2개 이상의 대수나 중수훈장을 함께 패용할 때에는 상위의 훈장이 바깥에 오도록, 즉 보이도록 한다.

(다) 훈장과 예복

훈장을 패용하는 제도나 관습은 나라에 따라서 똑같지 않으나 정식 야회복(White tie)을 입는 공식 파티 때에는 이것을 패용하는 경우가 많다.

그래서 초청장에 'hite tie and decorations'이라고 되어 있으면 물론이고 다만 'ecorations'라고만 쓰여 있어도 그것은 화이트 타이에 훈장패용을 의미한다. 우리나라의 제도에 의하면 훈장은 정식야회복 이외에 예복(Morning Dress)과 제복(군인, 경찰 등)에 패용하며 특별한 경우에는 평복과 전투복에도 달 수 있다. 모닝코트에는 훈상을 패용하지 않는 나라가 많으나 우리나라에서는 이것을 허용하고 있다. 반면, 나라에 따라서는 턱시도에 훈장을 패용하기도 하지만 우리나라에서는 달지 않는 것이 관례다.

(라) 패용방법 및 위치

- 한 개의 훈장을 패용할 때

1) 무궁화대훈장

정식훈장은 목에 걸고, 대수로 된 정장은 왼편 어깨에서 오른편 가슴 아래로 두르며, 부장은 오른편 가슴에 단다.

※ 무궁화 대훈장은 그 패용방법이 타 훈장 및 외국의 일반적인 패용방법과 다르다.

- 대수로 된 훈장 : 대수로 된 정장을 오늘편 어깨에서 왼편 가슴 아래로 두르며 부장은 왼편 가슴에 단다.

※ 모든 1등급 훈장과 2등급 건국훈장 및 수교훈장이 이에 해당한다.

- 중수로 된 훈장(부장이 있는 경우, neckband ribbon, 목정장이 가슴 중앙에 오도록 중수를 목에 걸고, 부장은 왼편 가슴에 단다.

※ 모든 2등급 훈장(건국훈장 및 수교훈장 제외)과 건국 훈장 3등급이 이에 해당한다.

- 중수로 된 훈장(부장이 없는 경우)

정장이 가슴 중앙에 오도록 중수를 목에 건다.

※ 3등급 훈장(건국훈장 3등급 제외) 모두가 이에 해당한다.

- 소수로 된 훈장(리본에 달려 있어 가슴에 다는 것)

소수로 된 정장을 왼편 가슴에 단다.

※ 4등급 및 5등급의 모든 훈장과 각종 포장이 이에 해당한다.

- 여러 개의 훈장을 동시에 패용할 때

1) 2개 이상의 대수 또는 부장이 있는 중수로 된 훈장

그 중 하나의 정장 및 부장을 패용하고, 기타는 좌측 가슴에 부장만을 순차로 패용한다.

2) 2개 이상의 부장이 없는 중수로 된 훈장

그 중 하나의 정장만을 패용하고 기타는 그 수를 삼각형으로 축소하여 좌측가슴에 순차로 패용한다.

(수의 축소방법 : 수의 폭을 1번으로 하여 정삼각형으로 접되 무늬가 우에서 좌로 내려가도록 한다.)

- 금장의 패용(rosette, lapel button-저고리 깃 구멍에 달도록 장미모양으로 만든 것)

1) 금장은 왼편 옷깃에 패용한다.

2) 2개 이상의 금장을 받았을 때는 그 중 하나만을 패용한다.

- 축소훈장의 패용(miniature replica)

1) 대수로 된 훈장의 축소부장(정장은 축소하지 못함)은 좌측 가슴에 순차로 패용한다.

2) 소수로 된 훈장 및 포장의 축소훈장(포장)은 왼편 옷깃에 순차로 열을 지어 패용한다.

- 약장의 패용(Ribbon bar-군인들이 제복 가슴에 부착하는 것)

1) 약장은 좌측 가슴 호주머니 위에 패용한다.

2) 2개 이상의 약장을 패용할 경우에는 그 순위에 따라 패용한다.

3) 동일 종류, 동일 등급 복수약장과 단수약장을 동시에 패용할 때에는 복수약장을 선순위로 패용한다.

4) 15개 이상의 약장을 패용할 때에는 축소한 약장을 패용할 수 있다.

5) 현행 훈(기)장 패용순위

	① 무공훈장 1등급] (태극)	
② 보국훈장 1등급 (통일장)	③ 무공훈장 2등급 (을지)	④ 보국훈장 2등급 (국선장)
⑤ 무공훈장 3등급 (충무)	⑥ 보국훈장 3등급 (천수장)	⑦ 무공훈장 4등급 (화랑)
⑧ 보국훈장 4등급 (삼일장)	⑨ 무공훈장 5등급 (인헌)	⑩ 보국훈장 5등급 (광복장)
⑪ 외국훈장	⑫ 무 공 포 장	⑬ 보 국 포 장
⑭ 예 비 군 포 장	⑮ 외 국 포 장	⑯ 표창수상 (상위표창 우선)
⑰ 외 국 표 창 (약장수상에 한함)	⑱ 국 내 기 장 (수여일자순)	⑲ 외 국 기 장 (수여일자순)

나. 의 전

(1) 서열의 일반 원칙

(가) 서열은 공식서열과 관례상 서열로 구별된다.

(나) 공식서열은 왕국의 귀족, 공무원, 군인 등 신분별 지위에 따라 서열을 정한다.

(다) 관례상 서열은 여자, 연장자, 외국인 순 등 의례적으로 정하여지는 서열을 적용한다.

(라) 공식서열과 관례상 서열이 혼합되어 있을 때는 해당 단체 및 현지의 관행에 따른다.

(2) 공식서열

(가) 공식서열이라 함은 왕족, 공무원, 군인 등 신분별 지위에 따라 공식적으로 인정된 서열인 바, 국가에 따라 제도가 상이하다.

(나) 우리나라에서는 공식서열에 관하여 명문상 규정이 없으나 의전 업무의 필요에 따라 공직자의 서열 관행이 어느 정도 확립되었다. 그러나 이러한 서열을 실제적으로 적용할 때에는 필요에 따라 적절히 조정되어야 할 경우가 많다. 특히, 지방자치단체의 장을 초청하는 경우 명문화된 서열이 없어 행사의 성격, 관례 등에 따라 정해야 한다.

(3) 관례상의 서열

공식적인 지위를 가지고 있지 않은 일반인에게 사회생활에서 의례적으로 정하여지는 서열을 말하며 동 서열을 정함에 있어서는 아래와 같은 일반원칙이 존중되어야 한다.

(가) 지위가 비슷한 경우에는 여자는 남자보다, 연장자는 연소자보다, 외국인은 내국인보다 상위에 둔다.

(나) 여자들 간의 서열은 기혼부인, 미망인, 이혼부인 및 미혼자의 순위로 하며 기혼부인간의 서열은 남편의 지위에 따른다.

(다) 공식적인 서열을 가지지 않은 사람이 공식행사 또는 연회 등에 참석할 경우의 좌석은 개인적, 사회적 지위 및 연령 등을 고려하여 정하여야 한다.

(라) 원만하고 조화된 좌석배치를 위하여서는 서열 결정상의 원칙은 다소 조정될 수 있다.

(마) 남편이 국가의 대표자로서의 자격을 가지고 있는 경우 등에는 여성우선원칙은 적용되지 않아도 좋다.

(바) 한 사람이 2개 이상의 사회적 지위를 가지고 있을 때에는 원칙적으로 상위직을 기준으로 하되 행사의 성격에 따라 행사와 관련된 직위를 적용하여 조정할 수 있다.

(사) 공직자와 민간인이 같이 초청되는 연회에 있어서는 주재국 외무부 의전관에게 문의하여 그 서열을 정하며, 기타 손님의 서열 결정기준은 외국인, 손님의 친구, 전 공직자, 자기 집에 처음 오는 손님, 가끔 오는 손님, 늘 오는 손님, 친척의 순으로 한다.

(4) 우리나라의 서열관행

(가) 서열 책정기준

서열을 실제적으로 결정할 때에는 현 직위 이외에도 전직, 연령, 특정행사와의 관련성 정도, 관계인사 상호간의 관계 등을 다각적으로 검토하여 결정하게 되는 것이나 일반적 기준으로 삼고 있는 서열 책정기준은 다음과 같다.

1) 입법부, 사법부, 행정부 순(3부요인)

2) 정부조직법상의 서열

3) 중앙행정기관은 지방행정기관보다 우선

4) 행정관청은 보조기관 또는 자문기관보다 우선

5) 사회단체 또는 일반인은 성명의 가, 나, 다, 순

6) 전직자는 전직 당시 직위로 대우하되 현직자의 다음 순

(5) 의전계획 수립

모든 행사는 통일된 기준 및 절차를 준수하고 군 의식의 존엄성(尊嚴性)과 품위(品位)를 유지할 수 있도록 계획되어야 한다. 의식 주관부대장(主管部隊長)(행사준비 및 시행에 대한 총 책임을 맡은 지휘관을 말한다. 단, 행사의 성격에 따라 별도로 주관자를 임명할 수 있다.)은 행사의 목적을 달성하되 부대 기본임무 수행에 지장이 없는 범위 내에서 경제적이고 검소하게 행사가 시행되도록 계획을 수립하여야 한다.

계획수립 시 포함사항

- 의식의 명칭
- 의식의 목적
- 임석상관(任席上官)
- 수례자(受禮者)
- 일시(예비일시) 및 소요시간
- 장 소
- 의식부대 및 병력 규모
- 참가 장비 및 부대와 규모

- 초청 범위와 복장
- 식 순(式順)
- 기타 참고사항
- 악천후(우천 시) 행사계획
- 식장 배치도(配置圖)
- 좌석 배치도
- 보안(保安) 및 경호(警護)계획
- 보도(報道) 및 홍보(弘報) 계획
- 의식진행 시나리오
- 초청인사와 행사병력 등 행사참가자의 7수송계획
- 행사관련 주요 인사에 대한 영접·환송계획
- 포상(褒賞) 종류 및 수상자(受賞者) 명단 등 행사의 성격별 추가적인 조치사항

제 5 절

사이버 윤리

1. 정보통신 윤리

가. 정보통신 윤리의 필요성과 중요성

우리는 흔히 정보사회에서는 건전한 정보 문화의 형성이 매우 중요하다고 말하고 있다. 일반적으로 정보 문화란 정보 통신기술 및 서비스의 발달과 새로운 정보 통신 기기의 보급이 인간의 생활양식과 행동 전반에 영향을 미침에 따라 정보에 대한 중요성의 인식과 활용 의지를 나타내는 가치관과 규범 그리고 행동 등 제 요소가 작용하는 문화적 체계라고 정의할 수 있다.

이러한 정보 문화가 국민 개개인의 가치관과 윤리의식에 바탕을 두고 있음은 두말할 나위가 없다. 반대로 한 사회의 정보문화는 그 사회 구성원들의 정보에 관한 윤리 의식에 영향을 미치게 된다. 왜냐하면 인간의 가치 체계는 인간과 환경 간의 상호작용에 의하여 형성되는 것이기 때문이다. 그러나 현재 우리나라 사람들의 정보 윤리의식은 매우 낮은 수준에 머무르고 있다.

정보통신 기술을 어떻게 활용 하느냐의 문제는 그 사람의 윤리의식과 깊은 연관성을 가지고 있다. 군에서도 이미 경험한 바와 같이 정보화가 개인의 프라이버시 및 인권침해 문제와 각종 컴퓨터범죄 문제 등 비인간적이고 비윤리적인 문제들을 수반하고 있기 때문에 이러한 문제들을 해결하기 위해서는 정보 윤리의식이 절실히 요청된다. 또한 우리는 불건전한 정보의 홍수와 나날이 더 심해지는 인간의 컴퓨터화 속에서 자아와 정체성을 지키는 것이 더욱 어려워지고 있기 때문에 그 어느 때 보다도 확고한 윤리의식이 요청되고 있다.

정보통신 윤리의식이 투철한 사람은 정보와 정보 통신 기술이 인간을 위해 봉사하는 수단임을 깨닫고 인간에게 최고의 가치를 부여하는 인간존중의 자세를 지닌 사람이다. 또한 정보 사회의 익명성 속에서도 유혹에 굴하지 않고 홀로 있을 때에도 신중하게 규범을 지키는 사람이며 자신의 행위가 초래할 결과를 신중하게 고려하여 항상 자기 행위의 결과에 대해 책임을 지는 사람이다. 정보 윤리의식이 투철한 사람은 다양한 정보를 주체적으로 선택 활용할 줄 알고 능동석으로 성보 사회에 참여하는 사람이며 공동체 의식을 지니고 공익을 존중하며 조화로운 정보 사회의 건설에 헌신하는 사람이자 자율적으로 도덕규범과 예절을 준수하는 사람이다.

정보통신 윤리에 대한 사회적 관심은 정보 사회의 역기능으로 나타나고 있는 컴퓨터 범죄 해킹과 바이러스 음란물의 유포 및 확산 등과 문제들이 급증함에 따라서 비롯된 것이다. 정보통신 윤리에 대한 학문적 관심은 컴퓨터 및 컴퓨터 기술의 윤리적 문제를 다루기 위해 새로이 태동한 컴퓨터 윤리학(computer ethics)을 사실상 그 모체로 하고 있다.

본래 컴퓨터 윤리학이라는 용어는 1976년 1월 미국의 월터 매너(Walter Maner)라는 사람이 처음으로 사용하기 시작하였다.

매너는 컴퓨터가 윤리적 문제들과 관련되게 될 때에는 통상적으로 그러한 문제들을 더욱 악화시키는 경향이 있으며 어떤 경우에는 컴퓨터 자체가 새로운 도덕적 문제들을 야기 시키고 있다고 생각한다. 그래서 매너는 컴퓨터 및 컴퓨터 기술이 제기하는 문제들을 식별하고 해결하기 위해서는 컴퓨터 윤리학이라고 하는 새로운 학문이 필요함을 역설하였고 1990년대 중반에 이르러 서는 정보윤리학(information ethics)으로 발전하였다.

일반적 차원에서의 정보통신 윤리는 정보 사회를 살아가는 사람이라면 누구든지 지녀야 할 행위의 규범이라고 할 수 있는 반면에 특수한 차원에서의 정보통신 윤리는 정보통신 분야와 밀접한 관련을 맺고 있는 사람들에게 특별히 요청되는 행위 규범이라고 할 수 있다. 따라서 특수한 차원에서의 정보통신 윤리는 구체적인 적용 대상에 따라서 정보통신 이용자를 위한 윤리 정보통신 전문가의 윤리 정보통신 사업자의 윤리로 구분해 볼 수 있다.

가장 기초적인 사용 지침에서부터 통신예절 혹은 네티켓(netiquette), 윤리강령 윤리적 덕목과 원리 등이 포괄적으로 담겨져 있다고 보아야 한다.

나. 정보 통신 윤리강령

정보 사회에서는 사생활 및 인권침해 각종 컴퓨터 범죄 불건전 정보의 유통 등과 같은 여러 가지 비인간적이고 비윤리적인 문제들이 많이 발생할 수 있기 때문에 이러한 문제들에 능동적으로 대처해 나가기 위해서 정보통신 윤리 위원회에서는 정보 사회에 필요한 윤리의식을 아래와 같이 발표하고

정보통신 윤리강령

1. 인간 존중의 자세를 지녀야 한다
2. 신독(愼獨)군자의 자세를 지녀야 한다
3. 강한 책임감을 지녀야 한다
4. 주체적인 능동적 참여의식을 지녀야 한다
5. 공동체 의식을 지녀야 한다
6. 자율적인 도덕적 태도를 지녀야 한다
7. 도덕 규칙과 예의를 준수하는 태도를 지녀야 한다

1998.12, 정보통신윤리위원회

윤리강령은 다음과 같다.

一. 우리는 타인의 자유와 권리를 존중한다.
一. 우리는 바른 언어를 사용하고 예절을 지킨다.
一. 우리는 건전하고 유익한 정보를 제공하고 올바르게 이용한다.
一. 우리는 청소년의 성장과 발전에 도움이 되도록 노력한다.
一. 우리 모두는 따뜻한 디지털 세상을 만들기 위하여 서로 협력한다.

우리는 정보통신 기술의 발달로 시간과 공간을 넘어서 세계가 하나 된 시대에 살고 있다. 정보통신 기술은 우리의 생활을 편리하게 하고 창조적 지식정보의 창출을 도와 새로운 가능성과 밝은 미래를 열어주고 있다.

그동안 다 함께 뜻을 모으고 힘을 기울여 정보통신 강국으로 우뚝 서게 되었다. 하지만 그 위상에 걸맞지 않게 우리 사회에는 불건전 정보 유통, 사이버 명예훼손, 개인 정보 침해, 인터넷 중독 등 정보 역기능 현상이 나타나고 있다. 최고의 정보통신 인프

라와 함께 건전한 정보이용 문화가 확립될 때에 비로소 세계를 선도하는 진정한 정보통신 강국이 될 것이다.

우리모두는 지식정보사회의 주인으로서 인류의 행복과 높은 이상이 실현되는 사회를 만들어 나가야 할 사명이 있다.

우리는 정보를 제공하고 이용할 때에 서로의 인권을 존중하고 법과 질서를 준수함으로써 타인에 대한 배려가 넘치는 따뜻한 디지털 공동체를 만들어 나가야 한다. 또한 개인의 사생활과 지적 재산권은 보호하고 유용한 정보는 함께 가꾸고 나누는 건전한 정보 이용 문화를 확산해 나가야 한다.

궁극적으로 모두의 행복과 자유, 평등을 추구하며 인류가 정보통신 기술의 혜택을 고루 누릴 수 있도록 정보 통신 윤리를 지켜 나가야 한다는 데 뜻을 모으고 이 뜻이 실현되도록 성실하게 노력할 것을 다짐한다.

다. 네티즌 윤리 강령

- 네티즌 기본 정신
  - 사이버 공간의 주체는 인간이다.
  - 사이버 공간은 공동체의 공간이다.
  - 사이버 공간은 누구에게나 평등하며 열린 공간이다.
  - 사이버 공간은 네티즌 스스로 건전하게 가꾸어 나간다.
- 행동 강령
  1. 우리는 타인의 인권과 사생활을 존중하고 보호한다.
  2. 우리는 건전한 정보를 제공하고 올바르게 사용한다.
  3. 우리는 불건전한 정보를 배격하며 유포하지 않는다.
  4. 우리는 타인의 정보를 보호하며, 자신의 정보도 철저히 관리한다.
  5. 우리는 비·속어나 욕설 사용을 자제하고, 바른 언어를 사용한다.
  6. 우리는 실명으로 활동하며, 자신의 ID로 행한 행동에 책임을 진다.
  7. 우리는 바이러스 유포나 해킹 등 불법적인 행동을 하지 않는다.
  8. 우리는 타인의 지적재산권을 보호하고 존중한다.
  9. 우리는 사이버 공간에 대한 자율적 감시와 비판활동에 적극 참여한다.
  10. 우리는 네티즌 윤리강령 실천을 통해 건전한 네티즌 문화를 조성한다.

2000년 6월 15일 '네티즌 윤리강령' 선포식/ 발표

정보통신 환경의 변화에 따라 사이버 공간의 이용이 급증하고 있다. 네티즌은 사이버 공간에서 유익한 정보를 서로 나누고 건전한 인간관계를 형성하며, 다양한 경험을 쌓는다. 또한 사이버 공간을 통해 정보사회의 성숙한 인간으로 성장하며, 인류사회 발전에 기여한다. 사이버 공간의 주체는 네티즌이다. 네티즌은 사이버 공간에서 표현의 자유와 권리를 가지고 있으며, 동시에 의무와 책임도 지니고 있다. 이러한 권리가 존중되지 않고 의무가 이행되지 않을 때 사이버 공간은 무질서와 타락으로 붕괴되고 말 것이다. 이에 사이버 공간을 모두의 행복과 자유, 평등이 실현되는 공간으로 발전시킬 수 있도록 '네티즌 윤리강령'을 제정하고 이를 실천할 것을 다짐한다.

라. 해커윤리

(1) 컴퓨터에 대한 접근은 하드웨어적일 수도 있고 소프트웨어적일 수도 있다. 누구에 의해서도 방해를 받아서는 안되며 완전한 자유를 보장 받아야만 한다.

(2) 모든 정보는 개방되어야 하고 공유되어야 한다.

(3) 권력에 대한 불신 분권화를 촉진하라.

(4) 해커들은 그들 자신의 해킹에 의해서만 심판되어야 하며 학력이나 연령 혹은 지위나 재산 같은 사이비적인 주관적 판단 기준에 의해서는 결코 안 된다.

(5) 컴퓨터를 통해 예술과 아름다움을 창조할 수 있다.

(가) 모든 정보는 자유로워야 하고 만일 그것이 자유로운 것이라면 지적 소유권과 보안이 필요 없다.

(나) 침입은 관련당사자들에게 보안상의 문제를 드러내주고 있는 것이다. 결함을 드러내놓은 사람들은 컴퓨터화 되고 있는 사회에 서비스를 제공하는 것이다.

(다) 해커들은 아무런 피해도 주지 않으며 아무 것도 변화시키지 않고 있다. 그들은 컴퓨터가 어떻게 작동하는가를 배우고 있는 것이다.

마. 통신 사용자들이 지켜야할 기본예절

컴퓨터와 통신 기술의 융합은 비약적인 정보 혁명을 가져오면서 우리의 정치 경제 사회 문화생활 모두를 크게 변모시키고 있다. 그러나 정보 통신기술은 긍정적인 측면과 함께 부정적인 측면을 함께 가져다주는 야누스적인 특성을 지니고 있기에 우리가 어떻게 그러한 기술을 개인의 인권과 존엄성이 존중되는 인간중심의 방향으로 현명하게 선택하고 사용할 수 있을까 하는 문제가 그 어느 때 보다도 중시되고 있다. 미래란 단순히 그냥 우리에게 주어지는 것이 아니라 우리가 선택하고 만들어가는 것이기 때문이다.

그러므로 정보사회가 인간의 존엄성이 보장되고 실현되는 참다운 문명사회가 되기 위해서는 그러한 새로운 사회를 이끌어 가는데 필요한 건전한 정보문화를 형성하고 발전시켜 나가는 것이 무엇보다도 중요한 국가 사회적 과제가 된다. 따라서 기술혁명에 버금가는 형태로서의 국가·국민적 차원에서 정보화에 부합하는 정신혁명이 병행 되어야 한다. 정보화로 인해 파생되는 부정적인 현상들을 방지하고 정보화의 순 기능을 유지 발전시키기 위해서는 그 구성원들이 건전한 정보 윤리관을 지니고 있어야 하기 때문이다.

(1) 개인

(가) 사용자명과 암호관리

첫째 모든 통신망 접속은 사용자명과 암호의 입력으로 이루어진다. 암호 입력은 아직까지 사용자의 신분을 확인할 수 있는 유일한 장치이므로 사용자는 자신의 사용자 명으로 이루어진 모든 행위와 그 결과에 책임을 져야만 한다. 자신의 암호가 유출되면 다른 사람이 자신의 사용자 명으로 접속하여 각종 정보를 이용할 수 있을 뿐만 아니라 타인에 대하여 욕설이나 인신공격 불건전 자료유포 등을 할 수 있기 때문에 자신은 물론 전체 사용자들에게도 큰 피해를 입힐 수 있다. 따라서 모든 사용자들은 자신의 암호를 타인이 알 수 없도록 철저하게 관리해야만 한다.

둘째 이를 위해서는 암호에 사용자명을 그대로 입력하거나 자기 이름 전화번호 생년월일 등을 입력하지 않도록 주의하며 남들이 쉽게 추측할 수 없도록 숫자 문자 특수기호 등을 조합하여 복잡한 암호를 정하는 것이 좋다. 그러나 암호가 너무 복잡해지면 사용자 자신도 기억하지 못하는 경우가 있으므로 자신만이 알 수 있는 곳에 암호를 기록해 두는 것이 좋다. 또 암호는 일정한 기간이 경과하면 주기적으로 변경해 주는 것이 좋다.

셋째 한 사용자가 여러 통신망에 가입하고 있다면 각각의 통신망마다 사용자명과 암호를 다르게 지정하는 것도 매우 중요하다. 모든 통신망에 똑같은 암호를 사용한다면 하나의 통신망에서 자신의 사용자명과 암호를 알아낸 사람이 다른 통신망에도 접속할 수 있기 때문이다. 이 경우에 암호 유출은 다른 통신망의 모든 사용자에게 까지 피해를 입힐 수 있다.

넷째 현재 일부 통신 소프트웨어에서는 사용자의 접속을 편리하게 할 목적으로 사용자명과 암호를 컴퓨터 안에 저장하여 간단한 아이콘 클릭만으로 해당 통신망에 자동 접속할 수 있도록 하는 기능을 두고 있는데 이 경우에는 다른 사람도 그 컴퓨터를 사용하면 얼마든지 원래 사용자의 사용자명과 암호로 접속이 가능하다는 취약점을 가지고 있다.

(나) 1인1 ID 원칙

한 사용자는 하나의 통신망에서 하나의 사용자명만을 보유하는 것이 원칙이다. 그러나 실제로는 한 사용자가 두 가지 이상의 사용자명을 가지거나 두 명 이상의 사용자가 하나의 사용자명을 가지는 경우가 있다. 이 두가지 경우는 한 사용자가 두 가지 이상의 사용자명을 보유할 경우 그 가운데 하나의 사용자명으로 거리낌없이 불건전한 행위를 할 수 있고 시스템 운영자로부터 어떤 제재를 받더라도 다른 사용자명으로 계속 활동할 수 있기 때문이다. 또 자신 혼자만의 생각을 다수의 의견인 것처럼 가장하여 자기 마음에 들지 않는 다른 사용자에게 인신공격을 가하거나 특정한 정치적 사회적 문제에 대한 여론을 조작할 수도 있다.

두 명 이상의 사용자가 하나의 사용자명을 가지는 경우에는 그 가운데 한 사용자가 불건전한 행위를 하고도 다른 공동 사용자에게 그 책임을 전가할 수 있다. 한 명이 알고 있어야 할 암호를 두 명 이상이 알고 있는 것은 암호 유출의 가능성을 크게 만든다. 그러나 통신비용에 부담을 느낀 많은 사용자들이 친구나 가족들 사이에 하나의 사용자명으로 함께 사용하는 경우가 있다.

(다) 건전한 통신활동

통신망은 모든 사람들이 함께 사용하는 공공장소이며 그곳에 있는 모든 정보는 공동자원이다. 따라서 어느 한 사람이라도 통신망에서 불건전한 행위를 하면 그 피해는 모든 사람에게 돌아갈 수 있다. 여기서 말하는 불건전한 행위는 게시판 또는 대화방에서 함부로 욕설 인신공격 음담패설을 하는 행위 자료실에 상용프로그램이나 바이러스가 감염되어 있는 프로그램을 올려놓는 행위 자신의 기술을 사용하여 다른 사용자들의 사용자명과 암호를 알아내거나 통신 시스템을 망가뜨리는 행위(cracking) 등이 있다.

통신망에서는 얼굴이 직접 보이지도 않고 자신의 행위 때문에 고통 받는 다른 사람의 모습을 볼 수도 없기 때문에 어떤 행위를 하더라도 실제 공간에서의 불건전한 행위에 비해 양심의 가책을 덜 느낀다는 점이 불건전한 행위를 하고 싶은 욕망을 더욱 부추기고 있다.

그러나 불건전한 행위를 할 경우 자신의 명예가 실추됨은 물론 운영자 또는 다른 사용자들에게 적발되어 통신망에서 추방당할 수도 있다. 심한 경우에는 형사 고발되어 법의 심판을 받기도 한다.

(라) 사용자들 사이의 인격존중

첫째 통신망에 새로 가입하여 게시판에 처음 글을 올리거나 대화 방에서 처음 만난 사람에 대해서는 자기소개에 성실해야 한다. 또 상대방에게 소개를 받은 사용자 역시 자신에 대한 소개를 하고 새로운 사용자에게 환영 인사를 해주어야 한다. 많은 사람들이 오가는 통신 공간에서는 특정 개인을 확실히 구분하기가 어렵다. 혹시 상대방이 자신을 알아보지 못하더라도 짜증을 내거나 욕설을 하기 보다는 다시 한 번 소개하여 기억을 되살리도록 도와주는 것이 좋다.

둘째 통신공간에서 활동하는 사람들은 어린이에서부터 노인에 이르기까지 다양하며 사회 계층이나 거주 지역에 있어서도 차이가 많이 날 수 있다. 특별히 절친한 사이가 아니라면 나이가 어리다고 함부로 반말을 하거나 해서 기분을 상하지 않도록 해야 한다. 통신 공간에서는 대개 상대방을 부를때 "-님"이라는 호칭을 쓰는 것이 일반화 되어있다. 또 자신의 능력이나 신분을 과시하거나 지역 차이를 드러내는 발언 사투리 등 을 사용하지 않도록 하고 있다.

셋째 게시판이나 대화방 편지 등에서 타인에 대한 신상 자료를 함부로 공개하지 않도록 해야 한다. 당사자가 그런 일에 신경을 쓰지 않는다고 하더라도 개인의 사생활은 보호 되어야 하기 때문이다. 또 상대방으로 부터 받은 편지를 그 사람의 동의 없이 제자에게 전달하여 개인 신상에 관한 정보들이 유출되는 일에 대해서도 신경을 써야만 한다.

넷째 통신 공간의 모든 정보는 전체 사용자들에게 공유될 수 있다. 그러나 다른 사람이 제공한 글이나 정보 파일을 다른 통신망 또는 다른 게시판이나 자료실에 제공할 경우 원 저작자에게 동의를 얻어야 하며 그 정보들의 제공자를 반드시 밝히도록 해야 한다. 이런 절차 없이 다른 사람 노력의 산물을 무단으로 복제하는 행위는 저작권 침해에 해당하게 된다.

(마) 정보의 중복성 최소화

첫째 게시판이나 자료실에 동일한 자료를 여러 번 올리는 것은 시스템의 가용자원을 줄이기 때문에 장기적으로 시스템의 성능을 저하시키게 된다. 또 여러 번 중복된 자료들은 게시판이나 자료실을 이용하는 다른 사용자들에게 혼란을 일으키거나 짜증을 내게 만들기 쉽다. 따라서 게시판에 글을 올리거나 자료를 올릴(upload) 때에는 그와 비슷한 내용의 정보가 존재하는지 반드시 확인해야만 한다. 자신의 의문 사항에 대해서 다른 사람들이 답변을 해주지 않는다고 해서 똑같은 질문을 여러 번 반복하거나 자기 명성을 높이기 위해서 무차별적으로 게시판을 '도배'하는 행위는 자제해야 한다.

둘째 게시판이나 자료실에는 그 정보의 내용에 따라 여러 가지로 분류 가 이루어져 있다. 그러나 일부 사용자들은 분류 기준을 무시하고 문학 게시판에서 정치적 발언을 하거나 음악 자료실에 그림 파일을 올려놓거나 하는 경우가 있다. 심지어는 여러 게시판 여러 자료실에 똑같은 내용의 정보를 반복적으로 올려놓기도 한다. 정보를 올려놓기를 원하는 사용자들은 항상 자신이 올리려는 정보가 어느 분야에 해당하는지를 확실히 구분하여 그곳에만 정보를 올리도록 해야 한다.

(바) 정상적인 접속해제

사용자들 가운데에는 통신을 끝마친 후에 접속을 해제할 때 물리적인 방법으로 전화선을 뽑거나 컴퓨터를 끄거나 통신 소프트웨어를 중단 시키는 경우가 많다. 그러나 이런 비정상적인 방법으로 접속을 해제할 경우에는 사용자의 접속 해제 여부가 통신망 시스템에 정확하게 파악되지 않음으로써 실제로 접속하고 있지 않은 데에도 시스템에서는 여전히 접속 중인 것으로 파악하는 경우가 발생한다. 이때 사용자 개인 입장에서는 통신망 사용 시간과 사용 요금이 증가하며 시스템 전체의 입장에서는 통신 회선이 낭비되는 결과를 낳게 된다. 또 비정상적인 접속 해제는 시스템 하드웨어에 전기적 충격을 주어 고장발생 가능성을 높인다. 따라서 접속을 해제 할 때에는 반드시 정상적인 절차에 따라야만 한다.

(2) 공용 컴퓨터를 사용할 때의 예절

통신망 사용자는 가정에서 자신의 컴퓨터를 가지고 통신 활동을 할 수도 있지만 부대 내에서 여러 사람들과 공동으로 컴퓨터를 사용해야 할 경우도 있다. 이럴 경우에는 개인적으로 컴퓨터를 사용할 때의 예절은 물론 다른 사람의 편의를 배려하는 자세도 함께 필요하다

(가) 개인정보관리

일부 통신 프로그램에서는 사용자의 편의를 위해 사용자명과 암호를 미리 입력시켜 두도록 하고 있다. 그러나 여러 사람이 함께 쓰는 공용 컴퓨터에서 자신의 사용자명과 암호를 컴퓨터에 남겨두면 다른 사람들이 자신의 사용자명과 암호를 가지고 통신망에 접속할 수 있다. 이 경우에 사용자 자신에게도 경제적 시간적 피해가 있겠지만 자신의 사용자명으로 접속한 사람이 통신망에서 어떤 불건전한 행위를 할지는 예측할 수 없다. 또 자신이 통신망을 통해서 제공받은 정보들 가운데 타인에게 알려지면 곤란한 부대 비밀이나 사생활 비밀 상용 소프트웨어 성인용 자료 들이 공용 컴퓨터에 남아있다면 그것이 널리 유포되는 것을 막을 수 없다. 따라서 공용 컴퓨터를 사용한 후에는 자신의 사용자명 암호 개인 정보자료 등을 철저히 삭제하여야 한다.

(나) 타인에 대한배려

대부분의 경우 공용 컴퓨터의 숫자는 전체 사용자의 숫자에 비해 매우 적다. 그렇기 때문에 한 사람이 컴퓨터를 오랫동안 독점한다면 다른 사람은 당연히 컴

퓨터를 사용할 수 없게 된다. 경우에 따라서는 급한 일로 반드시 컴퓨터를 사용해야 할 사람도 있다. 공용 컴퓨터는 어느 한 개인을 위한 것이 아니라 모든 사람을 위한 것이라는 점을 유의하여 오랫동안 컴퓨터를 독점하지 않도록 해야 한다. 특히 온라인 게임이나 대화방 활동 등으로 시간을 보내는 일은 삼가 해야 한다.

(다) 공공시설 이용예절

컴퓨터는 먼지 습기 열 등에 약하다. 그렇기 때문에 공용 컴퓨터가 설치 되어있는 장소에는 대개 흡연이나 음식물 음료수 섭취가 금지되어 있다. 또 자신의 컴퓨터 기술이 우수하다고 하여 여러 사람이 함께 사용해야 할 컴퓨터의 환경 설정을 함부로 변경하거나 다른 사람이 사용할 수 없도록 암호를 걸어 놓거나 설치 되어있는 프로그램 위치를 뒤바꾸거나 삭제하는 일이 없도록 해야 한다. 여러 사람이 함께 있는 장소에서 다른 사람과 큰 소리로 떠들거나 뛰어 다니거나 기기 및 시설물을 파손하는 행위를 삼가 하는 것은 물론이고 불가피하게 시설에 장애가 발생했을 경우에는 다른 사용자들에게 알려 더 이상의 피해가 발생하지 않도록 하고 즉시 운영자에게 알려 보수할 수 있도록 해야 한다.

2. 사이버문화

가. 정보통신 기술이 지니고 있는 유혹

왜 정보사회에서는 이전 사회에 비하여 더 많은 윤리적 문제들을 야기하고 있을까 학자들에 의하면 정보 통신기술은 우리들을 윤리적 관심으로부터 멀어지게 만드는 어떤 유혹을 지니고 있다고 한다.

리차드 러빈(Richard Rubin) 이라는 외국의 한 학자는 정보통신 기술이 지니고 있는 일곱 가지의 유혹들이 우리의 도덕적 나침반을 크게 훼손시키고 있다고 하였다.

(1) 유혹 1 : 속도

정보를 수집하고 전달하는 속도는 컴퓨터 기술에 의해 엄청나게 증가되었다. 비윤리적 행동들이 눈 깜짝할 사이에 일어날 수 있게 된 것이다. 비록 허가를 받지 않은 정보를 구하는 방법을 결정하는데 있어서 어느 정도의 준비하는 시간이 소요된다고는 할지라도 그러한 정보를 몰래 빼내는 행위 자체는 아주 짧은 시간에 이루어질 수 있다는 것이다. 우리가 어떤 것을 아주 빠르게 해낼 수 있다면 많은 경우에 있어서 우리들은 붙잡히게 될 기회가 아주 적을 것이라고 생각하겠지만 어떤 것을 아주 빠르게 끝낼 때 그 행동을 하다가 체포될 것에 대한 염려를 하는 시간이 적어지지 않을까 이다. 컴퓨터 통신 기술의 발달로 인하여 정보를 훔치거나 전달하는 일이 아주 빠르게 일어날 수 있으며 적어도 행위 그 자체의 순간에는 탐지가 거의 불가능하게 되어 버렸다. 더구나 속도 그 자체는 우리의 도덕적 감각을 무디게 만드는 그 나름의 유혹이 되고 있다.

(2) 유혹 2 : 프라이버시와 익명성

가정이나 사무실에서 사용되고 있는 컴퓨터 기술들은 비윤리적인 행동들이 거의 절대적인 프라이버시 속에서 즉 전혀 다른 사람에게 들키지 않는 가운데 일어날 수 있게 만들고 있다. 거기에는 아무도 보지 않고 있는 가운데 어떤 일을 해낼 수 있다는 일종의 흥분감마저 작용하고 있다. 자신의 가정이나 사무실과 같은 일종의 보호된 환경 속에서 어떤 다른 사람들의 눈에 띄지 않는 가운데 무언가를 해낼 수 있기에 확률이 그만큼 적어지게 된다는 것이다. 이러한 프라이버시와 익명성이 정보사회에서의 비윤리적 행동들을 더욱 부채질 하고 있는 것이다.

프라이버시와 익명성으로 인한 도덕적 관심의 결여는 그러한 비도덕적 행위가 범행 장소로부터 멀리 떨어져 있다고 여겨질 때 더욱 심해지는 경향이 있다. 비도덕적인 행위를 하는 사람들이 상당히 멀리 떨어져 있는 장소에서 정보를 훔칠 때 그들은 다른 사람의 집이나 사무실을 침입할 때 느끼는 것과 동일한 수준의 위험부담을 지니지 않게 된다.

(3) 유혹 3 : 매체의 본질

오늘날 전자 매체의 본질은 원래의 정보를 제거하거나 훼손시키지 않는 가운데 그러한 정보를 훔칠 수 있는 것을 가능하게 해주고 있다.

비록 우리가 다른 사람의 파일을 몰래 훔쳐보거나 전용한다고 할지라도 그 파일은 전혀 손상되지 않은 채 원래의 소유자에게 그대로 남아있게 된다.

이러한 매체의 본질은 우리로 하여금 위반자는 실제로 훔친 것이 아무것도 없으며 피해자의 경우도 도난당한 것이 아무것도 없다는 생각을 갖도록 만들고 있다. 타인의 중요한 지적 재산들을 훼손시키지 않는 가운데 얼마든지 그것을 전용할 수 있다는 생각과 그러한 것이 가능하게 끔 해준 매체 자체의 특성이 우리들을 비도덕적 행위로 유혹하고 있는 것이다.

(4) 유혹 4 : 심리적 매료

일반적으로 사람들은 자신의 기술이나 기능을 이용하여 어려운 문제들을 해결했을 때 모종의 성취감을 느끼게 된다. 더구나 다른 뛰어난 사람들에 의해 만들어진 보안장치들을 무력하게 만드는 가운데 다른 컴퓨터의 체계에 자신이 처음으로 침투해 들어갔을 때 많은 사람들은 자신이 드디어 큰 일을 해냈다는 그릇된 성취감을 갖기가 쉽다. 해커들이 바로 이 경우에 해당된다고 할 수 있다. 자신의 컴퓨터 기술을 활용하여 다른 사람들이 만들어 놓은 보안 장치들을 무색케 하는 가운데 몰래 침투해 들어가고자 하는 잘못된 도전욕구와 그에 따른 잘못된 성취감 등의 심리적 매료가 우리로 하여금 비도덕적 행동을 하도록 유혹하고 있는 것이다.

(5) 유혹 5 : 최소 투자에 의한 최대 효과

아주 상대적으로 적은 노력에 의하여 많은 사람들에게 접근하여 최대의 효과를 낼 수 있다는 생각이 비도덕적 행동을 유발시키는 하나의 유혹이 될 수 있다. 컴퓨터를 이용한 신종 사기행위들이 급증하고 있는 것은 바로 이 때문이다. 감언이설에 의한 사기행위를 시도하는 경우 정보 사회에서는 예전처럼 수백 통의 전화를 걸거나 우편물을 발송할 필요가 없어졌다. 이제는 간단히 인터넷에 사기 정보를 올려두는 것만으로도 가능해 졌기 때문에 아주 적은 노력으로 수많은 사람들에게 접근하여 단기간에 최대의 효과나 이익을 얻을 수 있다는 생각이 바로 비도덕적 행위를 유발시키고 있다.

(6) 유혹 6 : 국제적 범위

새로운 정보 통신 기술의 발달은 그러한 기술이 전 세계적으로 도달할 수 있도록 만들고 있다. 정보를 훔치기 위해 그리고 이윤을 얻기 위해 이제는 전 세계적으로 활동하는 것이 가능해 졌다. 이렇듯 단기간에 전 세계적으로 영향을 미칠 수 있는 것도 비도덕적 행동을 유발하는 유혹 요인이 되고 있다.

(7) 유혹 7 : 파괴력

정보 통신 기술이 오용될 경우 그것이 수반되는 파괴력은 사실상 엄청난 것이다. 가장 대표적인 경우가 바로 컴퓨터 바이러스이다. 컴퓨터 바이러스를 유포 시키는 사람들은 그러한 파괴적 행위로부터 모종의 쾌감을 얻고 있기도 한다. 그러한 사람들은 더욱 영리한 자신의 기술로 더욱 치유가 곤란한 바이러스를 유포시키는 것에서 만족감과 보람을 찾고자 한다.

그러므로 정보 시대를 살고 있는 우리들은 정보 시대의 주인이 되어 유익한 정보를 서로 나누고 인류의 행복과 높은 이상이 실현되는 사회를 만들어야 할 책임이 있으며 그러한 책임은 바로 건전한 정보통신 윤리관의 확립에서 비롯된다고 말할 수 있다.

나. 정보사회에서 나타나는 일탈의 유형

(1) 언어폭력

사이버 공간은 비대면성, 익명성, 개방성, 신속성 등의 특징을 가지고 있다. 이 중에서 비대면성과 익명성은 사이버 공간에서 자유로운 대화를 할 수 있어 시민 여론 형성의 중요한 수단이 되기도 하지만, 이를 악용하여 상대방을 비방하거나 욕설, 명예훼손을 가하는 등의 부작용도 나타난다. 언어폭력이 가장 많이 나타나는 곳은 대화방과 게시판이며, 인신공격에서부터 욕설, 무례한 언행, 스토킹, 음란 대화 유도 등 다양한 형태로 나타난다.

(2) 사이버 성폭력

언어폭력 중에서 최근 사회적 관심을 불러일으키는 것이 사이버 성폭력이다. 사이버 성폭력은 온라인 공간에서 상대방의 의지와 무관하게 성과 관련하여 괴롭힘을 주는 행위라고 할 수 있다. 사이버 성폭력의 유형으로는 사이버 음란물 전송, 사이버 성희롱, 사이버 성적 명예훼손, 사이버 스토킹이다.

(3) 개인 사생활(프라이버시) 침해

정보사회에서는 개인에 관련된 여러 가지 정보 즉, 성별, 주소, 나이, 재산 정도, 학력, 취미 등이 데이터베이스화되어 컴퓨터에 보관되기 때문에 관리하기 쉬운 장점이 있지만 반면 해커 등에 의해 쉽게 노출될 가능성도 많다 개인 정보가 노출되었다고 항상 악용되는 것은 아니라 해도 누군가가 자신의 정보를 가지고 있다면 결코 유쾌한 일은 아니다. 뿐만 아니라 개인 정보를 악용하는 행위는 단순히 피해자의 기분을 언짢게 하는 것을 넘어서 개인에게 엄청난 피해 즉 스팸메일, 사이버 스토킹, 통신사기를 입히기도 한다. 따라서 개인의 사적 정보를 악용하는 것은 엄연한 범죄 행위가 된다. 그리고 개인 정보를 제대로 관리하는 방법을 알아야 하며, 침해에 대한 대처 방안을 알고 있어야 한다. 최근에는 단순히 개인 신상에 대한 정보 뿐 아니라 개인 사생활이 그대로 노출되기도 한다. 몰래 카메라에 의한 개인 사생활 노출의 경우가 여기 해당되는데, 사회생활 등에 치명적인 영향을 끼치고 있어 이에 대한 대책이 시급히 요구된다.

(4) 불건전 정보 유통

불건전 정보의 대표적인 예로 음란 정보나 폭력 정보가 있을 수 있다. 음란 정보는 성을 흥미 중심으로 선정적으로 왜곡하여 전달함으로써 성범죄를 저지르거나 피해자를 만들 수 있다. 특히 성에 대한 개념이 서지 않은 청소년들이 음란 정보를 접하게 되어 성에 대한 잘못된 지식을 얻게 된 후 성인이 된 뒤까지 지속되는 경우가 있다. 음란 정보의 경우 예전에는 텍스트나 정지화상이 주를 이뤘으나 최근 몇 년간 정보통신 기술의 발전으로 동영상이 많아졌으며, 몰래카메라에 의한 사생활 침해, 불건전 정보 유통이 많아졌다. 최근 순위사이트, 와레즈 사이트 등의 등장은 이를 더욱 부채질하고 있다. 폭력 정보도 음란 정보와 마찬가지로 심각한 문제를 가져올 수 있다. 잔인하고 폭력적인 화상이나 문자에 계속해서 노출되면 자신도 모르는 사이 폭력성을 학습하여 공격적인 성향으로 변할 수 있다. 실제로 폭력 정보에 많이 노출된 청소년들이 폭력을 휘두르고 살인까지 하는 사건은 여러 나라에서 발생되고 있다.

(5) 거짓 정보의 유포

언어폭력이나 사이버 성폭력과 마찬가지로 익명성을 악용하거나 거짓 정보를 사실로 믿고 퍼뜨리는 경우도 있지만 악의를 가지고 남에게 피해를 주기 위해 퍼뜨리는 경우가 있다. 특히 악의적인 생각으로 거짓 정보를 유포시킬 때는 신뢰할 수 없는 사회를 만들고, 누군가에게 사회 심리적인 고통을 준다는 점에서 근절되어야 한다. 거짓정보의 유형으로는 행운의 편지나 단지 몇 천 원만 내면 일확천금을 얻을 수 있다는 허황된 내용, 통신사기 등이 있다.

(6) 바이러스 유포

컴퓨터 바이러스는 컴퓨터 프로그램을 조작해 컴퓨터 시스템의 작동을 중단시키거나 중요한 파일을 지워버리는 등의 피해를 일으키게 할 나쁜 의도로 작성된 프로그램이다 이 프로그램은 사용자에 따라 바이러스처럼 전염이 되며 시스템 전체 또는 일부에 치명적인 피해를 입히는 특성을 가진다.

컴퓨터 바이러스를 유포시키는 행위는 타인에게 심각한 물리적, 정신적 피해를 줄 수 있다는 점에서 그 자체가 비윤리적일 뿐 아니라 명백한 범죄 행위다. 특히 자신의 실력을 과시하기 위하여 악성 바이러스를 만들어 퍼뜨리는 행위는 사이버 범죄에 속하는 것이다.

바이러스는 아니지만 스팸 메일도 바이러스와 같이 시스템에 치명적인 영향을 줄 수 있다. 상품 광고 등 다양한 목적을 가진 사람들이 불특정 다수의 사람들에게 보내는 대규모 전자 우편이나 악의를 품고 시스템 수용 용량 이상의 대규모 메일을 집중적으로 보내는 경우를 '폭탄메일'이라고 하는데 시스템에 과부하가 걸려 시스템이 마비돼 손해를 초래하기도 한다.

(7) 해킹

해커(hacker)를 나쁜 범죄자라는 말과 동일하게 사용하고 있지만 원래 해커라는 말은 1960년 미국 MIT대학교의 학생들 사이에서 "아무런 이득을 바라지 않고 무수한 시행착오를 통해 시스템에 대한 정보를 탐구하는 사람"이라는 뜻으로 쓰이기 시작하였다. 즉 처음 해커라는 용어가 만들어졌을 때에는 컴퓨터 열광자들을 지칭하는 것이었다. 해커들은 컴퓨터를 좋아하고 그것을 현명하게 사용 할 수 있는 전문지식과 기술을 가지고 있었다. 당시의 해커들은 컴퓨터 클럽과 사용자 그룹을 결성하며 소식지를 발행하고 새로운 프로그램이나 시스템 등의 박람회에 참가하며 심지어는 그들 자신의 규약을 지니고 있었다. 그러나 최근 들어 해커라는 용어는 컴퓨터를 불법적인 행위 그리고 승인 받지 않았거나 파괴적인 행위에 사용하는 사람들을 일컫는 부정적인 의미를 더 내포하게 되었다. 이러한 차이를 강조하기 위하여 일부에서는 후자를 지칭하기 위하여 '크래커(cracker)'를 사용하며 해커는 원래의 의미로 사용하는 경향이 있기도 한다.

해킹은 마치 어떤 낯선 사람이 우리 집 대문의 자물쇠를 열거나 혹은 담장을 몰래 넘어 들어와 집안에 침입하여 우리 집의 살림살이가 어떤가를 이리 저리 알아보고 책상서랍 안의 일기장도 들여다보고 장롱을 뒤져 귀중품과 현금을 훔쳐서 몰래 도망가는 행동에 비유할 수 있다. 마치 산악인들이 처녀봉을 정복하고 즐거워하듯이 해커들은 대형 컴퓨터 센터의 보안 장치를 비웃으며 그곳에 불법적으로 접속함으로써 일종의 정복감을 즐기고 있다.

그러나 등산의 경우와 다른 한 가지 큰 차이점은 등산의 경우 많은 사람들의 축하를 받으며 공개적인 환영을 받을 수 있는 반면에 해커는 자신의 위대한 성취를 대중에게 알리지 못하고 혼자서 몰래 즐거워해야 한다는 것이다. 그러한 사실이 발각될 경우 처벌만이 아니라 그동안 힘들여 얻어낸 컴퓨터시스템에 대한 절대 권력을 모두 포기해야 하기 때문이다

(8) 지적 재산권 침해

어떤 물건을 만들어 팔 때 그 물건 값에는 그것을 만든 사람의 수고에 대한 대가가 포함되어 있듯이 컴퓨터 프로그램도 하나의 재산으로 보호 되어야 마땅하다.

그러나 우리나라는 컴퓨터가 보급되기 시작한 초기부터 컴퓨터를 팔면서 프로그램을 끼워져 '프로그램은 공짜'라는 인식이 팽배해 있다.

그러나 제작자의 동의 없이 프로그램을 불법 복제하여 유통시키는 것은 프로그래머의 지식 재산권을 침해하는 행위다. 정품 소프트웨어에 대해 정당한 대가를 지불하지 않고 사용하는 것은 범죄 행위일 뿐 아니라 소프트웨어 개발자의 의욕을 떨어뜨려 결국 정보사회의 발전을 더디게 하는 것이다. 프로그램 뿐 아니라 인터넷 상의 정보 글 등도 원저작자의 허락 없이 퍼서 옮기는 등 멋대로 사용한다면 이 역시 지식 재산권 침해 행위다

(9) 채팅방을 이용하여 이뤄지는 불건전한 교제

인터넷 채팅이 보편화됨에 따라 다양한 만남이 이뤄진다. 채팅은 남녀노소를 가리지 않고 다양한 주제로 대화할 수 있다는 장점이 있지만 이를 악용하는 사례도 증가하고 있다. 특히 성에 관심이 많은 청소년들을 채팅방에서 유인하여 음란한 대화를 나누고 불건전한 만남으로 까지 이어지고 있다. 최근 일어나는 불건전한 만남의 전형이 되어 버린 원조교제가 대표적이다. 청소년은 일부 몰지각한 어른들의 유혹을 강력하게 거부할 수 있어야 하고, 성인들 역시 무분별하게 청소년을 성 상품화 하는 지각없는 행동을 하지 않아야 한다.

(10) 반사회 사이트 등장

최근에는 음란 폭력물 뿐 아니라 자살이나 폭탄제조 호러엽기 사이트 등이 대거 등장하고 있다. 이러한 사이트는 청소년들의 정서에 악영향을 끼쳐 실제로 자살하게 하거나 폭탄을 제조하여 사회적 물의를 일으키고 있다. 최근에는 엽기 사이트의 잔인성을 흉내 내 잔혹하게 폭력을 가하는 등 역기능 문제가 대두 되고 있다.

(11) 사이버 중독

사이버 중독이란 과도한 통신 인터넷 사용에 의해 일상생활에 어려움이 생겨 자신이나 주변 사람들이 문제가 있다고 인식하게 되는 경우를 이야기 한다. 사이버 중독은 온라인 게임에 몰두해서 생기는 게임중독 채팅에 빠지는 채팅중독 음란물

에 중독되는 음란물중독 등 다양하다. 우선 사이버중독은 사이버 공간의 매력 때문에 발생한다고 볼 수 있다. 현실 공간은 24시간으로 정해져 있는데 비해 사이버 공간은 그렇지 않기 때문이며 현실 공간에서는 할 수 없는 일들을 얼마든지 해낼 수 있다는 점도 사용자들을 사이버 공간에 몰입하게 만든다.

(12) 게임 중독

사이버 중독 중에서 청소년들에게 가장 심각한 것은 게임중독이다. 게임에 중독되면 밤새워 게임을 하고 낮에 졸거나 수업 시간에 집중하지 못한다. 또한 수업 시간 중에 학교를 빠져나가, 게임에 매달리며 최악의 경우 게임을 위해 학교를 그만두기도 한다. 이로 인해 대인기피증 강박감 편집증 체력저하 등의 현상이 발생하는데 더 큰 문제는 게임의 폭력성에 노출되어 정서 발달에 악영향을 끼치고 폭력을 휘둘러 주변 사람에게 피해를 주고 심지어는 살인까지도 하게 되는 점이다. 또한 지나친 승부욕과 현실과 가상공간의 혼돈 등을 들 수 있다.

(13) 통신 중독

통신 중독의 유형으로는 게시판에 글쓰기 채팅 등에 몰두하여 정상적인 일상생활이 어려운 경우다. 통신 중독에 걸리면 일상생활 보다는 사이버 공간에 머물기를 원하고 사이버 공간에 있어야만 심리적 안정을 찾는 등의 문제를 가지게 된다.

이 문항을 각자 체크해 보고 나 자신에 대한 인터넷 중독 여부를 스스로 진단해 보자 (설문 결과에 대한 평가 분석/"예" 전혀 그렇지 않다 5점 그 다음 순 4.3.2.1 점으로 합산하여 70점 이상이면 적절한 대책필요)

장병용 인터넷 중독진단 설문

▣ 입대 전 인터넷 사용 특성(20문항)

1. 인터넷이 없다면 내 인생에 재미있는 일이 하나도 없을 것 같았다.
   전혀 그렇지 않다. 그렇지 않다. 그렇다. 매우 그렇다.
   * 이하 동일
2. 실제 생활에서도 인터넷에서 하는 것처럼 해보고 싶었다.
3. 인터넷을 못하면 무슨 일이 일어났는지 궁금해서 다른 일을 할 수가 없었다.
4. 사이버 세상과 현실이 혼동될 때가 있었다.

5. 인터넷을 할 때 마음대로 되지 않으면 짜증이 났었다.
6. 인터넷을 하지 못하면 안절부절 못하고 초조해졌었다.
7. 인터넷을 하는 동안 더욱 자신감이 생겼었다.
8. 일상에서 골치 아픈 생각을 잊기 위해 인터넷을 하게 되었다.
9. 인터넷을 하면 기분이 좋아지고 쉽게 흥분하였다.
10. 인터넷을 하면 스트레스가 해소되는 것 같았다.
11. "그만 해야지" 하면서도 번번이 인터넷을 계속하게 되었다.
12. 일상 대화도 인터넷과 관련되어 있었다.
13. 해야 할 일을 시작하기 전에 인터넷부터 하게 된다.
14. 일단 인터넷을 시작하면 처음에 마음먹었던 것보다 오랜 시간 인터넷을 하게 된다.
15. 인터넷 속도가 느려지면 금방 답답하고 못 견딜 것 같은 기분이 들었다.
16. 인터넷을 하느라 다른 활동이나 TV에 대한 흥미가 감소했었다.
17. 인터넷을 하면서도 죄책감을 느낄 때가 있었다.
18. 지나치게 인터넷에 몰두해 있는 나 자신이 한심하게 느껴질 때가 있었다.
19. 인터넷 사용을 줄여야 한다는 생각을 끊임없이 하였다.
20. 내가 생각해도 나는 인터넷에 중독된 것 같았다.

제 3 장

군인의 본분

제 1 절 국가관(國家觀)

제 2 절 군인의 부대관(部隊觀)

제 3 절 군인의 사생관(死生觀)

제 1 절

국가관(國家觀)

1. 개 요

인류는 원시상태를 벗어나기 시작하면서 종족의 생존과 번영을 위해 수많은 조직체들을 만들어 왔고, 가장 이상적인 조직체로서의 국가를 형성하기에 이르렀다. 그러나 그 국가에 대한 인식은 각 개인들이 처한 환경과 역사적 경험에 따라 다양하다. 그렇다면 직업군인에게 있어서 국가는 과연 무엇인가?

2. 국민(국가 구성원으로서 국민)

현대의 사람들은 대부분 어느 한 국가의 구성원으로서 살고 있으며, 국가를 떠난 삶을 상상하기란 쉽지 않다. 그러나 인류 역사 전체를 놓고 볼 때 인간이 국민의 이름으로 살기 시작한 것은 그리 오래 되지 않았다.

인류는 지구상에 출현한 이후 대부분의 기간을 사냥꾼으로 살았다. 소규모의 혈연공동체를 이루고 자연의 산물을 채취하거나 수렵을 통해 생계를 유지했다. 사냥감이 고갈되면 새로운 사냥터를 찾아 이리저리 옮겨 다녀야만 했다. 그러던 중 인류는 서서히 가축을 기르고 곡식을 재배하는 기술을 터득하게 되었고, 사냥꾼으로서의 삶을 마감할 수 있게 되었다.

이때부터 인간은 보다 풍요롭고 안전한 삶을 위해서는 큰 규모의 공동체가 필요하다는 것을 인식하게 되었다. 농업은 많은 사람들의 협동을 필요로 하는 일이었기 때문이다.

농사지을 땅을 개간해야 했고, 수리시설을 건설하거나 홍수 피해를 막기 위한 제방을 축조하는 데는 많은 사람들의 힘을 결집시켜야만 했던 것이다.

뿐만 아니라 농업을 통해 축적된 잉여 생산물을 약탈자들로부터 지켜내는 것은 부족의 생존에 있어서 매우 중요한 문제가 되었다. 약탈자들과 싸우기 위해서는 더욱 큰 규모의 공동체를 만들수록 유리했다.

그리하여 촌락공동체, 부족공동체 등이 탄생했고, 지금으로부터 대략 1만 년 전부터는 원시적인 형태의 국가들이 형성되기 시작했다. 인간의 '국민으로서의 삶'이 시작된 것이다.

지구상에 현재의 인류인 호모사피엔스[1])가 출현한 것이 대략 20만 년 전이라고 볼 때 인류가 한 국가의 국민으로 살기 시작한 것은 극히 최근의 일이라고 볼 수 있는 것이다.

지금으로부터 대략 1만 년 전부터는 원시적인 형태의 국가들이 형성되기 시작했다. 인간의 '국민으로서의 삶'이 시작된 것이다.

그런데 인간이 한 국가의 국민으로 살기 시작하면서 그 자신이 속해 있는 국가에 대한 일정한 인식을 갖게 되었는데, 이러한 인식이 바로 '국가관'이라고 할 수 있다.

그러나 국가관은 하나가 아니다. 수많은 철학자와 사상가들이 국가관을 이야기 해왔지만 그 내용은 매우 다양하며, 실제로 한 국가의 국민들 사이에서도 서로 다른 국가관을 견지하는 경우가 많다. 그렇다면 왜 이렇게 다양한 국가관이 존재하는 것일까?

그 이유는 첫째, 국가라는 단어는 실제로 역사적 발전과정과 문화가 다른 수많은 형태의 국가들을 통칭하는 용어이기 때문이다. 왕조국가, 도시국가, 독재국가, 공산주의국가, 민주국가 등이 모두 국가의 범주에 포함된다. 이처럼 다양한 형태의 국가들을 하나의 관점으로 기술한다는 것은 사실상 불가능하다.

둘째, 결국 국가관이란 한 개인이 국가를 어떻게 인식하는가 하는 문제로 귀결되며, 각 개인의 사회적 위치와 경험에 따라 다양한 국가관을 가질 수 있기 때문이다.

각 개인들은 국가에 대한 인식을 바탕으로 국가와 자신의 관계를 설정하게 되며, 그 관계 설정을 어떻게 하느냐에 따라 그의 국가에 대한 태도와 행위가 결정된다.

동·서양에는 시대에 따라 그리고 그것을 피력했던 사람들의 사상적 경향에 따라 국가를 보는 다양한 시각들이 존재해 왔다. 이 다양한 시각들은 그 시대의 조류를 반영하기도 하고 그것을 피력한 사람의 개인적 신념의 표현이기도 하였다.

---

1) 호모사피엔스
약 300만 년 전에 최초의 인류로 알려진 오스트랄로피테쿠스가 출현했고, 200만 년 전에는 호모하빌리스, 뒤를 이어 호모에렉투스가 출현했다. 그 후 대략 20만 년 전에 불을 사용했고 사냥과 채집을 하는 호모사피엔스라는 현생인류가 출현했다.

3. 국가

가. 동양의 국가관

동양의 경우는 오랜 왕조국가의 역사를 가지고 있다. 19세기 서양세력들이 활발하게 동양으로 진출하기 전까지 동양은 대부분 전제왕조의 형태를 유지하고 있었다.

따라서 서양에 비해 상대적으로 다양한 국가형태에 대한 경험이 적었다고 볼 수 있다. 이러한 동양에서 국가관은 대체로 도가(道家), 법가(法家), 유가(儒家)의 사상적 차이에 따라 구분이 가능하다.

(1) 도가(道家)의 국가관

먼저, 도가는 우주의 운행이 자연의 완전무결한 섭리에 의해 조금도 균형・조화・안정을 깨는 일 없이 자체 영위를 하고 있기 때문에 어떠한 외적 간섭도 배제되어야 한다고 본다. 이미 완전무결한 자연의 상태에 인위적인 문화를 구축하려고 하는 것은 필연적으로 자연의 완전성을 파괴하고 근본적으로 해결할 수 없는 문제를 계속 가중시킬 뿐이라는 측면에서 도가는 반문화주의(反問化主義)[2]를 제창한다.

그리하여 인간이 다른 만물과 다른 점을 인정하지 않고, 인간도 다른 만물과 마찬가지로 오직 자연의 섭리대로 살아갈 것을 요구한다. 따라서 도가의 국가관은 소극적이고 때로는 무정부주의(無政府主義)와 같은 부정적 입장을 취한다.

도가에서 보는 이상 국가는 성인이 최고 통치자 자리에 앉아 있는 국가로서 성군의 임무는 인위적인 일을 하지 않으며 일단 해놓은 일은 도로 원상태로 돌리거나 전혀 어떤 일도 하지 않는 것이다. 그들은 모든 인위를 떨쳐버리고 어린아이와 같은 순수함으로 돌아갈 것을 주장하였다.

(2) 법가(法家)의 국가관

우선 법가의 자연관은 도가와 마찬가지로 자연에 도덕적 의미를 부여하지 않는다. 다만 그 질서정연하고 공평무사한 변화 섭리에 법칙적 개념을 부여하여 그것을

---

2) 반문화주의(反問化主義) : 도가 사상가들은 인류의 문명이나 문화라는 것은 자연의 운행원리에 위배되는 것으로 간주하고 자연 상태의 질서가 더욱 합리적이며 바람직한 것이라는 견해를 가졌다.

인간 세상에 원용함으로써, 인간의 내재정감(內在情感)에 의한 세상 경영보다는 외재법칙(外在法則)에 따른 세상 질서를 모색한다.

법가는 국가의 존재가치는 인간을 포함한 잡다한 만물들이 일으키는 분란과 이해마찰을 조정하고 질서를 세워 자연과 같은 세계로 만드는데 있다고 보았다.

따라서 도가가 무위의 소극적 국가관을 이상으로 삼았던 것에 반해서 법가는 자연법칙을 본받는 법제에 의해 현실적 삶을 통제하는 현실성과 인간의 정의(情意)보다는 사회의 공동이익이 우선하는 전체성에 중점을 둠으로써 국가지상주의를 내세우게 된다.

법가에서 주장하는 통치방법은 지극히 간단한 것으로 군주가 다만 상벌의 권위만 쥐고 있으면 "아무 것도 하지 않고" 다스릴 수 있으며, 실행되지 않는 것은 아무것도 없게 된다고 주장했다. 그러한 상벌(賞罰)은 한비자가 말하는 "권력의 두손잡이(二柄)"이다. 인간의 본성은 이익을 추구하고 손해를 피하려고 하는데 여기에 바로 상벌의 효과가 생긴다는 것이다.

(3) 유가(儒家)의 국가관

유가의 국가관은 가족주의 또는 도덕주의적 국가관으로서 임금은 아비요, 신하는 어미요, 백성은 자식이라고 보는 것이다. 그러므로 통치권자는 모든 일에 도덕적으로 솔선수범하여 본을 보이고 그렇게 함으로써 나라가 다스려진다는 것이었다. 이러한 유가적 국가관은 왕도주의, 민본주의에 의해 뒷받침된다. 왕이란 천(天)·지(地)·인(人)의 '삼재(三才)'를 관통하는 진리를 실천하는 사람이요,

왕도주의는 덕치주의, 예치주의를 말한다. '민본주의' 란 위민정치를 말한다.

즉, 법제금령(法制禁令)을 엄하게 다루어서 백성을 복종케 하고 불복하는 사람을 형벌로 다스려서 질서를 유지하는 방법으로 정치를 하면 백성은 겉으로는 형벌을 겁내어 법령을 따르는 것처럼 보인다.

그러나 법망을 누비고 부정한 짓을 하면서 형벌을 피하는 행동을 수치스러운 일로 생각하지 않고, 오히려 그러한 처세술과 생활능력을 입신 출세방법으로 자랑하게 된다. 반대로 위정자가 덕을 갖추어서 백성의 본보기가 되어 인도(人道)로서 백

성을 선도하면 백성은 저절로 감화된다고 보았던 것이다.

나. 서양의 국가관

서양은 역사적 발전과정에서 다양한 형태의 국가변천사를 가지고 있다. 따라서 동양에 비하여 상대적으로 매우 다양한 국가관이 나타난다. 특히, 근세후반기에 나타난 자유주의, 개인주의, 합리주의, 공산주의 사상 등 다양한 사상적 분화는 국가에 대한 매우 분화된 관점들을 제공하였다.

(1) 고대적(古代的) 국가관

서양 고대 도시국가들의 국가관은 플라톤의 '이상국가론'에서부터 찾을 수 있다. 그는 가장 "이상적인 국가" 란 "정의가 실현되는 사회상태"라고 하였다.

'정의'란 각자에게 그에 합당한 것을 갖게 하는 사회 상태를 말한다. 인간은 각자 그의 능력과 소질에 따라 그에 적합한 사회적 역할을 수행하고 그에 준하는 보상과 대우를 받아야 한다. 즉, 이성이 뛰어난 사람은 통치계급이 되고, 용기가 뛰어난 사람은 국가수호계급이 되고, 욕망이 많은 사람은 생산과 상업에 종사해야 한다는 것이다.

아리스토텔레스 역시 국가를 "공공 선(善)인 정의를 구현하는 기관"이라고 믿었다. 그는 국가를 하나의 자연적인 생명유기체적 공동체로 정의하고 있다.

이 같은 유기체적 국가관은 국가를 가족이 촌락으로 그리고 촌락이 도시국가로 발전한 인간 공동체라고 보는 것이다. 여기서 국가란 인간관계의 발전에 있어서 자연적이고 최후적인 단계로서, 국가는 본질적으로 개인이나 가족이라는 부분보다는 우월하다는 것이 그의 귀결이었다.

(2) 중세 봉건 사회적 국가관

중세(中世)의 기독교 질서는 이른바 '지상(地上)의 권위'와 '천상(天上)의 권위'의 대립 내지 갈등으로 특징지을 수 있다.

아우구스티누스[3]는 그의 저서 "하느님의 국가" 에서 국가를 지상국(地上國)으로 대별하여 그의 국가관을 전개하였다. 그에 의하면 지상국가란 인류의 죄악에 기원한 것이나 신에 봉사함으로써만 죄가 소멸된다고 한다. 그에 의하면 국가란 진정한 종교적 신념을 가져야 하며 궁극적으로는 어떤 형태든 일종의 교회가 되어야 한다. 그러면서도 아우구스티누스는 교회의 자주권과, 국왕과 성직자 두 질서 간에 부담된 정부의 개념을 강조하였다. 이는 교회의 독립성과 국가의 세속적인 동등성을 인정하였다는데 의의가 있다. 즉, 교황의 일방적 우월성을 부인하고 교황과 국왕이 신에 봉사함에 있어서 평등을 주장하였다는 점이 그의 국가관의 특징이다.

아우구스티누스는 교회의 자주권과, 국왕과 성직자 두 질서 간에 부담된 정부의 개념을 강조하였다.

(3) 근세적 국가관

민주정(民主政)을 거부하고 군주정(君主政)을 옹호했던 홉스[4]는 세속적인 절대군주국가를 최고·최상의 국가형태로 생각하고 있었다. 홉스는 인간사회를 투쟁적인 것으로 보고, 인간이 국가를 건설하기 이전의 자연 상태를 '만인의 만인에 대한 투쟁' 상태로 규정하였다.

그리하여 그는 아리스토텔레스와는 달리 인간을 정치적 동물로 보지 않고, 사회활동에 있어서 인간의 주도적 동기는 '권력욕'과 '패배에서 오는 공포' 때문이라고 보았다.

그래서 인간은 이러한 자기 권력욕이나 공포감정 때문에 제3자, 즉 군주를 설정하고 그로 하여금 그들의 만족을 기대하여 묵시적 계약을 함으로써 국가가 성립하였다고 한다. 그리고 이렇게 국가를 성립시키는 과정에 인간은 자기의 권한을 국가에게 전부 양도하였기 때문에 인간이 군주의 지배를 받는 것은 곧 자기의사에 따르는 것이라는 논리를 전개하였다.

로크[5]는 근세 중기 자유주의 국가론의 창시자인 동시에 자유주의·민주주의사상을 태동시킨 영국의 대표적 국가사상가라고 할 수 있다. 로크가 국가의 기원을 '인

3) 아우구스티누스(Augustinujs : ? - 604) : 앵글로색슨 민족을 그리스도교로 개저시킨 최초의 선교자. 초대 캔터베리 대주교로 임명되었으며 603년에는 그의 이름을 딴 수도원이 건립되었다.

4) 홉스(Thomas Hobbes : 1588 - 1679) : 영국의 철학자. 스튜어트 왕조를 지지하는 정치가로 지목되자 프랑스로 망명하였다가, 청교도 혁명 후 크롬웰의 정권하에서 런던으로 돌아와 정쟁에 개입하지 않고 학문연구에 몰두하였다.

5) 로크(John Locke : 1632 - 1704) : 영국의 철학자로 계몽철학 및 경험론 철학의 원조로 일컬어진다. 그의 정치사상은 명예혁명을 대변하고 프랑스 혁명이나 아메리카 독립 등에 커다란 영향을 주어 서유럽 민주주의의 근본사상이 되었다.

간이 국가를 건설하기 이전의 자연 상태'에서부터 논리를 전개하는 것은 홉스와 그 맥을 같이한다. 그러나 로크의 자연 상태는 홉스의 '만인의 만인에 대한 투쟁 상태'라는 견해와는 달리 '이성'이라는 자연법이 지배하는 매우 평화로운 상태로 보았다.

그런데 이러한 평화로운 상태가 자연의 부족과 결핍으로 인하여 깨어져 인간사회에 갈등과 분쟁이 생기고 이 갈등과 분쟁에서 인간의 기본적인 3권(생명권, 재산권, 자유권)을 보호받기 위하여 구성원들의 묵시적 계약에 의하여 만들어진 것이 곧 국가라고 주장한다.

루소는 국민공동체의 의사를 강조함으로써 국민주권의 절대성을 전개하여 급진적 국민주권국가관을 제시하였다.

루소는 그의 저서 "사회계약론"에서 국가와 정부를 명확히 구분하고 있다.

즉, 국가는 그 자체로 최고의 주권적 일반 의사를 표현하는 정치체이며 정부는 일반 의사를 집행하기 위해서 공동사회에 의하여 선출된 약간의 사람들에 의해 구성된다고 하였다.

루소에 의하면 "각 개인은 그가 가지는 자연적 권리를 통하여 전체로서의 공동사회에 참여하게 되는데, 이 과정을 통해서 하나의 국가는 그 성원과 구별되는 그 자체의 생활과 의지를 가지는 국가로 된다." 는 것이다. 결국, 루소는 국민공동체의 의사를 강조함으로써 국민주권의 절대성을 전개하여 급진적 국민주권국가관을 제시하였다.

(4) 현대의 국가관

서양은 근세후기 매우 급격한 사회변동을 경험하게 되고 다양한 사상들이 등장하여 서로 대립하기도 하였다.

계급주의적 국가관은 그러한 시대적 상황 속에서 마르크스주의자들에 의해서 제기되었다. 계급적 시각은 개인, 조직, 사회가 사회적 모순에 따라 동시에 결합 또는 해체되는 것으로 생각한다. 자본주의, 민주주의 국가는 자본축적과 계급투쟁 사이의 역동적 관점에서 이해되고, 동시에 생산의 사적, 사회적 비용을 사회화하려는 절대명제를 창출하는 것으로 여겨진다.

계급적 시각은 국가기구의 존재가 자본축적의 필요조건들을 재생산하는 데 필요한 것으로 간주한다. 그러므로 국가의 존재를 악(惡)으로 보고 궁극적으로는 결국 소멸해야 하는 존재로 인식한다. 다원적 국가관은 현대사회에 있어서의 국가를 다원주의적 시각으로 보는 것이다. 이러한 시각은 민주주의적, 형태 주의적, 개인주의적, 시장 원리적 시각 등의 다양한 용어로 사용되어 왔다. 다원주의의 고유영역 내에서 조직과 사회의 구성단위는 개인이다.

다원주의자들은 단일체적이고 계서적(繼序的)이며 중앙집권적인 구조의 국가 개념을 거부하고, 그 대신 '정치공동체', '정치체계', '정치체', 다원적 체계라는 용어를 통상적으로 언급한다. 그래서 이스턴[6](David Easton)은 정치체계를 "제가치의 권위적 배분을 위한 사회에 있어서 가장 포괄적인 행위체"라고 정의한다.

다원주의 시각에서 볼 때 국가의 주요기능은 합의적 제가치의 구체화를 통하여 사회를 통합하거나 선호(選好)를 집약할 수 있는 중립적 역할을 하는 것이다.

그러나 현대의 국가관은 매우 다양하여 현대를 대표하는 하나의 국가관을 제시하기는 극히 곤란하다. 왜냐하면 현대국가들은 처한 환경이 각기 다르며, 사람들은 자신들의 직업이나 개인적 신념 등에 따라 나름대로 국가를 정의하고 그에 따라 행동하기 때문이다.

현대는 우리가 앞에서 살펴본 모든 국가관이 혼재해 있다고 해도 과언이 아닐 듯 싶다.

다. 직업군인의 국가관(國家觀)

오늘날 국가 없는 개인의 삶을 생각하기는 매우 어렵다. 국가는 인간 생활 대부분과 연결되어 있다. 대부분의 사람들은 국가가 설정한 범위 내에서 그들의 삶을 영위하고 있는 것이다. 그럼에도 불구하고 앞에서 살펴본 바와 같이 현대 사회에 있어서 국가를 바라보는 시각은 매우 다양하다. 이러한 다양성은 현대사회가 가치의 다원성을 인정하는 다원주의 사회이기 때문에 자연스러운 현상으로 치부해 버릴 수도 있다.

6) 이스턴(David Easton : 1917 -) : 미국의 정치학자. 정치 분석의 일반적인 구조를 정치체계로 제시하고, 정치과정을 입력-전화-출력-피드백의 과정으로 설명하였다.

그러나 다양한 국가관이 혼재하는 현상은 한편으로 우리가 국가관의 혼란을 겪을 가능성이 더욱 커졌다는 것과, 올바른 국가관을 정립하는 것이 더욱 긴요한 문제가 되었다는 것을 의미한다.

그렇다면 군인이라는 직업을 가진 사람의 국가관은 어떠해야 하는가? 어떠한 국가관이 올바른 직업군인의 국가관인가? 우리가 직업군인의 국가관을 정립하기 위해서 사람들이 가지고 있는 국가관을 분석해 보면 대개 두 가지 차원의 관점으로 구성되어 있음을 이해할 필요가 있다. 두 가지 차원의 관점이란, 첫째 '국가라는 존재 자체에 대한 인식'이며, 둘째 직업과 같은 '자신의 사회적 위치와 국가와의 관계설정'이다.

국가의 존재 자체에 대한 인식은 국가의 존재 의의와 그 가치에 대한 평가를 말하는 것이다. 즉, 국가의 탄생 배경에 대한 인식과 그것의 존립이 인간의 생존과 행복에 어떠한 가치를 가지는 가에 대한 평가를 의미한다.

자신의 사회적 위치와 국가와의 관계설정이란, 한 사람이 자신의 직업이나, 계층(혹은 계급)과 관련하여 그 자신과 국가를 어떻게 관계 할 것인가 에 대한 것이다.

먼저 국가라는 것이 인간의 사회적 본성의 결과물이라는 것을 이해할 필요가 있다. 결국 직업군인으로서 올바른 국가관을 정립한다는 것은, 위 두 가지 차원의 관점을 군인 직업이 가지는 정체성에 적합하도록 설정하는 것이라고 할 수 있다.

[사 례]

군에서는 MMPI검사를 통해서 인성검사를 실시하고 있다. 점수제가 아닌 합·불로 판정되기 때문에 필기시험에서 고득점을 획득하고도 불합격하는 경우가 발생되고 있다. 검사 시 전체 결과에 대해 수검자의 응답 방식을 탐지하는 척도 즉 타당도 척도에서는 ① 예, 아니오 응답을 제대로 했는지 ② 좋게 보이려고 했는지(사회적으로 바람직하게 보이려는 경향) ③ 비정상적인 방향으로 응답하는지를 알아보는 척도이다. 이 척도에서 검사결과가 유효한지 판별이 가능하다.

임상척도는 건강염려증 척도, 우울증 척도, 히스테리척도, 반사회성 척도, 남성성-여성성 척도, 편집증 척도, 강박증 척도, 경조증 척도, 내향성-외향성 척도 등으로 구성이 되어 있다. 복합한 점수체계로 점수 결과를 예측하기 어렵다. 또한 잘 보이기위해서만 응답을 하게 되면 재검사나 제대로 측정되지 않은 결과값만 나오게 되어 있어 수검자는 유의해서 자신의 생각을 왜곡 없이 체크해야 한다.

(1) 국가는 인간 본성의 결과물

직업군인이 국가 자체에 대한 올바른 인식을 갖기 위해서 먼저 국가라는 것이 인간의 사회적 본성의 결과물이라는 것을 이해할 필요가 있다.

베르나르 베르베르[7]의 소설 "개미"에 보면, 개미가 지구상에서 가장 번성하는 종이 된 까닭이 집단의 형성과 집단질서의 개발에 있다고 쓰고 있다.

이어서 그는 사회성 있는 동물이 생존에 가장 유리한 조건을 가지고 있다는 논리를 전개하면서, 인간의 성공적인 생존도 여기에서 기인한다고 기술하고 있다.

인간은 지구상의 모든 동물들 중에서 가장 사회성이 강한 존재이다. 그는 개체로서 안고 있는 생존의 취약성을 공동생활을 통해 해결해 왔다.

실로 한 인간의 삶은 개별적 인간의 생존으로서는 의미를 가지지 못하며, 다른 사람들과의 관계적 삶을 통해서만 비로소 그 존재가치가 성립한다. 인간의 공동체를 지향하는 이러한 속성은 이미 그의 유전자 속에 내재하고 있는 것으로 보이며, 인류가 출현한 이후 끊임없이 보다 큰 공동체를 만들어 왔던 원인이 되고 있다. 국가는 그러한 과정의 결과물로서 탄생한 것으로, 결국 인간 본성의 자연스러운 발현이라고 볼 수 있는 것이다.

인간의 질 높은 생존에 대한 갈망, 즉 행복추구 본능은 더욱더 공동생활의 중요성을 부각시켰다.

(2) 국가는 인간행복의 현재적 결론

인간은 단순한 생존의 문제를 넘어서 보다 질 높은 생존을 갈망하는 존재이다. 즉, 먹고 입고 자는 동물적 생존을 넘어서 안전과 존경, 자아실현과 같은 사회적 욕구들이 충족되는 생존을 갈망하는 것이다. 이러한 갈망은 행복추구의 본능이라고 부를 수 있는 것이다. 인간의 질 높은 생존에 대한 갈망, 즉 행복추구 본능은 더욱더 공동생활의 중요성을 부각시켰다.

또한 우리는 국가가 인류의 가장 최근의 발명품이라는 사실에 주목해야 한다. 앞

7) 베르나르 베르베르(Bernard Werber :1961 -) : 프랑스의 소설가로 문학과 과학의 일치를 추구하는 작가. 『타나토노트』, 『뇌』, 『나무』 등의 작품을 발표하였다.

에서 살펴본 바와 같이, 인류가 사냥꾼으로서의 삶을 마감하고 국민의 이름으로 살기 시작한 기간은 대략 1만년 정도이다.

그러나 우리가 알고 있고, 군이 주요한 수호의 대상으로 삼고 있는 현대의 주권국가가 탄생한 것은 채 400년도 되지 않았다.

17세기 초 유럽 전역에서는 종교를 둘러싼 30년 동안의 전쟁이 있었다. 이 전쟁을 통해 유럽이 내린 결론은 무력으로 정치적, 종교적 통합을 시도하는 것은 잘못이라는 것이었고, 그 결과 1648년 웨스트팔렌 조약이 체결되었다.

"국가의 내적 문제는 그들 사건의 일"로 선언하고 종교가 그것을 간섭하지 않는다는 원칙을 세운 이 조약은 곧 주권국가의 탄생을 의미했다.

국가 주권에 대한 불가침의 원칙은 그 이후 상당한 기간 동안 지켜져 왔다. 모든 국가들은 다른 나라의 주권적 결정에 해당하는 문제에 대해서 그것을 존중하였다. 이 주권국가의 테두리 속에서 인류는 현대적 삶을 영위하고 있는 것이다.

[사 례 1] 롤 모델의 개념

롤 모델 이란 자기가 마땅히 해야 할 직책이나 임무 등의 본보기가 되는 대상이나 모범행동을 말한다.

* 전역전 휴가 반납하고 마지막 훈련에 참가한 00사단 한00 하사가 귀감이 되고 있다. 자신의 임무를 끝까지 완수하기 위해 전역 전 휴가를 반납하고 마지막 훈련을 수행하는 육군 부사관이 귀감이 되었다.
* 최근 북한의 핵 및 미사일 등 이어지는 도발로 긴장감이 최고조에 이르고 있는 가운데 육군 00사단 방00 중사의 전역전 휴가 반납과 훈련 참가는 귀감이 되어 표장을 받았다.

(3) 국가를 대체할 만한 조직은 아직 발명되지 않았다.

현대 사회에 이르러 국가주권의 절대성과 국가이익의 배타적인 추구에 대해 많은 의문이 제기되고 있다. 특히 환경문제나 전 세계 차원의 부의 불균형 문제처럼 한 국가의 주권적 행위에 의해 해결할 수 없는 문제들이 인류의 생존에 중요한 문제로 대두되면서 더욱 그러한 경향이 증대되고 있다.

현대에 이르러 초국가적 단체나 비정부단체들이 많이 등장하고 있는 것은 이러한 경향 때문이다.

인종차별이 극심했던 남아프리카에서 최초의 흑인 대통령으로 당선되었던 만델라가 미국 상하원 합동회의에서 행했던 연설은 이러한 단면을 보여 주고 있다.

"인간의 재능 앞에서 거대한 바다와 같은 틈이 숲 속의 좁은 길처럼 줄어든 이 시대에, 통치권이나 국가 이익 같이 단단한 바위처럼 굳어져 있는 생각들에 대하여 많은 수정이 이루어져야 한다. 만약 세계가 한 무대 위에 있고, 그 모든 거주자들의 행동이 같은 드라마의 한 부분을 형성한다는 말이 사실이라면 우리는 시공간적으로 멀리 떨어진 다른 사람들의 기본적인 행복을 포함하는 국가적 이익을 정의해야 한다."

그러나 우리가 주목해야 할 것은 초국가적 단체들이나 비정부 기구들은 국가가 다루지 못하는 사각지대의 문제를 해결할 수 있는 보충성을 가지고 있기는 하지만 아직 국가자체를 대체할 수 있는 단계에 이르지는 못했다는 것이다.

어쩌면 인류가 국가를 발명하는데 19만여 년이 걸렸고, 주권국가를 발명 하는데 9천 7백여 년이 걸린 것처럼, 우리가 국가를 대체할 만한 발명품을 보려면 수천 년을 넘게 기다려야 할 것이다.

라. 직업군인과 국가의 관계

국가 자체를 보는 시각과 더불어, 직업군인이 자신과 국가의 관계를 어떻게 설정하는가 하는 문제는 매우 중요하다. 그 관계 설정이 어떠한가에 따라 국가를 향한 그의 태도와 행동이 달라지기 때문이다.

일반적으로 볼 때, 모든 직업은 국가와 일정한 관계를 맺고 있으며, 국가의 운영과 발전에 기여하고 있다. 국가는 그 본질상 수많은 분화된 직업들을 필요로 하며, 그러한 분화된 직업 활동들을 통해 생산된 재화와 용역들을 국민들에게 분배하고 재투자하는 기능을 수행한다. 또한 국가의 규모가 커지고 사회가 발달함에 따라 국가가 필요로 하는 직업의 종류는 더욱 다양해지고 있다.

그러나 군인이라는 직업은 국가와의 관계에 있어서 여타의 직업들과는 구분되는 특징들이 있다. 그 중에서 다음의 두 가지 특징이야말로 국가와 관련한 직업군인의 직업상 가장 두드러진 특징일 것이다.

첫 번째 특징이란 국가는 군이 존재하는 전제 조건이면서, 동시에 군 임무수행의 최종적 목표가 된다는 것이다.

예를 들어 '의사'라는 직업은 국가를 전제하지 않고도 그 의미를 찾을 수 있다. 사람이 있는 곳에 질병이 있고, 질병이 있는 곳에 그것을 치료할 사람이 필요하다.

또 의사라는 직업수행의 목표는 오로지 질병을 치료하는 것이다. 그러한 활동의 부수적 산물로서 국가의 보건향상과 의술발전에 기여할 수는 있으나 그 자체가 목표는 아닌 것이다.

또 환경운동을 위한 세계적 연대에 참여하고 있는 사람들은 지구의 환경 문제에 의해 그 직업적 의의가 부여되며, 국가라는 존재는 오히려 그들의 목표에 반하는 것으로 인식될 수도 있다.

그러나 직업군인은 국가에 의해서만 그 존재의의가 생긴다. 또한 직업군인의 임무수행의 목표는 국가 그 자체이다. 다른 어떤 것도 국가를 보위한다는 군의 목표를 대체할 수 없다.

따라서 국가가 소멸하더라도 의사라는 직업은 그 존재의의를 크게 상실하지 않을 수 있으나, 군대는 국가와 함께 소멸한다. 그렇기 때문에 군과 국가를 공동운명체라고 말하는 것이다.

두 번째 특징은 국가로부터 보호받는 것보다는 오히려 그것을 보호하고 지켜야 하는 직업이라는 것이다.

예나 지금이나 국가의 가장 중요한 기능으로서 의심받지 않는 것은 '국민의 생명과 재산을 외부 위협으로부터 지키는 것'이다. 이러한 기능은 야경국가론을 주장했던 자유주의자들이나, 국가를 부정했던 무정부주의자들조차도 인정하는 국가의 본원적 기능에 해당한다.

그런데 그 기능을 직접적으로 수행하는 것이 바로 군이다. 그것은 국가가 국민들을 보호하는 가장 강력한 수단인 무력을 군에게 위임했기 때문이다.

국가로부터 보호받는 것보다는 오히려 그것을 보호하고 지켜야 하는 직업이라는 것이다. 또한 군은 실체로서의 국민들을 보호할 뿐 아니라, 국가를 존재하게 하는 요소 중의 하나인 주권을 지킴으로써 국가 자체를 보호한다.

최근 세계화 현상의 확산으로 인해 국가주권의 절대성이 다소 약화되기는 하였으나, 그것은 여전히 한 국가의 국민들의 생존조건이며 행복추구를 보장하는 수단임에는 변함이 없다.

그리고 그것을 지켜야 하는 직업군인들의 존재의의도 변함이 없는 것이다.

[사 례 2] 육탄 10용사[8)]

6.25 전쟁 직전에 북한은 우리의 전투력을 시험해 보기 위해서 국지전을 감행하고 있었다. 그 일환으로 개성의 송악산에서도 국지전이 수시로 발발하였다.

1949년 5월 3일 국군 1사단 11연대가 개성 북방 송악산 일대를 경비하던 중 북한군의 기습을 받았다. 연대는 즉시 역습을 감행했으나 북한군이 10개의 토치카에서 완강하게 저항함에 따라 탈환에 실패하였다.

이때 예비대로 전투에 투입된 연대 하사관(현, 부사관) 교육대의 서부덕 이등상사가 제일 먼저 특공대로 자원했다. 김종해 상병 등 나머지 인원도 가세해 총 10명의 특공대가 편성되었다. 이들은 81mm 박격포탄과 급조된 폭발물을 품에 안고 온몸으로 적진을 향해 돌격하여 토치카를 모두 파괴하는데 성공했다. 이때 아군은 때를 놓치지 않고 돌격하여 잃었던 고지를 모두 재탈환하는 등 큰 전공을 세웠다.

이후, 2001년부터 육군에서 주관하여 부사관 대상 '육탄 10용사 상'을 제정하여 수여하고 있으며, 육군부사관학교 복지회관 명칭이 '부덕회관'으로 육탄 용사의 실명을 사용하게 되었으며, 경기도 파주시 통일공원, 화성 동탄, 경기도 연천의 태풍전망대 등 각 출신 지역 및 부대별로 다양한 추모의 장소를 마련하여 용사들의 충정을 기리고 있다.

4. 군인정신

가. 상무정신과 호국사상

인류 역사에서 승패의 기준 또한 상무정신에 있다. 이기고자 하는 의지가 더 강한 민족이 이겼고, 적과 맞서 싸우겠다는 젊은이들이 많은 나라가 강성했다. 적을 앞에 두고 싸우기를 주저하고 도망가는 군인과 백성이 많은 나라는 예외 없이 멸망하였다.

세계사를 보면 수많은 민족이 국가를 세웠지만 역경을 극복하지 못하고 역사의 뒷전으로 사라지고 말았다. 유라시아에 걸쳐 대제국을 건설했던 몽고는 호국정신이 약화되고 국론이 분열되어 홍건적의 난으로 국력이 급격히 쇠퇴했으며, 중국대륙을 석권했던

8) 송악산 전투사례.

만주족도 인종적・문화적・언어적 정체성을 잃어버림으로써 불과 300년을 넘기지 못하고 사라졌다.

나. 우리민족의 상무. 호국정신

우리 민족은 5천 년 전부터 단일민족으로 정치적・문화적인 자주성과 독자성을 그대로 유지해 온 무한한 저력을 지닌 민족이다.

중국의 역사서 '위지동이전(魏志東夷傳)'에 따르면 "동아시아를 제패했던 고구려인들은 남녀가 결혼을 하면 곧 자신이 죽을 때 입을 수의(壽衣)를 만들어 놓는다."고 했다. 고구려인들은 언제 어디서 죽음을 맞이하게 될지 모를 정도로 항상 긴박한 상황 속에서 생활했다는 의미이기도 하지만, 이민족의 침략에 맞서 용맹스럽게 싸우다 의연하게 죽을 각오가 돼 있었던 고구려인의 진취적 상무정신인 조의선인사상(早衣仙人思想)을 엿볼 수 있는 부분이다.

또한 백제는 '아시아의 무적함대'라고 불릴 정도로 막강한 함대를 지니고, 동아시아 바다를 주름잡으며 해상왕국을 건설하고, 요서・화북・산동지역뿐만 아니라 일본 규슈 지방까지 진출했다.

신라는 삼국 중 가장 불리한 위치에 처해 있으면서도 화랑도를 만들어 인재를 양성하고, 세속오계(世俗五戒 : 事君以忠・事親以孝・交友以信・臨戰無退・殺生有擇)를 정신덕목으로 '국가에 헌신하고 대가를 바라지 않으며, 전장에 나가서는 물러남이 없이 죽기를 각오'하고 싸워 한반도 내의 최초의 통일국가를 이룩하였다.

고려는 고구려를 계승하고자 국호를 '고려'로 정하고 민족통일과 함께 옛 고구려의 영광을 재현한다는 웅대한 목표로 북진정책을 추진하였으며, 3차에 걸친 거란의 침략과 7차에 걸친 몽고의 침입을 막아내어 우리 민족의 강인함을 입증하였다.

조선시대에는 선비와 승려들이 선비정신을 바탕으로 일신의 영달과 물질적 추구보다는 국가와 민족을 먼저 생각하고 실천에 옮겼다. 임진왜란이 일어나자 선비와 승려들은 자발적으로 의병과 승병을 일으켜 왜군에 맞서 싸웠다.

다. 상무정신은 국가발전의 원동력

(1) 미 국 : "정의의 투사 혼"을 상징하는 "프론티어 정신"(frontier spirit)을 바탕으로 하여 세계 최강의 국가 이룩

(2) 영 국 : Noblesse Oblige, 기사도 정신, 상무정신 고양을 바탕으로 대영제국 건설.

(3) 이스라엘 : "시오니즘(Zionism)"을 기반으로 하여 250만의 이스라엘인이 1억 이상의 아랍국과의 4차에 걸친 전쟁에 승리. 군 간부 임관식 "마시다를 잊지 말자" (불패의식)

라. 힘 있는 민족은 역사의 "주인", 힘없는 민족은 역사의 "제물"

(1) 높은 상무정신 : 스위스(국민안보총력체제), 이스라엘(4차전의 중동전쟁 승리)

(2) 낮은 상무정신 : 로마(내부문제에 의해 스스로 멸망 재촉), 잉카(왕위문제로 멸망)

마. 상무정신의 귀감, 참 군인의 사례

(1) 충무공이순신 장군 : 명량 해전에서 단 12척 배만으로 133척의 왜적을 물리침

(2) 안중근 의사 : 이토오히로부미 사살

(3) 육탄 10용사 : 비둘기 고지 탈환 시 포탄 안고 돌진, 산화

(4) 심일 중위 : 수류탄과 화염병으로 적 자주포 파괴, 춘천 점령 지연시킴

(5) 이근석 대령 : 전폭기 편대로 폭격 중 피격되자 적진에 돌진

바. 우리의 자세

(1) 참군인의 얼을 계승, 진충보국, 위국헌신, 임전무퇴 등의 불굴의 상무정신 무장

(2) 무시기불래(無恃其不來) 하고 시오유이대야(恃吾有以待也)

- 나에게 적이 오지 않으리라 믿지 말고 나에게 적이 오더라도 대비할 수 있는 대비태세가 있음을 믿어야 한다. → 강한 군대, 강한 나라 건설.

(3) 오늘의 상무정신

우리나라가 대륙과 해양세력을 당당하게 호통 치며 위용을 드높였던 때는 화랑도 정신과 같은 상무정신이 꽃필 때였다. 또한 6·25전쟁을 맞아 공산주의에 맞서 싸워 자유민주주의를 지켜냈고, 북한 공산집단의 수많은 대남 도발에도 굳건히 우리의 안보를 지켰다.

또한 군에서 익힌 희생과 봉사, 충성과 도전, 근면·자조·협동정신을 바탕으로 세계시장을 개척하고, 한강의 기적을 이루었으며, 세계 제1의 조선강국·IT강국을 이룩하였을 뿐만 아니라, 올림픽·월드컵 같은 국제적 행사를 성공적으로 개최한 것도 우리 각자의 가슴 속에 도도히 흐르는 선열들의 뜨거운 호국사상과 상무정신이 있었기에 가능했던 일이다. 따라서 상무정신은 국가발전의 원동력이다.

(4) 나라를 잃으면 모든 것을 잃는다.

동서고금을 막론하고 어느 나라나 국가의 지도층과 국민들의 상무정신이 충만했던 시대는 국방력이 강했으며, 무(武)를 천시했던 시대에는 외부의 침략을 받아 쇠락의 길을 걸었다.

우리 민족도 한때 상무정신이 해이되어 국권을 빼앗기고 역사가 단절되는 치욕을 겪어야만 했다. 우리는 그때 모든 것을 잃었다.

나라를 잃으면 모든 것을 잃는다. 민주주의가 발달한 선진국일수록 국민들의 상무정신은 잘 갖추어져 있다. 영국의 해리 왕자가 적과 교전 중인 최전선에 배치되어 위험을 무릅쓰고 책임을 다하는 것도 영국의 기사도 정신을 바탕으로 한 상무정신의 발현이다.

호국사상과 상무정신이야말로 우리 민족의 소중한 유산이자 저력이다. 우리 모두 상무정신으로 재무장하여 이 땅에서 전쟁을 억제하고 조국통일에 앞장서는 군인다운 군인이 되어야 한다.

사. 상무정신과 호국사상의 주요사례

(1) 전쟁의 승패를 좌우하는 군인정신

"나는 스스로 논밭을 갈아 군자금을 만들었고 빈손으로 돌아온 전쟁터에서 12척의 낡은 배로 133척의 적을 막았다. 나는 20살의 아들을 적의 칼에 잃었고 다른 아들들과 함께 전쟁터로 나섰다. 죽음이 두렵다고 말하지 마라. 나는 적들이 물러가는 전투에서 죽음을 택했다."

현대인이 배워야 할 '이순신 장군의 10대 어록'의 일부다. 우리나라 사람들이 가장 존경하는 인물은 군인의 표상으로 대표되는 성웅 이순신 장군이다. 우리가 장군을 존경하는 이유는 장군의 삶이 군인정신으로 일관했기 때문이다.

"군인정신은 전쟁의 승패를 좌우하는 필수적인 요소다. 그러므로 군인은 명예를 존중하고 투철한 충성심, 진정한 용기, 필승의 신념, 임전무퇴의 기상과 죽음을 무릅쓰고 책임을 완수하는 숭고한 애국애족의 정신을 굳게 지녀야 한다"라고 '군인복무규율' 제2장 강령 제4조 3항에 규정하고 있다. 군의 정신전력은 바로 군인정신의 힘이다.

따라서 군인복무규율에 명시되어 있는 명예, 충성심, 진정한 용기, 필승의 신념, 임전무퇴의 기상, 애국애족의 정신 등 군인정신 6대 덕목은 전쟁의 승패를 좌우하는 결정적 요소이며 군인의 본분을 다하기 위한 사고와 행동의 지표가 되고 기준이 되는 정신이다. 그러면 이러한 군인정신을 함양하고 유사시 발휘해야 하는 당위성은 어디에 있는가? 그것은 바로 군인의 본분이 위국헌신에 있기 때문이다.

[사 례 3] 책임 실천

〈5분여 간의 혈투〉

2007년 12월 6일 오후 인천 강화도에서 발생한 총기탈취 사건당시 총기를 뺏으려는 괴한과 이를 사수하려는 병사 간에 치열한 혈투가 벌어졌다.

이 병장은 차량에 들이 받힌 뒤 쓰러지고 흉기에 팔을 찔렸으나 이 병장도 K2소총의 개머리판으로 괴한의 머리를 가격했다. 그러나 괴한은 피를 흘리면서도 흉기를 계속 휘두르며 이병장의 허벅지와 입 언저리를 찔렀고 범인과 이 병장은 이렇게 20여M를 이동하며 5분간 혈투를 벌였다. 군인은 위기 상황에서 자신에게 부여된 임무를 완수하기 위해 놀라운 힘을 발휘했던 것이다.

(2) 위국헌신 군인본분

"훈련병 홍길동 등 ○○○명은 대한민국의 군인으로서 국가와 민족을 위하여 충성을 다하고 법규를 준수하며 상관의 명령에 복종하며 맡은 바 임무를 성실히 수행할 것을 엄숙히 선서합니다." 병사라면 누구나 신병교육대 입소식에서 동기들과 함께 낭독했던 선서문이다. 신병들은 입소식을 통해 비로소 군인정신을 배우는 것이다.

간부들의 임관식이나 신병 수료식은 나라를 위해 목숨을 바칠 수 있는 군인이 되겠다고 국민들 앞에 신고하는 엄숙한 자리다. 이때부터 우리 장병들은 진정한 군인정신을 만들어 가는 것이다. 흔히 '군인은 보통 사람과 다르다'고 말한다. 이는 보통 사람이 생각하고 행동하는 것과 군인이 생각하고 행동하는 것이 다르다는 의미다.

군의 존재 목적은 국가를 수호하는 것이므로 군인에게는 개인의 이익이나 목적보다는 군대조직의 목표가 우선시되고 유사시에는 생명까지도 바치는 특수한 행위가 요구되기 때문이다.

따라서 국가는 군인에게 국가를 위해 희생할 것을 요구하고 명령할 수 있으며 군인은 마땅히 나라의 존망이 위태로울 때 자신의 생명까지도 기꺼이 바칠 수 있어야 하는 것이다. 그래서 대한제국의 군인으로서 일관된 삶을 살아온 안중근 의사는 '위국헌신 군인본분(爲國獻身 軍人本分)'이라는 유훈을 우리에게 남긴 것이다.

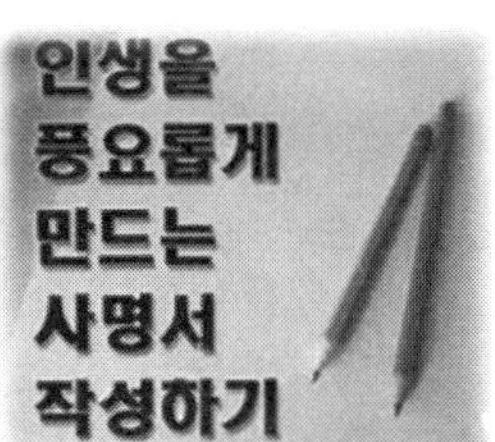

■ 1단계 : 조용한 곳에서 나의 속마음을 듣는다.
* 내가 좋아하고 싫어하는 것이 무엇인지, 나는 다른 사람에게 어떤 모습으로 보여 지고 싶은지, 얻고 싶은 것은, 이루고자 하는 것은 무엇인지 등을 하나하나 생각해 본다

■ 2단계 : 생각을 글로 적어 본다
* 1단계에서 생각한 내용들을 글로 옮겨 적어보되, 형식에 구애받지 말고 가능한 많은 내용을 적어본다.

■ 3단계: 긍정문의 형태로 구체적인 행동해야 할 사항을 적어본다.
* 이제 최종적으로 자기사명서를 만든다. 자기사명서는 긍정문의 형태로, 구체적인 행동을 요구하는 형태로 적는다.

ex) '나는 목적 없는 돈을 쓰지 않는다' 라는 문장을 자기사명서로 만든다면 '나는 사전에 계획된 지출만을 한다.'라고 표현 할 수 있다.

이렇게 10~15개 정도로 자기사명서를 완성한다.

■ 벤자민 프랭클린의 자기사명서 (예)

1) 절제 : 폭음, 폭식을 하지 않는다.
2) 침묵 : 다른 사람이나 나에게 도움이 되지 않은 말은 하지 않는다.
3) 질서 : 사용한 물건은 제자리에 놓으며, 일은 알맞은 시간에 효율적으로 한다.
4) 결단 : 해야 하는 일은 반드시 완수한다.
5) 절약 : 불필요하고 비싼 것은 사지 않으며, 다른 사람이나 자신에게 좋은 것이면 낭비하지 않은 범위에서 산다. ....(이하 생략)

(3) 상무정신이 결여됐던 월남 패망의 교훈

1975년 4월 30일 조국이 사라진 땅에서 국민들은 목숨을 건 탈출을 시작했다. 하나밖에 없는 목숨에 대한 어떠한 담보도 없이 어떠한 나라에서도 환영받지 못하는 이들은 정처 없이 조그만 배에 의지하여 풍랑이 휘몰아치는 바다를 헤매고 있어야 했다. 사랑하는 사람과 가족들이 있어야 할 곳은 절망과 비탄으로 채워져 있고 조국이라는 엄숙한 단어는 차가운 밤바다를 가르는 거센 파도 속에 사라져 갔다.

이른바 "보트 피플(Boat people)" 100만 명이 넘는 보트피플 중 11만 명이 바다에 빠져 죽거나 해적에게 유린당했다. 사이공 함락 베트남 공산화 왜 이들은 이러한 참혹한 운명을 받아들일 수밖에 없었던가...

(4) 허무하게 사라진 나라 월남

아래 글은 패망 당시 현장에서 패망과정을 지켜보았고, 패망 후 월맹군에 체포돼 5년 동안 억류생활을 한 전 주월공사 이대용(李大鎔)장군(예)의 증언 내용이다.

"1973년 휴전협정이후 월남은 월맹보다 경제력은 물론 군사력에서도 월등히 앞서 있었다. 월남은 당시 세계 4위를 자랑할 정도로 최신무기와 장비를 보유하고 있었고 지상화력도 7대 1로 절대 우세하였다. 그리하여 월남국민들은 싸우면 당연히 승리할 수 있을 것으로 낙관하고 있었으며 그 누구도 월맹군이 남침하리라고 믿지 않았다. 그래서 국방과 안보의 중요성을 강조하는 사람은 전쟁에 미친, 혹은 정신 나간사람으로 취급받았다. 이러한 분위기가 결국 국방을 소홀히 하는 결과를 초래했던 것이다.

더욱이 미국과 한국군이 철수하자 사이공에서는 종교지도자, 학생, 좌익인사들이 총동원되어 티우 정권 타도를 외치며 반정부 시위를 벌였다. 월남은 월맹군의 무력침공에 의해 패배한 것 이상으로 이들 100여 개의 좌익단체들의 조직적인 선전전에 속수무책으로 당했던 것이다. 이것이 월등히 높은 경제력과 막강한 화력을 가졌던 월남 군대가 경제가 취약하고 식량 및 물자가 부족한 월맹군에게 허수아비처럼 붕괴된 하나의 원인이 되었다.

이미 싸울 의지를 상실한 월남군은 중부고원지대의 전투에서 패배한 이후 전투다운 전투 한번 못한 채 연일 후퇴만 거듭하다가 결국 50%의 병력이 붕괴 내지 해산되고 말았다. 그리하여 무려 50억 달러에 달하는 각종 무기를 월맹군에게 고스란히 넘겨주고 4월 30일 정오 항복함으로써 너무도 허무하게 지구상에서 사라져 갔다.

우방의 값진 희생도, 강대국의 비호도, 최신 무기지원도, 그 나라를 스스로 지키겠다는 상무·호국사상이 결여된 나라와 그 국민은 결코 다시 일으켜 세울 수 없다는 값진 교훈을 주고 있다.

(5) 상무정신에 바탕을 둔 선진국의 호국전통

동서고금을 막론하고 국민들의 상무정신과 호국사상이 충만한 시대에는 국방력이 강했으며, 어떠한 외침도 극복할 수 있었다. 선진국일수록 상무정신이 강했다.

미국은 다민족국가로 평상시에는 상무정신이 없는 것 같으나 9.11 테러사건에서 보았듯이 엄청난 상무정신이 있는 나라이다. 전국적으로 성조기가 휘날렸고 예비군

소집창구에는 줄을 이었다. 특히, 전국적으로 젊은이들의 입대문의가 폭주하기도 했다. 이처럼 애국심과 '정의의 투사혼'에 바탕을 둔 미국인들의 상무정신은 국난극복의 원동력이 되었고 오늘날 세계의 초강대국으로 올려놓게 된 기초가 되었다.

영국의 명망 있는 지도층 자제가 입학하는 '이튼 고등학교' 교문 옆 긴 담벽에는 이 학교 출신의 전사자 명단이 새겨져 있다. 대부분이 병사 및 초급 군 간부들로서 최일선 진지에서 전사한 귀족의 아들들이다. 1·2차 세계대전이래 오늘날까지 전사한 아들들이 졸업생의 49%인 2,000명이나 된다고 한다. 이것이 바로 상무정신의 상징이라고 할 수 있다.

이스라엘의 상무·호국사상은 남다르다. 6일 전쟁당시 결혼 전에 근무했던 부대로 재입대한 28세의 임산부 여군 만삭의 몸에도 불구하고 "전쟁에 지면 조국이 없어지고 조국이 없어지면 뱃속의 어린 생명도 존재할 수 없다."며 폭격기 조종사로 출전함으로써 세계를 깜짝 놀라게 한 적이 있다.

이와 같이 호국사상의 역사를 계승한 이스라엘의 상무정신은 강한 민족정신과 생존에 대한 책임감에서 나온 것이며, 이것은 결국 오늘의 막강한 군사력을 자랑하는 이스라엘군의 원동력이 되고 있다.

(6) 고구려의 상무정신

「'쌩!'하고 바람을 가르며 기세 좋게 화살이 날아간다. 단정한 몸가짐과 옷차림에는 예의를 갖춘 '의관'(衣冠)의 모습이 스며나고 금방이라도 날아갈 듯한 검은 말 위에서 활을 당겨 호랑이를 겨누는 씩씩하고 굳센 자세에는 '대검'(帶劍)의 기상이 드러난다. 아... 동아시아를 제패했던 민족의 넋이여!」

이 글은 육군 충장부대 손우재 상병이 중국 길림성 고구려 무용총의 내부벽화에 있는 고구려인의 모습을 보고 '육군'지에 투고한 내용으로 우리 민족 초유의 강대한 상무정신을 가진 대국의 면모를 여실히 보여주고 있다.

고구려는 한때 적의 침입으로 수도가 함락되기도 하고, 적과 싸우다가 왕이 전사하는 비극을 경험하기도 했다. 고구려인들은 이러한 험난한 과정을 거치면서 자연스럽게 무(武)를 숭상하고 진취적인 기상을 견지하게 되었다.

고구려가 수나라의 100만 대군과 당나라의 30만 대군을 물리친 것은 고구려인의 상무정신과 강인했던 기상과 패기를 지녔기 때문이며, 이는 자손만대에 민족적 자긍심을 일깨워 준 것이다.

(7) 백제의 개척정신

마한의 조그마한 나라로 출발했던 백제가 동아시아 해상무역을 독점함으로써 거대한 해상왕국을 건설하였던 것은 상무정신에 의한 진취적인 개척정신을 발휘하였기 때문이다.

이렇게 백제가 주변국가와의 계속되는 투쟁 속에서도 국토를 지키고 영토를 확장할 수 있었던 것은 스스로 힘을 길러 해양으로 진출하려는 적극적이고 진취적인 백제 인들의 개척정신이 있었기 때문이다. 또한 5천여 명의 결사대원 같이 국난에 직면하여 자신의 목숨을 충절과 바꾼 군인들의 상무·호국사상이 있었기에 가능했던 것이다. 지금도 서해와 남해에 일고 있는 파도 속에는 백제인의 진취적인 기상이 숨 쉬고 있다고 할 수 있는 것이다.

(8) 신라의 화랑도 정신

삼국 중 가장 불리한 지리적 위치에 처해있던 신라는 삼국시대 초기에는 문화가 뒤떨어지고 국력이 약했었으나 전 국민이 분연히 일어서서 끝내 삼국통일을 이룩한 그 힘의 원천은 바로 화랑도 정신에 있었다.

화랑들은 원광법사가 지었다는 세속오계(世俗五戒)를 정신적 덕목으로 삼고, 국가를 위해 헌신 노력하되 그 대가를 바라지 않았다. 전장에 나가서는 물러서는 법이 없이 죽기를 각오하고 싸웠으며, 어떠한 극한 상황에서도 조국을 배반하지 않고 뜨거운 우국충정을 불태웠다.

이러한 화랑도의 세속오계는 관창, 비령자, 귀산, 추항 등 수많은 화랑과 낭도들이 전장에 나가 국가를 위해 목숨을 바치는 등 무인으로서의 투철한 사생관과 사명감을 발휘하였다.

위기에 처할 때마다 서슴없이 자신의 몸을 승부수로 던지는 화랑들의 희생정신은 신라의 저력이자 삼국통일의 원동력이 되었다.

(9) 고려의 저항 정신

고토회복을 염원하는 고려인들의 북진의지와 자주정신은 몽고의 침략에 대항하는 줄기찬 저항정신으로 표출되었다. 40여 년간 7차에 걸쳐 계속된 몽고군의 침략으로 우리 국토의 대부분은 유린되었고 수많은 인명이 살육, 약탈당하는 상황 아래서도 결코 굴하지 않고 한때 세계를 제패(制覇)했던 대제국을 상대로 저항을 계속했던 고려인들의 민족정신을 되새겨 보면 우리는 저절로 머리를 숙이지 않을 수 없다. 더욱이 이 엄청난 국난을 치러내면서도 불력(佛力)으로 외적을 물리치려는 일념으로 16년에 걸쳐 이른바 '8만 대장경'을 완성해 냈으니, 이 얼마나 장한 민족이 아닌가?

특히, 배중손의 지휘아래 반 몽고의 기치를 내걸고 일제히 봉기한 삼별초는 4년간에 걸친 전쟁에도 외부침략자에 굴하지 않고 끝까지 싸우는 처절한 저항정신을 보여주었다.

(10) 조선의병의 호국정신

조선은 개국 후 세월이 지남에 따라 점점 진취적인 기상이 상실되었다. 외적의 침입으로 나라가 위난에 처하자 이순신 장군, 권율 장군과 같은 관군의 활약도 대단히 컸지만 충효사상과 호국정신으로 무장한 유생, 전직관료, 승병 그리고 일반 평민 등으로 조직된 의병들이 전국 방방곡곡에서 불길처럼 일어났다.

그 중에서도 경상도의 곽재우, 진주의 김시민, 충북의 조헌, 전라도의 고경명과 김천일, 함경도의 정중부 그리고 호국불교의 일념으로 궐기한 처영(處英)스님과 영규(靈圭)스님 등 승병들의 활약상도 대단했다. 이처럼 우리 민족의 저변에는 상무정신과 호국사상의 기질이 흐르고 있어 국가의 위기 때마다 초연하게 일어나 구국전선에서 싸우다 장렬히 산화하였던 것이다.

(11) 상무정신의 교훈

한때 세계를 제패했던 로마제국과 잉카제국은 대제국을 건설하고 찬란한 문화의 꽃을 피웠지만 국론분열과 국방소홀로 나라가 망하는 비운을 맞이할 수밖에 없었다.

동양에서도 중국을 비롯한 세계 대부분의 지역을 통치했던 몽골제국이나, 청나라를 세워 중국 전체를 통치했던 만주족이 지금은 거의 흔적도 없이 사라진 이유는, 그들이 전쟁에 대한 위기의식을 상실하고 상무·호국사상이 희박해져 평화 시에 강한 힘을 길러두지 않았기 때문이다.

우리 민족 역시 무(武)를 중히 여겨 힘을 기르고 국방을 튼튼히 할 때는 민족의 기상이 살아 있어 어떠한 국난에도 나라를 지켜왔다. 그러나 무(武)를 천시하여 나라의 힘을 기르지 않고 외세의 침략 앞에서 사대주의와 당파싸움에만 젖어 국방대비 태세를 소홀히 했을 때는 참혹한 비운과 치욕의 역사를 겪어야만 했던 것이다.

국토가 초토화되고 수많은 백성들이 유린당한 임진왜란과 병자호란이 대표적인 예이다.

한편, 서세동점(西勢東漸)의 19세기 말, 우리 민족은 외세의 침투와 내부갈등으로 대내외적으로 큰 어려움에 처하게 되었다. 그러나 당시 집권세력들은 우리의 국방을 타국에 의존하려한 결과 자주 국방력을 키우지 못했고 결국 통한의 한일합방으로 주권을 상실하고 말았다.

그러나 우리민족은 가슴에 도도히 흐르는 상무정신을 바탕으로 빛나는 항일투쟁을 전개하여 마침내 조국을 되찾으며, 6·25전쟁 시에는 육탄 10용사를 비롯한 수많은 전공신화를 남김으로써 풍전등화의 위기에 빠진 국가를 수호하였다.

이와 같이 동서고금의 역사는 상무·호국사상이 결여된 국가나 민족은 반드시 멸망하거나 쇠락의 길을 걸었고 그 반대의 경우에는 찬란한 문화와 국운융성의 호기를 맞이하였던 교훈을 우리에게 말해 주고 있다.

(12) 영국의 노블레스 오블리주

영국의 해리 왕자가 아프가니스탄 교전지역에서 10주간 근무하다가 언론보도로 신분이 노출되자 귀국했다. 영국 왕실의 노블레스 오블리주(Noblesse Oblige : 사회적 신분에 상응하는 도덕적 의무) 실천은 어제 오늘의 일이 아니다.

찰스 왕세자는 영국 공군사관학교와 해군사관학교를 나와 해군 소속의 여러 곳에서 근무를 했고, 앤드류 왕자는 포클랜드 전쟁에 헬기 조종사로 참전을 했다. 왕위 계승 2위인 윌리엄 왕자는 영국 해군에 복무할 예정이라고 한다.

해리 왕자가 생명의 위험을 무릅쓰고 최전선 복무를 지원한 것은 영국 왕실의 노블레스 오블리주의 전통이 굳건히 살아 있음을 보여주는 것이다. 해리 왕자는 "군인으로서 국가가 원하고 필요로 하는 일을 한 것뿐이다. 내가 영웅이 아니라 아프가니스탄 전선에서 부상당한 병사들이 진짜 영웅이다"라고 했다.

모병제인 국가에서 왕실 사람들이 자청해 군에 입대하고, 국가는 이들의 노고에 보답하려고 애쓴다. 이것이 오늘의 영국을 있게 한 힘의 원천이고 상무정신이다.

(13) 상무정신으로 재무장해야

21세기는 글로벌(Global)시대이다. 세계 어느 나라든지 비자 없이 자유자재로 돌아다닐 수 있고 인터넷과 방송매체의 발달로 지구촌에서 벌어지고 있는 각종 정보를 안방에서 거의 실시간으로 확인할 수 있는 정보화시대에 우리는 살고 있다.

01년 미국 9.11 테러사건과 같이 오늘날의 전쟁과는 근본적으로 다른 새로운 전쟁개념으로서 전선도 없고 얼굴도 없는 새로운 패러다임으로 변하고 있다.

더욱이 우리 사회내부에는 민주나 진보세력으로 위장하고 각계각층에 침투해 사회혼란을 조장하며 친북적 활동을 하고 있는 좌익세력들이 엄존하고 있는 우리의 현실에 비추어 볼 때 우리는 좌익세력의 실체와 위험성을 직시하고 단호히 맞서야 하겠으며 상무·호국사상을 근간으로 한 물샐틈없는 전방위 국방태세에 만전을 기해야 하겠다.

요즈음 우리 사회에서는 자진해서 영주권을 포기하고 군복무에 임하고 있는 많은 장병이 있는 반면에 아직도 일부에서는 신성한 병역의무를 기피하려는 자들이 상존하고 있다. 이들은 병역의무를 충실히 수행하고 있는 대다수 장병들의 사기를 저하시킬 뿐만 아니라 남북대치의 특수한 안보환경 하에서 국가안보의 정신적 지주인 상무·호국사상을 저해하는 국론분열 행위라는 사실을 망각하고 있다는 것을 직시해야 할 것이다. 따라서 우리 모두는 선열들의 상무정신으로 재무장하여 조국수호의 사명을 완수해 나가야 할 것이다.

아. 군인정신과 군인 행동규범

(1) 준수해야할 군인의 행동규범

규범이란 어떤 조직의 이상과 목적 달성을 위해 구성원들에게 요구하는 규칙과 원칙을 말하는데 군인에게 요구되는 규범은 일반사회의 직무와 현저히 다른 점을 지니고 있다. 군인은 평시엔 전쟁을 억제하지만 유사시 적과 싸워 반드시 승리해야 한다. 그리고 이를 위해 필요한 것은 명령에 대한 즉각적이고 자발적인 복종이다.

이러한 특성상 군대는 어느 시대 어느 나라를 막론하고 엄격한 상명하복의 조직체계를 기본 특징으로 하고 있으며 명령에 대한 복종 규범은 '국가와 국민에 대한 충성'과 함께 군인의 기본 가치관이다. 명령에 대한 복종의 의무와 더불어 군인이 반드시 준수해야 할 규범은 군인복무규율 제3장 1절에서 찾아볼 수 있다.

기본적인 의무사항으로 '충성, 성실, 친절, 정직, 품위유지, 비밀엄수, 청렴 및 검소, 환경보전, 국제법 준수의무 등 아홉 가지가 명시되어 있으며, 행해서는 안 되는 금지사항으로 "직무유기 및 근무지 이탈, 집단행위, 사적 제재, 불온한도서 소지 및 전파 금지" 등 다섯 가지를 규정하고 있다.

(2) 피에 물든 오마하 바닷가

"1944년 6월 6일 새벽, 프랑스 노르망디 오마하 해변. 잔잔히 몰아치는 파도는 폭풍을 앞둔 고요처럼 해변을 훑어 내리고 있다." 그리고 상륙정 안에서 병사들은 결연한 눈빛을 서로 교환하며 전율하고 있다.

처절한 마음으로 기도하는 병사가 있는가 하면, 한편에서는 토악질을 멈추지 못하는 병사도 있다. 곧 이어 닥칠 상황을 예견이나 하듯 모든 병사는 긴장된 모습을 감추지 못하고...

이윽고 미끄러지듯 해변에 닿은 수십 척의 상륙정. "덜~컹" 출입문이 열리자마자 병사들은 짧은 한숨을 몰아쉬고 쏜살같이 뛰어 나간다. 마치 언제 긴장했느냐는 듯이. 동시에 해변 토치카에 설치된 적 기관총 진지에선 굉음과 함께 총알이 뿜어져 나오고,,,

순식간에 해변은 아비규환의 전쟁터로 변했다. 총알을 머리에 관통당한 병사가 선혈이 낭자한 채 거꾸러지고, 잘린 다리를 움켜쥐고 절규하는 한편에서는 떨어진 자신의 팔을 나머지 팔로 끌어안고 쏟아지는 탄환 속을 뛰어간다.

조용히 해변을 적시던 파도는 어느덧 핏빛으로 붉게 물들고 파도소리는 총소리와 신음소리에 묻혀버리고 만다.

영화 '라이언 일병 구하기'(Saving Private Ryan)의 인상적인 첫 장면이다.

제2차 세계대전에서 연합군 승리의 결정적인 계기가 되었던 사상 최대 규모의 노르망디 상륙작전을 모티브로 하여 '상무정신'이 참전용사와 가족, 그리고 조국에 어떠한 가치를 가지는가를 라이언 형제의 실제 사실을 바탕으로 제작한 이 영화는 첫 장면부터 '군인정신'이 어떠해야 하는가에 대한 강력한 메시지를 던져주고 있다.

상륙정에 탄 대부분의 병사들은 자신이 죽을 수도 있는 상황 속에서 문을 박차고 나와 상륙지점으로 돌진한다.

전쟁의 승패를 좌우하는 필수적인 요소인 군인정신.

"군인은 명예를 존중하고 투철한 충성심, 진정한 용기, 필승의 신념, 임전무퇴의 기상과 죽음을 무릅쓰고 책임을 완수하는 숭고한 애국애족의 정신을 지녀야 한다." 이는 군인 복무규율에 명시되어 있는 내용이다.

(3) 군인과 명예

과연 군인 정신은 무엇이고, 군인으로서의 행동규범은 어떠해야할까.

영국에서는 군인의 명예를 이야기할 때 아직도 "버큰헤이드호를 기억하라"는 말을 인용하면서 명예로운 군인정신의 모범으로 간직해 오고 있다. 1852년 2월 27일 472명의 군인, 162명의 부녀자와 아이들을 태운 버큰헤이드호는 아프리카 해안을 따라 항해하고 있었다.

모두가 잠든 새벽 2시쯤 배가 암초에 부딪쳐 바닥에 구멍이 났다. 선체의 앞쪽이 침몰되기 시작하자 북소리가 울렸고 군인들은 갑판 위에 열병대열로 정렬했다. 상어 떼가 우글거리는 밤바다에서 풍랑은 더 거칠어지고 배는 서서히 가라앉기 시작했다. 이 배의 뒤쪽엔 한 척에 60명 정원의 구명보트 3척밖에 없기 때문에 180명만

구조될 수 있었다.

함장 세튼 대령의 진두지휘 아래 장병들은 가족들을 구명보트에 옮겨 태웠는데 아직 18명이 더 탈 수 있었다.

그런데도 불구하고 해군장병들 중 단 한 사람의 대원도 구명보트에 타려하지 않았다. 간신히 구명정 위로 올라 탄 부녀자들은 갑판 위에서 의연한 모습으로 죽음을 기다리는 군인들의 모습을 바라보면서 흐느껴 울었다.

마지막 구명보트가 안전하게 떠날 때까지 함장 이하 472명 전 장병은 차려 자세로 구명보트를 향해 거수경례를 한 채 배와 함께 바다 속으로 사라져 갔다.

상어 떼가 득실거리는 해역에서 난파된 배의 갑판 위에서 점점 물속으로 가라앉는데도 조금도 동요하거나 살려고 발버둥치지 않고 의연히 죽음을 받아들인 버큰헤이드호의 군인들이 바로 명예를 생명처럼 귀하게 여기는 군인이었다.

이처럼 명예는 군인에게 생명과 같은 것이다. 왜냐하면 군인에게 주어진 임무 자체가 개인적인 위치에서가 아니라 군대·국가적 위치에서 자신을 초월한 대의정신 속에 있어야 하기 때문이다.

(4) 군인과 용기

참된 용기는 전장에서 나타난다. 우리 군인은 어떠한 극한상황에서도 이를 극복하고 철저히 승리를 위해 싸워야 한다. 따라서 용기의 척도는 인간이 극한상황에 처했을 때 비로소 알 수 있게 된다.

1953년 7월 15일, 34명의 병력으로 중공군 2개 대대와 하룻밤 사이 19번의 접전에서 치열한 백병전을 감행해 끝내 중공군 2개 대대를 물리치고 최후의 승리를 거두었던 '베티고지'의 주인공 김만술 소위 등 우리의 전사를 빛낸 수많은 용사들은 남다른 투철한 용기가 있었음을 우리는 잘 알고 있다.

용기는 전쟁에서 승패의 요소가 되므로 용기를 가진 자는 필히 승리할 수 있는 것이다. 승리란 용기 있는 자만이 얻을 수 있기 때문이다.

그러나 전장에서 공포에 떨거나 겁을 먹고 당황한다면 그 전투에서는 그로 인해 많은 희생이 따르게 된다. 옛말에 "비겁한 자는 평생에 여러 번 죽지만 용감한 자는 오직 한 번 죽는다"라고 하였다. 군인이 용기를 갖지 못하고 비굴하게 살아남는다면 씻을 수 없는 오명을 두고두고 남기게 될 것이다.

따라서 멋모르고 함부로 날뛰는 만용이 아니라 무쇠와 같은 체력을 바탕으로 강인한 정신력이 정의를 쟁취하기 위해 행동으로 나타날 때 이것은 참된 용기라 할 수 있다.

특히 삶과 죽음을 판가름하는 격전장에서 우리 군인은 나의 생존을 물론 인접 전우의 생명을 구하기 위해서도 용감하게 적을 제압하지 않으면 안 된다.

[사 례]

친구관계 유형은 넓은 친구관계를 선호하는 마당발 유형과 깊은 친구관계를 선호하는 한 우물 유형으로 구분해 볼 수 있다.

친화동기는 타인과 잘 어울려 지내는 동조적/ 의존적인 행동을 유발하는 동기라 한다.

이 동기가 강할수록 다양한 성향을 가진 다수의 사람들과 잘 어울려 지낸다. 하지만 이면에는 남들에게 배척당할까 불안해하는 심리적 요소를 많이 지니고 있기 때문에 친화동기가 강한 사람들은 비교적 적극적으로 사회적 활동에 참여한다.

깊은 친구관계를 선호하는 한우물 형은 깊은 관계를 추구하는 친애동기가 강한 유형이다. 친애동기는 친구관계에서 양보다는 질을 추구하는 성향이다. 소수의 사람들과 친밀하고 깊은 관계를 가지려는 성향을 가지고 있기에 친구관계가 굉장히 안정적이고 깊은 편이다. 친애동기가 강한 사람들은 일대일 만남에 많은 시간을 투자하고, 친구와의 상호작용에서는 자기 노출이 많은 편으로 자신의 희망, 두려움, 환상 등의 감정을 많이 공유하며 상대방과 자신을 동화시키려는 경향이 있다.

자신이 먼저 다가가기보다는 상대방이 먼저 다가와 주길 바라는 경우가 많아 친구 관계에 있어 주로 수동적이다. 대화에 있어서는 주로 말하는 입장이기보다는 타인의 말을 들어주는 편이다. 함께 공감하기 위한 목적도 있지만, 호기심이 많은 성향의 영향이기도 하다.

호기심이 많고, 공감능력이 뛰어난 친애동기가 강한 유형들은 일 처리는 물론 친구관계도 먼저 이해하려는 신중한 모습을 보이는데, 직업적으로 주로 예술, 교직, 종교, 의료, 학술 분야 등에서 두각을 나타낸다.

우리 사회는 대인관계를 굉장히 중요시한다. 하지만 얇고 넓은 인간관계든, 좁고 깊은 인간관계든 무엇이 정답이라고 단정할 수 없다. 어떤 관계를 추구하든 그 속에서 자신의 중심을 지키며, 좋은 관계를 만들어 나가는 것이 중요하다.

특히, 군 간부는 부하를 관리하고 원만한 동료 · 상하 관계를 맺어가야 하는 군의 중추적인 사람으로서 두루두루 좋은 인간관계를 형성하는 것이 바람직 하다.

(5) 필승의 신념

신념이란 어떤 일을 해나가는 데 있어서의 확고한 믿음과 자신감을 말한다.

미국의 사상가 에머슨은 "가능하다고 믿는 자는 정복할 수 있다."라고 했다. 신념이 확고할 때 용기가 솟고 용기가 발휘됨으로써 목적을 달성할 수 있게 된다.

1996년 9월 18일 잠수함을 이용해 동해안 강릉 해안으로 침투한 북한 무장공비를 발견하고 49일 동안 대대적인 작전을 전개함으로써 공비 25명 전원을 일망타진했던 사건이 바로 강릉 무장공비 침투사건이다.

당시 작전에 투입되었던 특전사 장병들은 작전 도중 오대산 일대에서 무고한 민간인 3명이 공비들에게 무참히 살해당한 시신을 발견하고 분노로 치를 떨었다. 정상에서부터 하향식 수색작전을 개시한 지 조금 시간이 지났을 무렵, 전방에서 움직이는 물체를 발견했다.

장선용 상사가 놀랄 만큼 침착하고 냉정한 상태를 유지한 가운데 지근거리까지 접근, 일발필살의 정확한 조준사격으로 2명을 사살한 것을 필승의 신념의 소산이라 할 수 있다.

나머지 공비를 꼭 잡아야겠다는 마음도 있었겠지만 이 작전에서 공비의 흉탄으로 장렬히 전사한 이병희 상사의 원한을 꼭 갚겠다는 불타는 신념이 현실로 나타났던 것이다.

신념이 강하면 불가능해 보이는 일도 초인적인 힘으로 이룰 수 있다. 나폴레옹 1세는 불가능으로 여겨왔던 알프스산맥을 넘었고, 충무공이순신 장군은 명량 해전에서 단 12척의 배만으로 133척의 왜적을 물리쳤으며, 맥아더 장군은 참모들도 불가능하다고 만류한 인천 상륙작전을 성공시킨 것이다.

신념은 이처럼 무엇이든 꼭 이루어진다고 믿으면 그것은 반드시 이루어지고 마는 것이다.

(6) 임전무퇴 기상과 애국애족정신

1992년 5월 21일 밤, 육군백골부대 GP 남방 1.3Km 지점까지 북한의 무장 침투조 3명이 침투해 왔다. 이를 발견한 우리 국군은 즉각 공격을 개시했고 그중 2명은 현장에서 사살됐다.

박철호 병장은 나머지 한 명을 찾기 위한 수색조의 일원으로 도주하는 적병을 추격했다. 추격하는 중에 인접 전우가 적의 총탄에 맞아 관통상을 입었다.

피투성이가 된 전우를 보자 끓어오르는 적개심과 적을 반드시 사살하고 말겠다는 신념으로 추격을 계속하다가 적을 발견한 순간 적이 쏜 유탄이 아래턱뼈를 관통, 유혈이 낭자했다.

수색조장인 하 상사는 그를 부축하려 했지만 박 병장은 뿌리치고 피투성이 얼굴을 한 채 적을 다시 쫓기 시작했다.

유혈이 낭자한 무서운 모습으로 끈질 지게 추격하는 박병장의 초인적인 공격 정신에 도주병이 전의를 잃고 있을 때 300m 지점에서 하상사가 정확한 조준사격으로 적을 사살함으로써 작전이 종료되었다.

부상한 몸으로도 물러서지 않는 불굴의 투지를 발휘한 박철호 병장의 그러한 투지는 죽음을 각오하지 않고서는 결코 발휘될 수 없는 임전무퇴의 기상인 것이다.

임전무퇴란 한마디로 전투에 임했을 때 절대로 물러서지 않는다는 뜻이다.

이 정신은 군인정신 6대 요소의 총화이다.

군인정신은 이러한 불굴의 정신력 외에도 숭고한 애국애족 정신이 그 바탕이 돼야 한다. 애국애족 정신이란 국가와 민족을 사랑하는 마음가짐으로 내 국가·내 민족·내 강토를 아끼고 가꾸고 지키겠다는 충정이며 수많은 국난 속에서도 계례의 생존을 지켜온 민족정신의 기본적 바탕이다.

(7) 국민과 함께하는 군인의 행동규범은 전승의 요체

"전 울산에 살고 있는 예비 고등학생 채00이라고 합니다.

다름이 아니라 서울에 계시는 할아버지께서 지난 주 저희 집에 오시게 되었답니다. 그런데 건강이 그리 좋지 않으신 할아버지께서 동서울터미널로 가시다가 갑자기 고혈압으로 쓰러지셨어요. 그런데 그것을 보지 못한 버스가 후진하다. 하마터면 할아버지께서 차에 치일 뻔했는데 모두들 어찌할 줄 몰라 우물쭈물하고 있을 때

맹호부대의 군인 아저씨가 위험을 무릅쓰고 할아버지를 끌어 내셨어요.

할아버지께서 정신을 차리신 후 부축해 동서울터미널에 갔지만 그곳에 차가 없어 강남 고속 터미널까지 직접 모셔다 드리고 집에 연락을 해서 무사히 울산까지 오실 수 있었답니다.

군인 아저씨들은 항상 무뚝뚝한 줄만 알았는데... 추운데 항상 고생하시고 수고해 주셔서 정말 감사드리며, 특히 할아버지의 목숨까지 구해 주신 믿음직스러운 맹호부대 군인 아저씨께 감사의 말씀을 드립니다."

이 같은 선행은 권태익 일병의 도움을 받아 무사히 집에 도착한 할아버지가 식구들에게 이야기해 손녀가 국방부 게시판에 사연을 게재함으로써 알려지게 되었다.

국군의 사명은 전・평시를 막론하고 주변의 어떠한 위협으로부터도 국민의 생명과 재산을 보호해야 하는 것이다.

이를 위해 군인은 명령에 대한 절대적 복종과 솔선수범의 자세, 준법정신, 엄격한 공사 구분, 올바른 언행과 외모 유지 등의 행동규범을 병영뿐만 아니라 사회에서도 실천해야 한다.

군대는 다른 어떤 조직보다 엄격한 실천을 요구하며 내면과 외양이 일치되는 수범적 행동을 요구한다. 군인의 군인다움은 군인다운 정신과 태도가 내면과 외양으로 표출될 때 올바로 평가받을 수 있는 것이다.

고속버스 터미널이나 음식점을 지날 때 일부 군인 중에 군모를 벗고 군화 끈이 풀어진 상태에서 호주머니에 손을 넣고 걷는 모습을 발견하곤 한다.

이런 모습이 국민들의 눈에 어떻게 투영되고 있는지를 생각하면 부끄러울 때가 많다. 국민이 지어준 자랑스러운 군복을 입고 당당히 걷는 모습을 우리 국민들은 원하고 있으며, 이러한 모습을 통해 국군의 현재와 미래의 자화상을 그려볼 수 있을 것이다.

(8) 전장에서 진정한 전사가 되어야 한다

"우리의 모든 선택과 판단의 기준은 군과 국가여야 하고, 군은 국가의 생명이요, 군인은 행동으로서 말을 한다. 군인의 호흡과 언어, 생각과 행동에는 전사적 기풍이 충일해야 한다.” 국방부장관의 취임사 일부다. 행동으로 말하는 군인, 전사적 기풍이 충일한 군인은 타고나는 것이 아니다. 부단한 교육훈련과 병영생활을 통해 군인다운 군인, 강한 전사로 만들어지는 것이다.

군에 입대한 처음부터 군인정신이 내면화한 사람은 아무도 없을 것이다. 신병교육대의 충격과 문화적 경이 속에서, 배치 받은 소속 부대 사나이들의 뜨거운 함성과 전우애 속에서, 각종 훈련장의 치열한 전투훈련 경험에서, 그리고 어머니를 향한 뜨거운 눈물을 흘리면서 난관을 극복하려는 각고의 노력들이 모아져 군인다운 군인, 전사적 기풍이 넘치는 강한 군인이 되는 것이다.

군인들은 지금 이순간도 적과 싸워 승리할 수 있는 진정한 전사가 되기 위해 연일 땀 흘리면서 교육훈련에 매진하고 있다. 왜냐하면 끊임없이 반복되는 육체적 한계, 생사에 대한 불확실성, 심리적 마비 현상으로부터 연유되는 전장공포와 두려움 등의 육체적·심리적 공황상태를 극복해야만 전투에서 승리할 수 있고, 군인에게 부여된 사명을 완수할 수 있기 때문이다.

군인정신은 국가의 존망을 좌우하는 상무정신의 기반으로서 모름지기 군인이 반드시 갖추고 행해야 할 필수적인 정신덕목이다.

군인의 사명과 임무를 완수하는 선진정예강군의 진정한 전사가 되기 위해 실천해야 할 기본적인 의무사항은 어떠한 난관이 닥치더라도 반드시 하고야 마는, 그리고 해서는 안 되는 금지사항은 어떠한 유혹이 있더라도 하지 않는 ‘인내하는 정신적 용기’를 가져야 한다.

5. 위대한 대한민국

“나는 왜 지구상 수많은 나라들 중에 하필 이 나라에 태어났는가?”라는 의문을 갖기보다는 대한민국이라는 배에 몸을 싣고 있는 나의 현실을 직시하는 것이 보다 현명하다. 그리고, 나의 생각과 행동은 그 배를 ‘노예선(奴隸船)’이나 ‘유람선(遊覽船)’으로 만들 수도 있으며, ‘공동운명선(共同運命船)’으로 만들 수도 있다는 것을 깨달아야 한다.

가. 선택하지 않은 승선

우리는 앞에서 군인의 국가관을 이론적인 차원에서 고찰했다. 그것은 모름지기 군인이라는 직업을 가진 사람들이 국가에 대하여 가지는 일반적인 관점과 시각에 대한 고찰이었다.

이제 우리나라, 우리 조국 대한민국의 군인으로서 내가 국가를 어떻게 보고 어떤 자세를 견지해야 할 것인가에 대해 생각해 보자.

삶은 선택의 연속이라고 한다. '무엇을 먹고 어떤 옷을 입고 어떤 집에서 살 것인가?'하는 차원의 선택도 있고, '어떤 학교를 다니고 어떤 직업을 가지고 어떤 배우자를 맞이할 것인가?'하는 차원의 선택도 있다. 심지어 '어떤 자세로 세상을 살 것인가?'와 같은 삶의 자세까지도 우리의 선택에 달려 있다.

그러나 우리가 선택할 수 없는 것들도 있다. 그 중 하나는 바로 내가 '어떤 부모 밑에서, 어떤 국가의 국민으로 태어날 것인가?'하는 것이다.

이것은 우리의 선택에 달려있지 않다. 신의 섭리에 의해 운명적으로 한 부모의 자식이 되고 한 국가의 국민이 된다. 물론, 이민을 가거나 다른 나라의 국적을 취득할 수는 있다. 그러나 그런 사람들조차도 그의 핏속에 흐르고 있는 자신이 태어나 조국의 흔적을 지우지 못하고 살아간다.

따라서 "나는 왜 지구상의 수많은 나라들 중에 하필 이 나라에 태어났는가?"라는 의문을 갖기보다는 대한민국이라는 배에 몸을 싣고 있는 나의 현실을 직시하는 것이 보다 현명하다.

그렇다며 내가 운명적으로 승선하게 된 대한민국이라는 이름의 배는 어떤 배인가? 한민족이라는 위대한 선원들이 타고 있는 이 배는 반만년에 이르는 항해기간 동안 거친 파도를 수 없이 넘었으며, 수많은 해적들의 습격을 당하고도 그것을 굳건히 이겨냈다.

그리고 현재 밝고 위대한 미래의 항구를 향해 나아가고 있다. 직업군인으로서 이 배의 존망을 책임지고 있는 우리는 이 배의 역사와 선원들, 그리고 현재 상태에 대한 올바른 인식을 가져야 한다. 그 올바른 인식을 바탕으로 내가 이 배를 위해 무엇을 어떻게 할 것인가를 결정할 수 있기 때문이다.

이것은 우리의 민족사, 민족성과 민족의 역량, 그리고 현재의 대한민국에 대한 올바른 시각을 갖는 것이 중요하다는 의미이다.

(1) 민족사에 대한 긍지와 자부심

자기 민족의 역사에 대한 긍지와 자부심이 없는 민족이 세계 역사에 위대한 업적을 남긴 예는 없다. 그것이 자랑스러운 역사이든 혹은 오욕의 역사이든지 간에, 민족사에 대한 긍지와 자부심은 그 역사의 현재적 존재인 우리 자신에 대한 긍지와 자부심을 생성시키는 뿌리다. 그 긍지와 자부심은 또한 찬란한 민족의 미래를 창조하는 에너지요, 그림이요, 등대요, 나침반이다.

그러나 민족사에 대한 긍지와 자부심을 갖는다는 것이 민족의 역사를 위대하게 포장하고 왜곡함으로써 그것을 자랑스러워하고 그것에 기뻐하는 것을 의미하지는 않는다. 이것은 잘못된 긍지와 자부심이다. 민족사에 대한 잘못된 긍지와 자부심은 민족사의 치부를 왜곡하고 포장하게 되며, 그것은 필연코 치부의 역사, 오욕의 역사, 수난의 역사를 반복하게 만든다. 치부의 역사, 오욕의 역사, 수난의 역사는 그 속에 오히려 다시는 그러한 역사를 반복하지 않도록 하는 예방백신이 들어 있기 때문이다.

일본에서는 최근 극우파들이 득세하면서 지난 일본의 침략전쟁을 미화하고, 고대사를 포함한 일본 민족사의 전반을 과대 포장하고 있다. 그것은 어떤 측면에서 보면 일본의 극우파들이 자신들의 민족사에 대한 긍지와 자부심이 부족한 소치가 아닐까? 있었던 그대로의 일본민족사를 사랑하고, 그 역사적 교훈에 충실함으로써 다시는 잘못된 민족사를 쓰지 않겠다는 각오를 다지는 것이 보다 올바른 태도일 것이다.

있었던 그대로의 민족사를 사랑하고 그 자체에 대해 긍지와 자부심을 갖는 것이 민족사에 대한 진정한 긍지와 자부심이다. 그것만이 민족사의 위대함을 계승하고 오욕의 역사, 치부의 역사, 수난의 역사는 반복하지 않는 길이다.

과거 우리 민족사는 여러 가지 원인에 의해 폄하되고 축소되었으며, 심지어 왜곡되고 지워지기까지 하였다. 그것은 주로 이민족에 의해 자행된 훼손에서 기인했지만, 우리 민족 자신에 의해서 훼손되기도 했다.

우리 민족 스스로에 의한 민족사 훼손은 중국을 자극하지 않으려는 사대주의적 경향이 강했을 때 나타났다. 고려 때 삼국사기를 집필한 김부식은 민족사를 중국보다 위대하게 기록한 기존의 역사서들을 폐기시켰다. 민족의 강토를 축소하고 우리의 제도문물을 유교화 하였으며, 우리 민족사를 중국사의 일부분으로 기록했다. 조선시대에는 그나마 전해오던 상고사의 기록들을 압수하여 소각하는 조치가 여러 차례 취해졌다. 이것도 중국에 대한 사대주의의 소산이었다.

뿐만 아니라 빈번한 외세의 침략으로 수많은 사서들이 불타 없어지거나 약탈당했다. 나・당연합군의 고구려와 백제 침공, 몽고의 침략, 임진왜란, 병자호란 등은 우리 역사의 많은 부분을 지워버린 것이다.

그 동안 우리에게 민족사에 대한 열등감과 평가절하 경향이 만연해 있었던 것은 또한 일본 식민지배의 영향에서 비롯되었다는 것을 인식해야 한다. 일제는 1910년 이후 역사날조 조직체인 '조선사편찬위원회'를 설치하고 전국 각처의 민족사료를 약탈, 소각하고 "조선사" 36권의 위조된 역사만을 남겨 놓았던 것이다. 그들의 손에 의해 왜곡되고 더렵혀진 민족의 자화상을 이제 우리의 손으로 다시 그려야 한다.

그러나 우리 민족은 반만년의 역사를 이어 오는 동안 민족의 주체성을 잃지 않고 민족의 독자성을 유지・발전시키며 오늘에 이르렀다. 아득히 먼 고대로부터 현재의 대한민국에 이르기까지 민족의 강약은 확장과 축소를 거듭했으나, 민족의 단일성, 민족정신, 민족문화는 면면히 계승 발전되었다.

이러한 민족사는 긍지와 자부심을 갖기에 충분한 것이다. 그 유구한 역사적 경험은 무한경쟁의 세계화라는 바다를 헤쳐 나가는 방향타가 될 것이며, 인류에게 하나의 등불이 될 것이다.

(2) 민족성, 민족의 역량에 대한 자신감

우리나라는 최근 세계 최고의 인터넷 강국으로, 가장 빠른 정보통신 인프라를 가진 나라로서 세계인들의 주목을 받고 있다. 또 우리나라의 휴대폰은 압도적인 세계시장 점유율을 가지고 있는데, 쉴 새 없이 새로운 모델이 출시됨에 따라 다른 나라에서 그 속도를 따라오기 힘들다고 한다.

많은 사람들이 이러한 현상의 원인이 우리의 민족성에서 기인한 것이라고 말한다. 즉, 우리 민족의 급하고 빠른 성격이 인터넷시대, 디지털 시대의 특성과 일치하기 때문이라고 한다. 그러나 돌이켜보면 우리는 우리 민족의 급한 성격을 매우 혹독하게 자아비판 하면서, 중국인이나 프랑스인들의 느긋함을 찬양해 왔었다. 심지어 그러한 "민족성 대문에 우리는 안 된다"는 패배 의식조차 가지곤 했었다.

이처럼 우리가 자아비판하고 버려야 할 것으로 여겼던 민족성이 현대에 이르러서는 오히려 경쟁력이 되는 상황은 무엇을 의미하는가?

그것은 어떤 민족성도 열등하거나 우월한 차이가 있는 것이 아닌, 자기 민족의 특성을 긍정적으로 해석하고 활용하여 경쟁력으로 전환시키려는 노력이 더 중요하다는 것을 의미한다.

예를 들어, 우리는 "개인으로서의 일본인은 약하지만 단체로서의 일본은 강하다. 반면에 개인으로서의 한국인은 위대하지만 집단으로서의 한국은 모래알과 같다"는 말을 자주 해왔다.

그러나 한국인이 모래알 같다는 표현은 우리 민족이 개성이 강한 민족이라는 것의 다른 표현일 수 있으며, 독창성이 중시되는 현대 세계에 있어서 그것은 또 다른 경쟁력이 될 수도 있음을 알아야 하는 것이다.

물론, 우리 민족성에 대한 비판의식도 필요하다. 왜냐하면 민족성이라는 것은 절대불변의 것이 아니고 변화해 가는 것이기 때문이다. 비판과 반성을 통해 보다 훌륭한 민족성이 형성될 수 있으며, 그러한 비판과 자기반성이 없는 민족은 변화해 가는 세계에서 도태되고 잊혀지고 만다.

예를 들어, 몽골 민족은 기마 유목민족이 가진 독특한 민족성 때문에 세계를 제패했지만, 그러한 민족성이 경쟁력을 상실한 시대에도 그것을 고수함으로써 이제는 변방의 잊혀진 민족이 되어 가고 있다.

민족성에 대한 비판정신의 이와 같은 유용성에도 불구하고 그것이 열등의식이나 패배의식으로 되는 것은 민족의 장래를 위해서 결코 바람직하지 않다.

그 비판은 민족에 대한 애정과 민족성에 대한 자신감을 바탕으로 할 때에만 유용성이 있는 것이다. 이것이 만고의 역량과 민족성의 현재적 장점은 최대한 발현시키는 동시에, 미래의 보다 훌륭한 민족성을 창출해 가는 첩경이다.

특히, 직업군인에게 있어서 민족성과 민족의 역량에 대한 자신감은 무엇보다 중요하다. 이것은 쇼비니즘[9]이나 배타적 민족주의를 의미하는 것이 아니라, 우리민족이 가진 재능과 능력을 최대한 발휘할 때만이 조국과 인류의 발전에 공헌할 수 있다는 것을 의미한다.

(3) 자유민주주의 체제에 대한 확신

현대는 무한경쟁을 특징으로 하고 있고 각 민족과 국가들은 전 국가적 역량을 동원하여 자국과 자기 민족의 번영과 발전을 위해 매진하고 있다.

그러나 현재 우리민족은 민족의 역량을 하나로 결집시키지 못하고 있다. 두 개의 체제로 나뉘어 50여 년을 분열된 채 민족적 역량을 소모하고 있는 것이다.

그렇기 때문에 민족의 역량을 결집하는 것은 우리 민족의 생존과 직결된 문제다. 우리민족에게 드리워진 어두운 그림자를 걷어내고 세계의 도전에 당당히 맞서는 것은 현 시대를 사는 우리에게 주어진 사명이다. 그 첫 걸음은 바로 조국의 통일이다.

인류 역사의 경험은 하나의 민족은 하나의 민족국가로 통합됨으로써만 자기의 모든 내재적인 역량을 효율적으로 개발할 수 있으며 올바른 민족사를 열어갈 수 있다는 것을 가르쳐 주고 있다. 통일은 민족재생의 길이며 민족사 발전의 새로운 이정표가 될 것이다.

통일의 망루(望樓)에 올라서면 우리 민족은 광활한 미래의 새로운 지평선을 내다볼 수 있을 것이다. 그러나 조국의 통일에 있어서 우리가 결코 포기해서는 안 될 두 가지 원칙이 있다. 그것은 첫째, 평화적 방법에 의한 통일이어야 한다는 것이며, 둘째는 자유민주주의 체제로의 통일이어야 한다는 것이다.

최근 우리사회에서는 민족의 통합에만 큰 가치를 부여한 나머지, 통일을 통해 우리 민족이 나아가야 할 미래에 대해서는 무관심한 경향이 있다. 평화적 통일에 대해서는 대체로 공감대가 형성되어 있으나, 통일 조국이 어떠한 체제가 되어야 하

9) 쇼비니즘(chauvinism) : 맹목적 · 광신적 · 호전적 애국주의를 일컬음. 프랑스의 연출가 코냐르의 작품에 나오는 나폴레옹 군대에 참가하여 분전하고, 황제를 신(伸)과 같이 숭배하여 열광적이고도 극단적인 애국심을 발휘했던 N.쇼팽이라는 한 병사의 이름에서 유래한 말이다.

는가에 대해서는 이견들이 많다는 것이다.

통일을 위해서라면 자유민주주의체제를 포기할 수도 있다는 생각은 우리 조국의 미래를 암울하게 만든다.

조국의 통일은 민족이 하나 되는 것만을 의미하는 것이 아니다. 그것은 우리민족의 번영과 발전을 위한 통일이며, 그것을 통해 인류사회에 공헌하기 위한 통일을 의미한다.

이를 위해서 우리가 선택할 수 있는 것은 오직 자유민주주의체제 밖에 없다는 확신을 가져야 한다. 우리는 그것을 가지고 세계무대에서 경쟁해야 한다. 이것은 인류가 내린 결론이며, 지난 70여 년간의 실험을 통해 증명된 진리다.

무한경쟁의 세계는 우리에게 지나간 실험을 또 다시 반복할 시간을 주지 않는다. 우리가 지난 실험에 다시 매달리는 것은 다시금 오욕의 민족사를 반복하는 결과로 이어지고 말 것이다.

유럽연합(EU)처럼 민족을 넘어 대륙적 통합을 통한 역량 결집이 이루어지고 있는 시대에 민족의 역량조차 결집하지 못하고 있는 우리의 현실은 지극히 비생산적이고, 비극적인 것이다.

나. 국민에 대한 책임의식

바다를 항해하는 배는 그 안에 무엇을 싣고 있느냐에 따라 '유조선', '화물선' 등으로 불리고, 또 어떤 사람들이 타고 있느냐에 따라 '노예선', '유람선', '해적선'등으로 불린다.

한 국가를 배에 비유한다면 그 국민들이 자신이 몸을 싣고 있는 국가에 대하여 어떤 태도를 가지느냐에 따라 노예선 같은 국가, 유람선 같은 국가가 있을 수 있다.

미국 건국초기에 아프리카 원주민들을 노예로 쓰기 위해 배에 실어 데려간 적이 있었다. 노예들은 배 안에서 비참한 대우를 받았으며, 미국 대륙에 도착하기 전에 많은 노예들이 사망하곤 했다. 그들은 배를 탈출하는 것이 유일한 목표였으며, 오히려 배가 침몰하거나 해적선을 만나 비참한 삶에 종지부를 찍기를 바랐다. 이 배를 우리는 노예선이라고 부른다.

어떤 국가의 국민들이 국가의 운명과 자신의 운명을 별개의 것으로 인식하고 조국의 불행을 가슴 아파하지 않는다고 한다면, 그 국가는 바로 노예선인 것이다.

'타이타닉'은 1912년에 있었던 한 배의 비극적 운명과 그 배에 탄 사람들의 사랑과 죽음을 함께 그린 영화였다. 그 배에 탄 사람들의 대부분은 자신들의 호화롭고 즐거운 여행에만 관심이 있었다. 그 배는 바로 유람선이었기 때문이다.

한 국가의 국민들이 국가가 오로지 자신들의 행복한 삶을 보장해 주는 한에 있어서 국가를 찬양하고, 국가의 운명과 안위에 대해서는 방관자 입장이라면 그 국가는 바로 유람선과 같다.

그렇다면 이상적인 국가란 어떤 배에 해당하는가?

그것은 유람선도 아니고, 더군다나 노예 선은 아니다. 그 배는 '공동운명선(共同運命船)'이라고 하는 것이다. 국민들이 국가의 운명이 곧 자신의 운명이요, 그렇기 때문에 국가의 안위와 번영 발전을 위해 헌신한다는 생각과 태도를 가진 나라가 바로 공동운명선이다.

그 배는 결국 그들이 원하는 멋진 미래의 항구에 어김없이 도착하게 될 것이다.

최근 우리 사회에서 많은 젊은이들이 대한민국이라는 나라를 떠나고 싶어 한다는 조사결과들이 나오고 있다. 그 이유는 대부분 대한민국의 어둡고 암울한 현실이 싫다는 것이다.

좀더 좋은 나라 좀 더 훌륭한 나라에서 좀 더 풍요롭고 안락한 삶을 살고 싶어 하는 사람들이 이 나라를 떠나고 싶어 하고, 실제로 많은 사람들이 조국을 버리고 떠났다.

그러면서 그들은 우리 조국을 어둡고 암울하게 만든 책임의 일부를 자신이 지고 있다는 생각을 애써 외면한다. 이 나라를 망치는 것은 자신을 제외한 모든 사람이라는 생각을 가지고 있다. 이렇게 생각하고 행동하는 우리 국민들이 많다면 우리 조국은 유람선이 되고 급기야 노예선이 되고 말 것이다.

우리는 조국의 찬란했던 과거나, 희망찬 미래만을 사랑하는 것이 아니라, 조국 대한민국의 현실을 사랑해야 한다. 내가 대한민국의 주인이요, 대한민국의 현실을 이렇게 만든 것에 대한 자기 책임을 인식해야 한다.

우리는 오로지 국가가 나를 위해 무엇을 해주리라 기대하는 존재가 아니라, 주인으로서의 내가 국가를 위해 무엇을 할 것인지를 생각하는 존재이기 때문이다.

이처럼 우리는 모름지기 가난하다고 해서 내 조국을 멸시하거나 뒤떨어졌다고 해서 버려서는 안 된다. 가난해도 내 조국이고 뒤떨어져도 내 조국이므로 그러한 내 조국을 부강하고 선진적인 나라로 건설하려는 것이 우리 국민의 애국적 의지이다. 또한 우리에게서는 그렇게 할 수 있는 힘이 있다는 신념을 가져야 한다.

조국이 자유를 잃으면 내가 노예가 되고 조국이 독립하면 내가 그 자유를 누린다. 조국의 존엄과 영예를 위하여 일신상의 안락과 부귀도 가정도 그리고 생명도 홀연히 버리는 그곳에 영원히 사는 것이 직업군인의 생명이다.

6. 군인의 국가관

애국애족(愛國愛族), 충성(忠誠), 봉사(奉仕)는 국가 공복으로서의 직업군인들이 늘 가슴에 새기고 행동으로 실천해야 하는 핵심덕목이다. 국가에 대한 한없는 사랑을 가지고 조국 대한민국을 위해 신명을 바치며, 어떤 역경에 처해서도 조국을 배반하지 않겠다는 태도가 국가를 향한 군인의 참모습이기 때문이다.

가. 애국애족(愛國愛族)

'애국애족'이라는 단어는 그 속에 인간의 가장 심오한 감정이라고 할 수 있는 '조국에 대한 사랑'과 '민족에 대한 사랑'이라는 두 가지 감정을 포함하고 있다. 조국을 사랑한다는 것은 조국의 운명에 대한 깊은 애정을 의미한다. 부침 하는 조국의 운명을 두고 심장을 불태우며, 그의 융성과 번영을 위하여 분투하는 열정과 헌신성이 곧 조국애다.

민족애는 조국애와 같은 감정이지만 그 대상이 자기 민족에 대한 사랑이라는 것이 다르다. 그러므로 단일민족 국가에 있어서는 조국애와 민족애가 같은 의미가 되지만, 다민족 국가에서는 조국애와 민족애가 서로 충돌할 수도 있고, 그로 인하여 많은 문제를 야기하기도 하는 것이다. 조국애는 인류가 출현하면서 곧바로 생긴 감정은 아니다. 그것은 오랜 세월동안을 한 조국을 유지하고 살아온 사람들 사이에 누적되고 공고화된 감정이다.

(1) 애국심의 기원

최초의 조국에 대한 깊은 사랑은 원시사회 사람들의 씨족과 부락에 대한 의존과 연대의식에서 움트기 시작했다. 원시사회의 생산력 발전수준은 아주 낮아 자연계 및 기타 씨족 부락들과의 생존싸움에서 그 누구도 일단 자신이 소속된 씨족을 떠나면 죽음의 위협을 면치 못했다. 때문에 원시사회의 사람들의 자기 씨족과 부락에 대한 의존과 충성은 현시대 사람들이 상상할 수 없을 정도로 강력했을 것이다. 이러한 감정은 향토애와 애향심이라고 부를 수 있는 것이었다.

그러나 타국의 침략을 받았을 때 일반 백성들의 애국심의 발로는 '충군(忠君)'보다는 애향심과 향토애에서 더 우러났을 것이다. 우리 민족의 경우에도 임진왜란과 병자호란 당시 일어난 의병들의 애국심은 충군보다는 향토애와 애향심에서 발로한 것으로 볼 수 있다. 향토애와 애향심은 국가가 출현하기 시작하면서 애국심으로 표현되었지만, 전근대사회의 애국심은 왕이나 황제에 대한 충군(忠君)으로 귀결되었다.

(2) 애국심의 질적 변화

애국심의 질적 변화는 인류가 근대사회에 들어선 후부터였다. 유럽에 있어서 봉건제도의 몰락과 민주주의, 자유주의가 보편화되면서 애국심의 대상은 근대국가로 전이되었다. 이때의 애국심은 국왕에 대한 충성과 헌신으로부터 근대적이고 민주적인 국민국가에 대한 애국심으로 발전한 것이다.

이러한 애국심의 질적 변화를 극명하게 보여준 것은 프랑스 혁명[10])이었다. 18세기 중엽 프랑스 혁명파들은 봉건제도를 타파하고 민주공화국을 건립하려고 하였다. 이때 프랑스 국왕은 유럽 각 군주국가와 결탁하여 혁명을 진압하려고 하였다. 민주혁명파는 "조국은 위기에 처해있다."는 법령을 선포하고 시민들에게 조국을 구하기 위하여 다 같이 싸우자고 호소하였다. 전국 각 성에서는 수많은 의용군들이 모여들었으며, 파리에서도 1만 5천명의 의용군이 모집되었다. 각 성에서 모집된 수많은 의용군들이 파리로 진군했고, 혁명을 간섭하려는 외국군대와 국왕을 몰아내었다. 이들이 파리로 진군하며 소리 높여 불렀던 노래가 후에 프랑스의 국가(國家)가 되었다.

---

10) 프랑스 혁명 : 1789년 7월 14일부터 1794년 7월 28일에 걸쳐 일어난 프랑스의 시민혁명. 이 혁명은 시민혁명의 전형으로 불리지만, 이 경우 시민혁명은 부르주아혁명을 그대로 의미하는 것이 아니다. 전국민이 자유로운 개인으로서 자기를 확립하고 평등한 권리를 보유하기 위하여 일어선 혁명인 것이다

※ 군복의 역사와 기능

군복의 색깔은 어떻게 정해 졌을까?
군인과 민간인은 무엇으로 구분할 수 있을까? 가장 먼저 눈으로 확인할 수 있는 것은 군인은 군복을 입고 민간인은 사복을 입는다는 것이다. 원래 각국 군복의 색깔은 사관생도의 예복처럼 붉은색, 푸른색 등 다양했다.
19세기 말 보어전쟁에서 영국군이 위장의 효과를 얻기 위해 황갈색에 가까운 카키색을 처음 사용한 이후 많은 나라 군대가 카키색 · 녹색 · 모래색 등의 군복을 착용하고 있다. 카키색이나 녹색은 멀리서 보았을 때 주변의 흙색 · 나무색과 쉽게 구분되지 않아 잠복근무나 위장을 하기에 유리해 군복 색깔로 채택된 것이다.

(가) 왜 전투복을 입는가?
현재 우리 국군이 입고 있는 디지털 전투복은 주변 환경에 맞춰 위장 효과를 극대화한 것이다. 우리 국군은 광복 이후 1946년 3월 각종 복식이 제도화됐지만 나라 사정이 어려워 미군의 군복을 착용한 시절이 있었다. 1954년 9월 1일, 육군 잠정 규정 23호로 군복 관련 규정이 있은 후 여러 차례 개정을 거쳐 1991년 얼룩무늬 전투복을 착용하다 2012년부터 디지털 전투복을 착용하게 됐다. 디지털 전투복은 자연과 동일한 자외선 파장을 가진 카키색 등 네 가지 색으로 구성돼 있으며 적외선반사(I · R : Infrared Reflectance) 처리가 돼 있어 적외선 야간 감시 장비로도 보기 어려운 위장 효과를 발휘한다.

(나) 군복을 입을 수 있는 사람들
최근 들어 일반 사회단체나 학생들도 군복을 입고 병영 체험을 하는 사례가 늘고 있다. 그만큼 군복은 일반인들도 입고 싶어 하는 특별한 의미가 있는 옷이다. 그러나 군복은 입고 싶다고 해서 아무나 입을 수 있는 옷이 아니다. 그러면 군복은 어떻게 해야 입을 수 있을까? 군복은 먼저 국가가 있어야 입을 수 있다. 그리고 신체와 정신이 건강한 국민만이 입을 수 있는 옷이다. 우리 헌법 5조 2항은 "국군은 국가의 안전 보장과 국토방위의 신성한 의무를 사명으로 한다"고 되어 있다. 우리는 조국이 부여한 신성하고 명예스러운 사명을 완수하기 위해 국가와 부모가 입혀 준 군복을 입고 있는 것이다. 2000년 전 세계를 제패해 팍스 로마나(Pax Romana : 로마 지배에 의한 평화)

를 구가했던 시기의 로마인들은 군복을 입는 군인이 된다는 것이 가장 명예로운 것이었다. 시민권을 가진 자격 있는 사람만 로마 군복을 입을 수 있었고, 이때 로마는 강했다. 그러나 그 후 로마 시민들이 군인이 되기를 싫어하고 용병들에게 로마 군복을 입혀 군인이 되게 한 결과 로마는 몰락하고 말았던 것이다.

(3) 애국애족 정신이 없었던 용병(傭兵)

애국애족 정신은 모든 군인의 덕목들이 지향해야 할 최고의 덕목이라고 말할 수 있다. 왜냐하면 군인의 충성, 봉사, 명예, 희생, 용기 등 모든 덕목들 속에는 애국애족 정신이 담겨져 있기 때문이다. 애국애족 정신이 아니고는 군인이 추구하는 모든 가치들도 참 의미를 찾기 어려울 것이다. 실로 애국애족 정신은 군인을 단순한 싸움의 전문가와 구별시켜주는 기준이 된다.

예를 들어, 옛날의 전쟁터에서 맹활약을 했던 싸움의 전문가 용병들을 생각해 보자. 외면적으로만 보면 용병은 오늘날의 직업군인들과 크게 다르지 않았다. 그들은 용기도 있었고, 일종의 명예도 지킬 줄 알았으며, 전투에 대한 전문가였고, 전투행위에 대한 대가로 일정한 급료도 받았기 때문이다. 그러나 용병들은 조국과 민족을 위해서가 아니라 오로지 급료를 위해 싸웠다. 자신의 몸은 돈을 버는 수단이었으므로 목숨을 끝까지 부지하기 위해 적과 적당히 타협하는 것을 즐겨했다.

이처럼 옛날의 용병들이 오늘날 직업군인과 다른 점은 바로 애국애족 정신이 결여되어 있었다는 것이다. 만약 우리 직업군인들이 군복무를 단순히 돈벌이 수단으로 생각하고 있다면 용병과 다를 바 없이 되고 말 것이다.

애국애족 정신은 조국의 불행을 가슴아파하고 조국의 기쁨을 그와 더불어 같이 나누면서 조국의 흥망에 우리의 운명을 직결시키는 충정, 그리고 조국의 오늘의 영예와 함께 조국의 보다 훌륭한 내일을 창조하기 위해 자기를 바치는 진실한 행위를 의미한다.

직업군인은 조국의 오늘을 지키고 내일을 개척하는 이러한 헌신을 통하여 조국을 사랑하고 조국에 복무하는 것이다.

우리 직업군인의 애국애족은 조국을 찬양하고 아끼며 그를 쳐다보고 기뻐하며 감격하는 것만을 의미하지 않는다. 그것을 침략자들로부터 지키고 조국 대한민국의 영예와 존엄을 위하여 싸우며, 크고 강하고 부유하게 발전시켜 나가기 우해 자신의 모든 것을 바치는 것을 동시에 의미한다. 직업군인은 조국의 오늘을 지키고 내일을 개척하는 이러한 헌신을 통하여 조국을 사랑하고 조국에 복무하는 것이다.

나. 충성(忠誠)

'충성(忠誠)'이라는 한자를 분석해 보면 '충(忠)'은 '가운데의 마음'으로서 신뢰와 믿음을 뜻하며 인간의 근본된 마음의 바탕을 말한다. 그리고 '성(誠)'은 '말을 이룬다.'는 것으로 진실을 뜻하며, 만물이 조화를 이루는 근본이라고 할 수 있다.

이러한 충성은 '국가에 대한 충성', '상관에 대한 충성', '직무에 대한 충성', '자기 자신에 대한 충성' 등으로 다양하게 사용될 수 있다. 왜냐하면 충성은 그 대상에 관계없이 일정한 정신자세를 지칭하는 것으로 국가, 복무, 부대, 지휘관, 동료, 부하, 심지어 자기 자신에 대해서 헌신을 맹세하고 이를 지키려는 태도로 이해할 수 있기 때문이다. 충성이란 거짓 없는 참마음에서 우러나오는 정성스러운 태도와 자세인 것이다.

(1) 자기 자신에 대한 충성

자기 자신에 대한 충성이란 자기 스스로에게 진실하고, 자기의 언행을 일치시키기 위해 성실을 다하는 것을 말한다.

자기 자신에 대한 충성은 우리가 지향하는 지고한 충성들을 위한 출발점과 같다. 자기 자신에 대해 충실한 사람은 자연스럽게 타인이나, 자기 직무, 그리고 나아가 국가에 충실하게 될 것이기 때문이다. 셰익스피어의 작품 "햄릿"에 나오는 "자신에게 진실하게 되면 밤과 낮이 어김없이 이어지듯이 타인에게도 충실하게 될 것이다"라는 글귀는 자신에 대한 충성의 의의를 잘 반영하고 있다. 즉, 자기 자신에게 충성스러운 사람이 여타의 다른 것에 충성하는 것은 낮과 밤이 전혀 어김없이 이어지는 자연의 법칙처럼 지극히 당연하다는 뜻이다.

반대의 경우도 마찬가지다. 자기 자신에 대해 충실하지 못하는 간부에게 직업에 대해 충실하지 못하는 간부에게 직업에 대한 충성을 기대할 수 없고, 그런 간부에게 국가에 대한 충성은 더구나 기대할 수 없을 것이다.

자기 자신에 충성하게 되면 자신이 한 약속, 서약, 또는 선서 등을 성실히 수행하게 될 것이다. 그렇지 않다면 약속을 지킬 의사도 없으면서 약속을 하는 사기꾼처럼, 그는 자신을 속이고 이는 자신에 대한 진실성을 어기고 있는 것이며, 자기에게 불충을 저지르는 것이 된다.

(2) 신념과 직업적 규범에 대한 충성

신념과 직업적 규범에 대한 충성은 자신이 옳다고 믿는 바를 굳게 지키며, 자신이 속해 있는 집단이 요구하는 법규나 관행 또는 윤리를 성실히 준수하려는 마음가짐을 일컫는다.

물론, 이 때 자신의 신념이 독단이 되지 않게 하고, 신념을 굳게 지키는 것이 고집을 부리는 것이 되지 않도록 하기 위한 각별한 노력이 필요하다. 자신의 신념이 보편성을 가지고 있으며, 국가를 위한 정당한 신념인가를 점검하고 반성하는 자세가 요구되는 것이다.

따라서 직업군인은 평소 자기 수양을 통해 올바른 신념을 가지도록 해야 하며, 군인직업 수행에 있어서 요구되는 윤리를 체득하고 그 실천을 위해 부단히 노력해야 한다. 또한 자신의 개인적 신념이 직업적 규범과 상충하지 않는 것이 바람직하지만, 만약 이 두 가지가 충돌할 경우에 있어서, 당연히 직업적 규범에 따라야 한다. 그것이 진정한 직업군인의 충성이다.

(3) 상관에 대한 충성

자신의 언행 때문에 상관의 권위와 위신이 실추되지 않도록 함을 의미한다. 그러나 상관에 대한 충성은 일방적인 것이 아니라는 점을 알아야 한다.

맹자는 양혜왕편(梁惠王篇)에서 “대(大)가 소(小)를 섬기는 것은 어짐(仁)이요, 소가 대를 섬기는 것은 지혜(智)다”라고 하여 사대(事大)와 사소(事小)의 두 덕목을 같은 위치에 놓고 보았다. 사소는 천자가 제후를 대하는 태도를, 사대는 제후가 천자를 대하는 자세를 말하는 것으로, 이것이 함께 어우러져 천하질서의 근간을 형성한다고 가르쳤던 것이다.

상관에 대한 부하의 충성 역시 마찬가지 일 것이다. 외형적으로만 보면 상급자에 대한 하급자의 충성이라는 일방적인 형태로 나타나는 상하간의 충성의 이면에는 부하에 대한 상관의 사랑, 그리고 상관에 대한 부하의 믿음이 존재한다. 따라서 지휘관이 부하로부터 진정한 충성을 원한다면 먼저 부하의 마음으로부터 상관에 대한 충성심이 자발적으로 발현되도록 솔선수범해야 한다.

여기에서 부하들의 충성심을 고취하는 가장 중요한 요소는 '신뢰'이다. 물론, 신뢰 없이도 명령에 대한 복종이나 준수는 이뤄질 수 있겠지만, 신뢰 형성 없이 단순히 명령에 대한 강압적인 준수만이 이뤄진다면 그것은 진정한 의미의 충성이라고 할 수 없다.

"충은 믿음을 근본으로 삼고, 믿음은 충을 불러일으킨다.(忠是信之本 信之忠是發)"는 주자의 말은 충성과 신뢰의 관계를 잘 표현해 주고 있다. 또 손자병법은 "장수는 병졸 보기를 부모가 갓난아기를 보는 것처럼 해야 한다. 그러면 병졸은 장수와 더불어 위험한 깊은 계곡에도 들어가게 된다."라고 적고 있다.

이처럼 상관에 대한 충성과 부하에 대한 사랑과 신뢰는 상호 밀접한 관계에 있음을 잊어서는 안 된다. 상관에 대한 충성은 마음으로부터 우러나와 자기에게 부여된 임무를 능률적이고 성공적으로 수행함으로써 상관을 받드는 것이다.

(4) 국가에 대한 충성

직업군인의 국가에 대한 충성은 자신의 모든 것, 심지어 목숨까지도 바쳐 국가에 봉사한다는 희생, 헌신의 정신과 함께 '오직 국가와 민족을 위한다는' 애국애족의 정신도 함께 의미한다. 여기에서 우리가 잊지 말아야 하는 것은 직업군인에게 있어서 국가에 대한 충성이야말로 그 어떤 종류의 충성보다 우선되어야 한다는 것이다.

군 간부 및 부사관들이 임관과 동시에 행하는 임관선서에는 국가에 대한 충성이 직업군인의 가장 우선하는 덕목임이 잘 드러나 있다.

『나는 대한민국의 군 간부(부사관)로서 국가와 민족을 위하여 충성을 다하고 헌법과 법류를 준수하며 부여된 직책과 임무를 성실히 수행할 것을 엄숙히 선서합니다.』

그러므로 직업군인의 상관에 대한 충성이나 직업적 규범에 대한 충성도 국가에 대한 충성에 위배되지 않을 경우에 한해서 정당성을 가진다. 이러한 충성들이 서로 상충될 경우 직업군인은 당연히 국가에 대한 충성을 앞세워야 한다.

미국인들이 충성스러운 군인의 사표로 여기고 있는 마샬 장군도 "한 간부의 궁극적인 지휘권상의 충성은 언제나 자신의 조국에 대한 것이지 자신의 복무나 또는 자신의 상관들에 대한 것이 아니다"라고 말한 바 있다. 마샬 장군의 말은 직업군인에게 있어서 자신의 복무나 상관에 대한 충성이 물론 중요하지만, 그것을 위해서 국가에 대한 충성이 손상되어서는 안 된다는 것을 의미하고 있다.

군인을 '군복 입은 시민'으로 간주하는 독일은 나치군대의 악몽을 되풀이하지 않기 위해 병사들에게 '올바른 충성'을 할 것을 가르치고 있다. 매년 7월 20일 베를린 국방부 청사에서 열리는 충성 서약식은 그런 교육의 상징이다. 이때 신병들은 "독일연방 공화국에 진실하게 봉사하고 독일 국민의 법과 자유를 용감하게 수호할 것"을 맹세한다. 그런데 충성서약식이 열리는 7월 20일은 1944년 클라우스 센트폰슈타우펜베르크 대령이 히틀러의 암살을 기도했으나 실패한 뒤 붙잡혀 총살당한 사건을 기념하는 날이다. 이 사건은 "작전명 발키리"라는 영화에서도 잘 묘사하고 있다.

독일군이 이 사건의 기념일에 충성서약 의식을 갖는 의미는 명령에 복종해야 하는 군인이라 할지라도 국가에 '올바르게' 충성해야 함을 강조하기 위한 것이다.

우리 직업군인에게 있어서 올바른 충성이란 국가에 대한 충성, 상관 및 부하에 대한 충성, 그리고 자기 자신과 직업에 대한 충성이 서로 상충하지 않는 충성을 행하는 것이다.

이것은 직업군인이 매우 높은 도덕성과 윤리의식을 갖추어야 한다는 것을 의미한다. 왜냐하면 일신의 안위와 영달을 위해 행하는 잘못된 충성이나 불성실한 복무태도 등은 올바른 충성의 길이 아니기 때문이다.

[사 례] 자아표현(성격, 국가관, 안보관, 좌우명, 인생관, 가치관 등)

저의 좌우명은 포기하지 말자입니다. 군사학과를 전공하면서 포기하고 싶을 때가 많았지만 그러한 생각이 들 때마다 속으로 1등은 못해도 포기하지 않고 꾸준히 노력하면 2등 정도는 한다는 생각으로 지금까지 버텨왔습니다. 제 성격 중에 장점이라면 이렇게 포기하지 않는 것이 장점입니다. 그리고 제가 생각하는 안보관은 국민들에게 최고의 복지라고 하는 국방을 최상의 상태로 유지하여야 한다는 것에 강한 신념을 가지고 있습니다.

(5) 충성의 길

안중근 의사는 위국헌신 군인본분(爲國獻身 軍人本分), 즉 "나라를 위해 몸바치는 것이 군인으로서 마땅히 행해야 할 직분"이라고 했다. 위기에 빠진 나라를 위해 내 자신을 희생할 수 있다고 생각하는 마음가짐이 곧 국가에 대한 충성이다.

미국 노스캐롤라이나 대학의 애덤스 교수는 "군인에겐 일반 사람들과는 다른 특별한 요구가 따른다."고 했다.

그 특별한 일이란 자신을 위해서가 아니라 상급자나 사회를 위해 자신의 생명도 바칠 수 있어야 한다는 것이다. 군인의 길이란 희생하고 봉사하는 삶의 길이기 때문이다.

"충성심으로 교육받고 충성으로 육성된 부대를 이길 수 있는 부대는 없다"는 말이 있다. 이는 충성으로 뭉쳐진 부대는 이미 다른 여러 가지 덕목도 함께 갖추어져 있다고 할 수 있기 때문이다.

따라서 군인으로서 충성하는 길은 자신의 맡은 직책을 정확히 그리고 성실히, 책임성 있게 완수하는 것이며 직속상관에 대해 진실 되게 복종하는 것이다.

이것이 곧 자신과 가족을 위한 나의 역할이며 국가와 국민을 위한 길이라는 것을 명심해야 한다.

다. 희생과 봉사

(1) 희생(犧牲) : 군인의 희생은 나라를 살린다.

(가) 군인과 희생정신

제2차 세계 대전 중 인도와 미얀마에서 전사한 연합군이 안장된 노쓰아삼 묘지의 정문에는 다음과 같은 글이 쓰여 있다. "사람들에게 일러 주어라. 우리는 그들의 내일을 위하여 우리의 오늘을 죽였다." 생명의 소중함을 아는 까닭에, 다른 생명을 구원하기 위해 무엇보다 귀한 자신의 생명을 버린 이들의 죽음 앞에 우리는 머리를 숙이지 않을 수 없다.

지금으로부터 약 2000여 년 전, 세계 최대의 국가를 이룩한 로마가 그렇게 공고한 국가의 기반을 쌓은 이면에는 훌륭한 로마의 군인들이 있었다는 사실을 지적하지 않을 수 없다. 로마인들은 군기를 지켜 상사의 명령에 복종하고 자기를 희생하는 것이 곧 애국하는 길이라고 자각했기 때문에 국가의 안전을 위하는 일이라면 모든 것을 희생하고 마침내 생명까지 바치는 것을 영광으로 생각하였다. 그래서 평시에는 가도(街道)를 닦고 도시를 건설하는데 기여했으며 전시에는 시민군의 일원으로 전투에 참전하였던 것이다. 그리고 이러한 전통이 있었기에 후일 '지구전'11)이라는 용어를 유래시킬 정도로, 패하고 또 패하면서도 근 20여년 가까이 한니발과 카르타고군으로부터 조국 이탈리아 반도를 지켜내고 지중해의 패권을 거머쥘 수 있었던 것이다.

원래 서양에서는 "성스럽게 만들다" "신성하게 하다"는 말이 희생을 의미했으며 동양에서의 희생은 복(福)을 빌고 재앙을 없애기 위해 천신(天神)에게 소나 돼지 등 동물을 산채로 바치는 유습(遺習)을 가리켰다. 동·서양을 막론하고 희생이란 절대적 존재에 대해 고귀한 생명 그 자체를 제물로 바침으로써 신의 존재를 확인하고, 희생자 또한 신에게 귀의하는 것을 뜻했던 것이다.

직업군인의 희생은 또 다른 의미에서의 절대적 존재인 조국의 안전과 그 속의 국민들의 생명을 수호하기 위해 가장 귀한 생명을 포함한 모든 것을 아낌없이 바친다는 의미이다. 이러한 희생정신은 타를 위한 완전한 헌신이며 자기 것의 포기이고 아낌없이 주는(give) 정신이다.

우리는 주변의 상사·동료·하급자들을 보며 몇 가지 유형의 인간상을 발견하게 된다. 우선 ① 전혀 주는 것 없이 받기만 하는 이기주의자가 있다. 이러한 사람들은 사회의 발전을 저해하는 사실상 불필요한 사람들이다. ② 주지도 받지도 않는 일종의 개인주의자도 있다. 있어도 그만 없어도 그만인 사람들이다. ③ 꼭 주는 만큼 받아야 하고 받는 만큼 주는 이해타산적인 유형도 있다. 이 타입은 주면 반드시 그에 따른 대가를 요구하나 '주었다'하는 의미로 보아 ① ②보다는 나은 편이다. 마지막 유형은 ④ 대가 없이도 남을 돕고 남에게 베푸는 봉사주의자로 이들이야말로 사회가 꼭 필요로 하는 사람들이라고 하겠다.

11) 뒷날 지연전술은 당시 로마의 장군 '파비우스'의 이름을 따서 '파비우스(Fabian)전술'이라고 불리게 되었음.

<4가지 유형의 인간상>

타인 \ 자기	받는다	안 받는다
안 준다	① 이기주의자	② 개인주의자
준 다	③ 이해 타산자	④ 봉사주의자

우리 직업군인의 희생정신도 ④와 같은 정신이 밑바탕이 되어야 한다. 병사들을 포함한 모두가 희생정신 없이 자기만을 위한 이기주의로 전락한다면 병영에서의 차원을 넘어 국민의 귀중한 생명과 재산은 물론 조국을 적으로부터 지켜내지 못할 것이다. 그러므로 직업군인의 희생정신은 국가의 운명을 좌우하는 매우 중요한 요소임을 명심해야 한다.

지금 우리는 역사적 전환기에 서 있음을 자각하고, 우리의 삶을 희생의 삶 그리고 주는 정신의 삶으로 만들어 직업군인의 윤리관을 더욱 건실히 하여 나가야 할 것이다.

직업군인의 희생정신은 국가의 운명을 좌우하는 매우 중요한 요소임을 명심해야 한다.

(나) 희생정신의 한 유형 : 노블레스 오블리주

서구사회에는 사회지도층이 솔선수범하여 명예와 지위에 수반되는 도덕적 의무와 책임을 다하는 이른바 '노블레스 오블리주' (nobleww oblige)의 정신이 있어왔다. 전쟁이 일어나면 가장 먼저 참전하는 사회지도층의 모범적 행동이 오늘날 서구사회 발전의 원동력임을 잘 증명해주는 전통이 아닐 수 없다.

우리 역사에도 국가위기 시에 책임을 다하는 사회지도층이 있었고 지난 세기만 보아도 수많은 애국선열과 호국영령이 있었다. 일제의 핍박 속에서 숱한 애국선열들이 조국광복을 위해 일신을 초개와 같이 버렸고, 6·25전쟁과 월남전에서는 숱한 젊은이들이 조국의 자유와 세계평화를 위해 목숨을 바치거나 피를 흘렸다.

지금 우리 사회는 물질만능사상과 이기주의의 만연으로 공동체 의식이 현저히 약화되고 있으며, 전쟁의 비극을 체험하지 못한 전후세대는 국방의 의무보다는 자신의 안전을 우선시하는 경향이 짙다. 지금 우리 모두는 이러한 선열들의 고귀한 희생과 얼을 되새기고 오늘에 계승하여 생동하는 병영, 건강하고 튼튼한 부대, 나아가 희망이 넘치는 사회, 힘차고 풍요로운 사회를 만들어 가는데 앞장서야 할 것이다.

(2) 봉사(奉仕)

봉사는 '남의 뜻을 받들어 섬긴다' 혹은 '국가나 사회 또는 남을 위하여 헌신적으로 일한다'는 의미를 가지고 있다. 공동체 생활을 영위하는 인간은 누구나 직·간접적으로 다른 사람에게 도움을 주며, 동시에 다른 사람으로부터 도움을 받으며 살아간다. 봉사란 바로 이러한 관계를 형성시켜주는 핵심적인 덕목으로 공동체생활에 있어서 소금과 같은 것이다.

"한 사람이 못을 박으면 다른 사람은 그 못에 모자를 건다(One man knocks in the nail. and another hangs his hat)"는 영국 속담이 있다. 이 속담은 봉사의 속성이 '타인에 대한 배려와 사랑'으로부터 출발한다는 것을 의미하고 있다. 타인을 위하는 마음에서 출발하는 봉사 정신은 한 국가와 민족의 발전과 번영을 가능케 하는 원동력이다.

봉사는 자발성을 그 속성으로 한다. 마지못해 어쩔 수 없이 하는 것이 아니고, 어떤 보상을 바라고 하는 것도 아니며, 스스로 마음에서 우러나오는 행동이 봉사다.

봉사의 또 다른 속성은 늘 기쁨과 자부심을 동반한다는 것이다. 자신의 행동을 통해 다른 사람 혹은 국가와 민족에 공헌한다는 가슴 뿌듯한 자부심이 바로 그것이다.

사람들은 국가적인 행사나 도움의 손길이 필요한 사람들을 위한 자원봉사와 같이 개인적인 활동을 통해서도 봉사할 수 있으나, 헌신적인 직업 활동 자체가 일종의 봉사라 할 수 있다. 즉, 이른 새벽 도시의 거리를 청소하는 미화원은 다른 사람들에게 쾌적함을 선사하는 봉사를 하고 있는 것이다. 자동차 공장에서 일하는 사람들은 국가경제발전과 다른 사람들의 편리한 삶을 위해 봉사하고 있는 것이며, 경찰관은 국민들의 안전하고 행복한 삶을 위해 봉사하고 있는 셈이다.

그러나 미화원이나 경찰관이 자신의 직업에 대하여 기쁨과 자부심을 갖지 못하고, 생계를 위해 어쩔 수없이 하는 일로만 치부한다면 그것은 봉사로서의 의미를 상실하게 된다. 뿐만 아니라 그런 사람들의 직장생활은 고통스럽고 지겨운 나날이 될 것이다.

물론, 직업에는 일정한 보수가 수반되는 것이 당연한 일이지만 그것이 직업이 가지는 의미의 전부는 아니다. 그러므로 자신의 직업이 가지는 봉사의 의미를 깨달은 사람들의 직장생활은 늘 즐겁고 활기가 넘치는 것이다.

얼마전 한 공직자가 거액의 복권에 당첨되고 나서 직장에 사표를 내고 사라졌다는 기사가 신문에 실렸다. 그 사람은 아마도 자신의 직업을 오로지 생계 수단으로 치부했을지 모른다. 자신의 직업을 통한 봉사에서 오는 기쁨과 자부심을 갖지 못하고 언제든 큰돈이 생기면 당장 때려치우고 나갈 생각으로 직장생활을 했다고 밖에 볼 수 없다. 그랬다면 그 직장생활이 얼마나 고통스럽고 지겨웠겠는가?

직업군인이 될 우리들은 임관선서와 동시에 봉사의 길로 접어든다고 해도 과언이 아니다. 오늘의 내가 있기까지는 눈에 보이지 않는 많은 사람들의 은혜를 입으며 살았다고 할 수 있다.

부모 형제로부터, 스승으로부터, 상사·선후배·동료·이웃과 사회로부터, 특히 국가로부터 선택과 사랑의 은혜를 지고 있는 것이다. 그에 보답하는 것은 인간 된 도리이며, 그 구체적인 행위가 바로 군문을 들어서는 순간부터 봉사를 생활화하는 것이다. 군대는 최고의 봉사집단이며 직업군인이야말로 가장 명예로운 봉사자이다. 자신의 생명을 던져 국가와 민족의 안전을 지키고 그 번영된 미래를 위해 헌신하는 길보다 더 큰 봉사가 어디 있겠는가? 작게는 나보다는 먼저 부하 및 동료를 위해 헌신하고 더 나아가서는 부대의 전투력 향상과 국가의 번영 발전을 위해 생명까지 바칠 각오로 헌신하는 것이 직업군인으로서 마땅히 행해야 하는 봉사가 될 것이다.

우리는 군인이라는 직업을 통하여 국가와 민족에 공헌하고 있다는 긍지와 자부심을 잊지 말아야 한다. 우리의 직업은 단순한 생계 수단이 아니라 그것을 통해 국가와 부대 그리고 다른 사람에게 봉사하는 숭고한 직업이기 때문이다.

(가) 수재민의 아픔을 함께 나누는 군인들

충무공이순신 장군이 임진왜란을 승리로 이끈 가장 큰 요인은 바로 적으로부터 나라와 백성을 보호한다는 대의명분을 초지일관 지켰기 때문이다. 예로부터 군인을 성곽에 비유해 그 임무를 잘 나타낸 용어가 어폭보민(禦暴保民 : 적을 막아 백성을 보호함)이다. 충무공은 해전을 치르면서 육지 인근의 바다에서는 싸우지 않았다. 수세에 몰린 왜군이 육지에 올라 백성을 해치지 않을까 염려하여 되도록 넓은 바다로 적을 유인해 무찔렀던 것이다. 또 찾아오는 많은 피난민들을 수용해 이들의 안전과 생업을 보장해 줬다. 그랬기에 명량해전 같이 조선 수군이 열악한 환경에 처했을 때 백성들은 앞 다퉈 충무공과 조선 수군을 아낌없이 지원했고, 백성들의 도움으로 당시 12척의 전함밖에 남지 않았던 조선 수군 재건의 기반을 마련할 수 있었다. 해마다 태풍과 집중호우로 대규모의 재해 재난이 발생한다. 이때마다 우리 군은 쏟아지는 빗줄기와 폭염에도 아랑곳 않고 적극적인 대민 봉사 활동을 통해 수해로 삶의 터전을 잃은 주민들에게 희망과 용기를 불어 넣어주고 있다. 국민이 입혀준 군복을 입은 군인으로서의 도리를 다하고 있는 것이다.

(나) 집에 총기를 보관하는 스위스 국민들

내가 입은 군복은 국가를 지키고 국민의 생명과 재산을 보호할 자격이 있는 청년의 옷이요, 하나뿐인 생명까지 기꺼이 내놓겠다는 결의의 상징이요, 유사시 수의(壽衣)로 하겠다는 애국자가 입는 옷이다. 군인을 상징하는 것이 또 하나 있다. 그것은 총을 들고 있는 군인의 모습이다. 총기는 국가를 방위하고 국민의 생명과 재산을 보호하기 위해 국민이 세금으로 구매해 준무기다. 그런데 가끔 군내 총기사고가 발생해 안타까움을 더하고 있다. 스위스의 경우 상비군은 소수이며 대부분은 민병으로 평시에는 각자 생업에 종사하고 있다가 유사시 동원된다. 약 40만 명의 스위스 민병들은 평시에도 개인 총기를 각자의 집에 보관하고 있다. 그러나 지금까지 총기가 범죄행위 등에 사용된 적은 없다는 것이다. 최근 인터넷 홈페이지 군대 이야기의 군대 명언에 보면 "군대는 전쟁을 준비하는 곳이고 사회는 전쟁을 하는 곳이다"라는 유명한 문구가 있다. '성공하고 싶으면 군대에 가라'는 책에서 개그맨 김** 씨는 "군대는 사회에 진출하기에 앞서 사회를 간접 경험하기에 가장 이상적인 인생의 학교다. 그래서 요즈음 여성들 사이에서 여군에 지원하려고 재수·삼수까지 하면서 치열한 경쟁을 벌이고 있는 것으로 알고 있다. 그런 점에서 의무적으로 군대에 가는 남자들은 참으로 복 받은 셈이다"라고 쓰고 있다. 군복을 입을 수 있는 사람들은 복 받은 사람들이다.

[사 례]

영화 〈울지마 톤즈〉는 아프리카 수단에서 봉사활동을 펼치다 암으로 세상을 떠난 故 이태석 신부의 삶을 오롯이 담고 있다. 영화는 수많은 사람들의 가슴을 감동과 눈물로 물들였고, 교황청을 눈물바다로 만들기도 했다. 남수단과 북수단의 분쟁으로 인해 내란이 끊이지 않고, 가난과 질병, 굶주림으로 이어지는 죽음의 그림자가 드리운 나라로 날아가 생의 마지막 삶을 토해내며 수단 사람들의 슈바이처로 살다 48세의 젊은 나이로 불꽃같은 삶을 마감한 故 이태석 신부, 그의 삶은 보는 이로 하여금 가슴을 먹먹하게 하고 눈물을 머금게 하기에 충분하다.

그는 의사로서의 삶이 보장된 편안한 길이 열려있었지만 모든 것을 내려놓은 채 힘든 사제의 길을 택했다. 그리고 한국인으로서는 처음으로 아프리카 수단으로 날아가 병원과 의사가 없는 톤즈에 둥지를 틀었다.

그곳에서 그는 종교를 넘어선 따뜻한 의술과 인술을 펼쳤다. 50도가 넘는 더위 속에서 주민들과 함께 직접 벽돌을 찍어 병원을 세우자 많은 사람들이 진료를 받기 위해 모여들었다. 심지어 그를 만나면 살 수 있다는 신념으로 100km가 넘는 곳에서도 환자들이 몰려왔고, 한 밤중에도 그를 찾는 환자들이 끊이지 않았다. 하지만 그는 단 한 명의 환자도 그냥 돌려보내는 법이 없었다.

그리고 한국 지인들의 도움으로 단복을 입혀 총 대신 악기를 들고 정부의 각 기관에서 실시하는 행사에 참여해 연주했다. 그로 인해 톤즈 사람들은 아픈 몸과 마음을 치료받을 수 있었고, 아이들은 교육을 받을 수 있었다. 그 결과, 전쟁으로 얼룩진 톤즈 사람들에게도 희망의 햇살이 내리쬐게 하였다.

라. 용기 : 목숨을 건 용기가 전쟁의 승패를 좌우

생(生)과 사(死) 가 교차하는 극한 상황 속에서 자신의 생명을 초개같이 내던질 수 있는 사생관의 확립은, 자신의 희생(犧牲)을 바탕으로 더욱 크고 숭고한 가치가 보존된다는 믿음, 명예(名譽)로운 죽음은 죽음을 뛰어넘어 영원히 사는 삶이 된다는 확신, 그리고 이를 바탕으로 죽음마저 기꺼이 택하는 용기(勇氣)가 갖춰질 때 비로소 가능해진다.

용기를 이야기할 때 빠지지 않고 등장하는 소년 장수가 한 명 있다. 적진을 향해 한 번도 아니고 두 번씩이나 홀로 달려들어 장렬하게 전사한 신라의 화랑 관창이 바로 그다. 그가 죽음으로써 보여준 기개는 백제군에 대한 적의를 품게 하였고 마침내 황산벌에서 승리하는 원동력이 되었다.

이렇듯 전장에서는 소수의 용기 있는 자들에 의해 승리가 좌우될 수 있다. 전세가 불리한 상황에서도 용기 있는 군인들의 용감한 행동은 다른 전투원들에게 전염되어 전세를 역전시킬 수 있는 원인을 제공하기 때문이다.

(1) 용기란

그렇다면 용기란 과연 무엇인가? 플라톤의 『대화록』 12)에 보면 소크라테스가 장군들13)과 이 문제에 대해 논의한 기록이 나온다.

> 소크라테스 : 용기란 무엇인가?
>
> 라케스 : 물러서지 않고 적에 대항하는 사람은 용감한 사람이다.
>
> 소크라테스 : 그렇다면 만일 전세가 불리해 퇴각했다가 전열을 가다듬은 뒤 다시 공격한다면 그 장수는 용감한 장수가 아닌가? 또 꼭 전쟁만이 아니라 질병이나 고통, 욕망이나 쾌락에 대해서도 용감한 사람들이 있지 않겠는가?
>
> 라케스 : 그런 다양한 상황을 포괄하여 용기란 '정신적 인내력' 이라고 할 수 있다.
>
> 소크라테스 : 그러면 가령 도박판에서 좋은 패를 쥐고 있지 않으면서도 끝까지 버티는 정신력도 용기인가?
>
> 라케스 : 장군들은 아주 쉽게 생각했던 용기라는 개념에 대한 정의가 결코 쉬운 문제가 아니라는 사실을 깨닫게 되면서 대화는 끝을 맺고 있다.

이 이야기는 이렇게 열린 결론으로 끝나고 있지만, 우리는 여기서 용기의 참 의미에 접근할 수 있는 실마리를 얻게 된다. 즉 용기는 정신적 인내력이지만 그 지향하는 바가 결코 개인적이거나 올바르지 못한 이익을 위한 것이어서는 안 된다는 것이다. 즉, 진정한 용기는 '정의를 위한 분별 있는 인내력'이라고 할 수 있다.

용기는 정신적 인내력이지만 그 지향하는 바가 결코 개인적이거나 올바르지 못한 이익을 위한 것이어서는 안 된다는 것이다.

(2) 군인의 용기

---

12) 플라톤의 저서는 모두 그의 스승이었던 소크라테스가 주인공으로 된 '대화편'이어서 그와 스승과의 학설을 구별하기 힘들 정도이다.

13) 소크라테스가 '용기'라는 것을 젊은이들에게 어떻게 가르칠 수 있을까에 대하여 아테네의 유명한 장군 두 사람. 라케스・니키아스와 함께 용기에 대하여 대화하는 장면이다.

"마차를 끄는 병사나 북을 치는 병사로부터 최고지휘관에 이르기까지 용기는 군인의 가장 고귀한 덕이며 병기에 날카로움과 빛을 주는 진정한 강철이다." 용기의 중요성에 대해 클라우제비츠는 이렇게 갈파하였다. 용기는 군인정신의 정화로서 시련과 난관에 부딪쳤을 때 이를 극복할 수 있는 원동력이 되며 생명의 위협과 공포 속에서도 과감한 결단을 내려 맡은 바 임무를 완수하고 책임을 다하게 하는 것이다.

이러한 용기는 아리스토텔레스의 지적처럼 만용과 비겁의 중용에 해당하는 덕목으로, 진정한 용기의 특성은 다음과 같다.

첫째, 두려움을 알면서도 그것을 억누르고 자기임무를 수행할 수 있는 용기.

둘째, 시기와 장소 그리고 대상을 가리지 않고 무분별하게 발휘되는 것이 아닌 꼭 필요한 상황 속에서 발휘되는 용기.

셋째, 생명과 규율의 지배 하에서 발휘되는 용기.

넷째, 죽음을 무릅쓰고 책임을 완수하는 용기.

따라서 이러한 용기는 확고한 사생관과 불가분의 관계에 있으며, 외부의 위협이나 비난이 예상될 때에도 그것을 무릅쓰고 자신의 소신을 확고하게 주장하고 실행할 수 있는 정신적 자질이 갖추어질 때 유감없이 발휘될 수 있는 것이다.

죽음을 초월할 수 있는 군인의 용기는 가장 숭고한 용기이며 이것은 바로 군인이 가져야 할 정신요소이다. 이러한 진정한 용기는 군인의 본질 자체이기도 하다. 다시 말해서 용기가 있으니까 군인인 것이요, 용기가 없이는 군인일 수가 없다. 전투의 승리는 죽음을 두려워하지 않는 진정한 용기로서만 가능하다. 그렇기 때문에 조국을 수호하는 것도 우리 개개인의 진정한 용기에 의해서만 가능한 것이다.

(3) 용기의 정수, 도덕적 용기

전투를 수행하는 군인에게는 육체적 용기가 더 중요하다고 생각하는 사람도 있겠지만, 도덕적 용기가 결여된 육체적 용기란 운전대 없는 자동차나 조종간 없는 비행기와 같아 자칫 그릇된 방향으로 나아가게 할 수 있다. 따라서 도덕적 용기가 보다 중시되어야 한다. 즉, 용기 중에서도 도덕적 용기야말로 최고의 미덕인 셈이다. 일찍이 도덕적 용기를 지니고 육체적 위험을 피하려고 한 사람은 없었다.

마. 명 예

군인에게 명예는, 모든 것을 잃어도 잃을 수 없는 것

(1) 군인의 명예심 : 외적 존경 그리고 내적 보람

명예란 외형적으로는 한 인간이 수행한 일의 업적이나 그가 점(占)하고 있는 지위에 대하여 사회로부터 주어지는 존경도라고 할 수 있으며 내면적으로는 자신이 수행한 일의 성과에 대해 스스로 만족하고 보람을 느끼는 심리적 태도라고 할 수 있다.

군인 정신 요소 중의 하나인 이러한 명예심은 전투에서 반드시 승리하겠다는 강한 의지를 갖게 해주는 것은 물론 패배하여 비굴하게 살아남기보다는 차라리 용감하게 싸우다 죽겠다는 각오를 갖게 함으로써 불리한 상황 하에서도 적극적으로 전투에 임할 수 있는 힘을 부여한다.

매슬로우(A. Maslow)는 인간욕구의 강도를 설명하는 프레임워크(framework)를 개발하였는데 그것은 다음에 보는 바와 같이 "인간의 욕구는 몇 단계의 서열을 이루고 있다."는 것이다.

매슬로우는 이 틀을 가지고 매우 흥미로운 설명을 한다. "서열을 이루고 있는 욕구들(예 : 사회적 욕구)은 앞 단계의 욕구(예 : 생리적 욕구, 안전욕구)가 어느 정도 만족되었을 때 찾게 된다."는 것이다.

"의식(衣食)이 족한 연후에야 예절을 안다."는 우리 속담은 이러한 욕구의 서열성을 잘 반영하는 사례이다.

그러나 정작 여기서 우리에게 중요한 대목은 "자기실현의 욕구만은 반드시 위의 서열을 따라 나타나는 것은 아니다"라는 주장이다. 이것은 무엇을 의미하는가?

위에서 지적한 대로 명예심이 외적·내적 차원에서 모두 규정되는 것이라면, 이러한 명예심은 위에서 제시한 '인간의 욕구' 계보에서 명백히 '자기실현의 욕구'에 해당하는 것이다.

따라서 우리 군에서의 명예심은 심리적 욕구, 안전의 욕구, 사회적 욕구, 존경의 욕구를 충족하지 않은 상태에서도 국가와 민족을 수호한다는 긍지로부터 자연스럽게 우러나오는 숭고한 정신자세라고 할 수 있다는 것이다.

물론, 군인들에게는 그 감내하는 위험의 수준만큼 국민들을 비롯한 국가가 보상을 해 주는 것이 마땅하다. 그러나 그 수준이 미국이나 다른 여타 선진국에 못 미친다고 해서 불평만 하고 우리의 소임과 사명을 방기(放棄)할 수 있는가? 그러한 행동은 군인으로서 갖추어야 할 희생, 용기, 그리고 명예에 명백히 반하는 행위일 것이다.

〈욕구의 단계〉

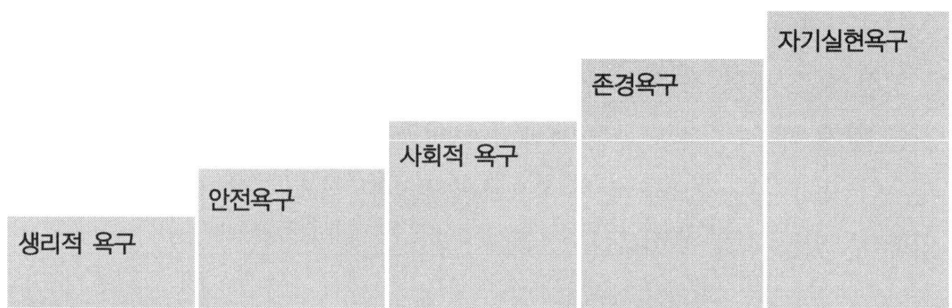

(2) 명예의 내적 차원이 몰각될 때 : 출세주의의 병폐

군인의 명예와 관련해서 한 가지 더 지적해 두고 싶은 것은 종종 명예를 오인해 발생하는 이른바 출세주의라는 병폐에 대한 것이다.

이 출세주의는 명예를 외적인 것으로만 파악할 때 나타나며 군대윤리를 타락시키는 주범이 되곤 한다. 즉, 명예를 '사람들이 나를 어떻게 볼 것인가' 하는 것으로만 생각해서 외적 척도인 계급과 직위의 상승에만 힘쓸 때 그러한 목표에 도달하기 위한 수단으로 비도덕적인 무리수를 두게 되는데, 이러한 무리수가 따르는 것은 바로 내적 명예를 무시한 소치인 것이다. 꿈의 실현에 있어서 정의롭지 못한 행동, 비윤리적인 행동들이 끼어들게 되면 꿈의 실현이라는 목표는 그 내부로부터 병을 잉태한다. 출세병(病), 성공병(病), 나아가(무조건적) 충성병(病) 등이 바로 그것들이다.

군인들도 무력을 관리하는 막중한 지위를 맡겨 준 국민들의 기대에 어긋나지 않도록 '국가를 위한 일이라면 자신의 명예를 죽음으로라도 지켜내겠다'는 결연한 의지를 하시(何時)라도 잊어서는 안 될 것이다. 이제 이러한 행동을 막고 푸른 제복의 프라이드를 지키는 첩경은 바로 자신의 일에서 긍지와 보람을 찾는 - 내적인 차원을 포함하는 - 진정한 명예심의 함양임을 명심해야 한다.

의사들의 '히포크라테스 선서'나 법관들의 '임용선서'는 모두 각자의 명예를 지키겠다는 다짐들이다. 우리들도 모두 군인의 길을 가겠다는 다짐으로 임관선서를 한 바 있다. 사회가 어떤 직업에 대해 명예를 강조하는 것은 이들의 전문가적 지위를 인정하고 권한을 부여해 주는 대신 자율적・내부적 규제를 당부하는 깊은 의미가 담겨져 있는 것이다.

바. 불멸의 가치관

(1) 정직성

(가) 한순간 정직한 경우는 누구나 가능하다. 그러나 언제나 정직하기는 쉽지 않다. 강한 유혹 속에서도 정직하려면 정직을 매일 부지런히 실천하는 것이 중요하다.

(나) 부정직이 무엇인지를 분명히 알아야 한다. 그 이유는 알면서도 어기는 경우가 있어서는 안 되기 때문이다.

1) 도둑질, 속임수, 과장, 아첨, 진실의 일부만을 말하는 것, 진실을 왜곡하는 것, 고약(지킬 의사 없이 하는 약속), 사기 등

(다) 진실을 알지 못하는 사람들은 옳은 결정을 내릴 수가 없다.

(2) 신뢰성

(가) 신뢰성이란 정직을 행동으로 실천하는 특성이며 언행의 일치가 가져다 주는 결과이다.

(나) 신뢰할 수 있는 사람들은 하겠다고 말한 일은 반드시 한다. 그들은 자신들의 약속을 지킨다.

(다) 신뢰란 오랜 시간에 걸쳐 숙달된 언행일치이다.

(3) 동정심

(가) 누군가를 남에게 의존하게 만드는 것은 전혀 동정심이 아니다. 동정심이란 어떤 한사람에게라도 그들이 개인적인 자유를 누리도록 돕는 것이다.

(나) 동정심은 남과 함께 고난을 나누는 것을 의미하며 그들로 하여금 고난을 벗어날 수 있도록 용기와 기회와 능력을 주는 것이다.

(다) 동정심은 옳은 일을 하고자 하는 마음을 갖게 해 주는 것이다.

(라) 동정심의 선결조건은 다른 사람에 대한 인식(입장, 환경, 생각, 가치관, 기준 등)을 하는 것이 필수다.

(4) 겸손

남을 인정하고 이해하는 것이다. 이는 수양되지 않고, 인품을 갖추지 않고는 될 수 없는 고차원의 덕목이다.

(5) 이성(理性)

(가) 이성이 부족하면 선택의 폭이 좁아지고 결국에는 지혜가 부족하게 된다.

(나) 이성은 합리적 사고를 근간으로 하며 신뢰할 수 있는 사람이 되려면 합리적인 사람이 되어야 한다.

(다) 변할 수 없는 것을 받아들일 수 있는 마음의 평화와 변화되어야 하는 것을 변화시킬 수 있는 용기와 그 두가지를 구별할 수 있는 지혜를 가져야 한다.

(6) 자아수련(自我修鍊)

살아가면서 작은 일을 잘할 줄 알면 더 큰일도 잘할 수 있다. 인간욕구의 최종단계라고 볼 수 있는 가치로서 대개의 사람은 접근하지 않는 경우도 많다.

(가) 자유의 추구 : 옳은 일을 하거나 하고 싶은 일을 하기 위해서는 능력이 필요하다. 인간이 하고 싶은 일을 하지 못하는 한 자유롭다고 말할 수는 없다.

(나) 낙관주의 : 생각이 행동을 지배한다. 부정적 생각은 부정적 결과를 낳게 된다. 비관주의, 냉소주의, 회의주의, 염세주의는 어떤 경우에도 가치를 발휘하지 못한다. "가난하기 때문에 부정적인 것이 아니라 부정적이기 때문에 가난하다"는 말은 틀린 말이 아니다.

(다) 헌신 : 헌신이란 약속을 지키기 위해서 열정과 정열과 최선의 노력 등 우리의 전부를 바치는 것을 의미한다.

(라) 진취적 정신 : 변화를 두려워하는 우리의 태도를 극복하고 변명을 용납하지 않으며 뒤로 미루는 습관을 극복하는 것이다.

(마) 일 : 일이란 매일을 의미 있게 사는 방법이며 돈만이 아니라 인정을 위한 것이며 놀라운 변화를 위한 것이며 올바른 삶을 위한 것이다.

1) 사람은 일을 통해서 만이 성취감을 맛볼 수 있고 생동감과 역동성을 가질 수 있으며 나아갈 수 있고 성장할 수 있는 것이다.

2) 세상에서 가장 불쌍한 사람은 할 일이 없는 사람이다.

(바) 인내 : 최고가 된 사람들의 유일한 공통점은 꾸준하게 인내로 노력했다는 점이다.

(사) 책임감 : 자신의 과거에 대해 책임을 지지 않는다면 미래에 대해서도 책임을 지지 않을 가능성이 높다.

(아) 협동심 : 인간은 사회적동물이라는 것은 서로 협동해야 한다는 뜻이다. 협력을 위해서는 훌륭한 공동의 목표를 갖는 것이 필수적이다.

1) 협력을 얻는 최선의 방법은 상호간에 공통점이 있어야 한다.

(자) 자기관리 : 자신은 뒤로 물러나 있고 다른 누군가가 자신을 대신해서 결정을 내린다면 자신은 자기 책임을 져버리는 것이다.

(차) 격려 : 효과적인 격려가 되기 위해서는 사실에 근거해야 한다.

1) 때로는 중요한 상황에서 같이 있어 주는 것만으로도 큰 격려가 된다.

2) 사람들은 열심히 노력해도 성공할 수 없다고 느낄 때 의욕이 상실되고 소극적이며 좌절하게 된다.

(카) 용서 : 용서는 더 큰 용기를 필요로 하며 다른 사람을 용서하는 것이 중요

하듯이 자신을 용서하는 것은 더 중요하다.

1) 용서는 심리적 부담으로부터 자유를 얻기 위해 반드시 필요한 것이다.

(타) 봉사 : 봉사는 주는 쪽과 받는 쪽 모두가 기분 좋은 것이다.

1) 봉사 또한 동정심과 같은 자세가 선행되어야 한다.

(파) 자선 : 진정한 자선은 물질을 나누어주는 것이 아니라 그들의 능력을 높여 주는 것이다.

(하) 기회 : 진정한 기회는 손을 뻗으면 닿을 수 있는 곳에 있어야 하며 누구나 언제나 이용 가능한 것이라야 한다.

1) 모든 사람들은 기회를 통해 변화를 이룰 수 있다.

2) 기회는 기회를 이용할 능력이 있을 때만 유효한 가치가 있다.

3) 아무리 좋은 기회도 긍정적 자세로 준비되지 않은 사람은 잡을 수 없다.

(거) 교육 : 최고가 되고자 원한다면 가지고 있는 모든 것을 최고가 되는데 쏟아 부어야 한다.

1) 교육은 집어넣는 것이 아니라 끄집어 내는 것이다.

(겨) 리더십 : 리더는 비전을 제시해야 한다.

1) 리더는 자신의 생활과 공공의 생활이 상충하지 않아야 한다.

2) 리더는 역사를 만들어 가는 사람들이다. 리더십이 없는 시기에는 사회가 정체 되게 된다.

7. 민주시민의 책임과 의무

가. 우리사회의 위기양상 분석

우리사회에 만연된 가치체계의 혼란, 안보불감증, 무질서, 부정부패, 사치향락, 황금만능주의 등 총체적 혼돈양상은 아래와 같다.

구 분	내 용
안보적 혼돈	- 사대주의 사상과 주인정신이 아닌 머슴정신 - 남북 화해, 협력에 따른 전쟁 부재론과 안보불감증 현상 확산
도덕적 혼돈	- 강·절도 살인 등 강력범죄 증가 - 패륜적이고 반인륜적인 범죄 극성 - 전통적 가치체계와 도덕성 훼손
사회적 혼돈	- 공중도덕 문란행위 비일비재 - 법과 질서의 문란, 잘못된 관행과 편법의 난무 등 공동체 의식 와해

나. 민주시민의 책임과 의무

구 분	내 용
확고한 안보태세구축	- 안보의식 해이에 따른 전쟁발발의 위험성 인식 - 주인정신을 바탕으로 확고한 안보의식 확립
도덕성의 회복	- 전통적 가치체계 확립과 도덕성 회복 - 로마의 멸망은 외침이 아닌 내부적 요인이 원인임을 인식
준법정신과 질서의식의 생활화	- 이기주의, 개인주의 탈피 - 책임 있는 사회구성원으로서 법과 질서 유지를 생활화

다. 위대한 시민정신

(1) 국가가 없으면 군복도 못 입는다

군복을 입은 국군을 보면 감히 도발할 생각을 갖지 못할 정도로 튼튼한 국방을 건설할 때 전쟁을 예방하게 될 것이다. 1910년 8월 29일 강제 합병으로 일본에 나라를 빼앗긴 36년간은 국가가 없었으므로 우리는 군인도 없었고 군복도 못 입었다. 군대가 없어지면 주권을 빼앗기고 주권이 없으면 나라가 망한다. 또 나라가 망하면 민족과 문화도 없는 것이다. 그러나 우리나라는 이제 두 번 다시 외세에 의해 국권을 강탈당하는 수모나 북한의 6.25 불법 남침과 같은 피해를 입는 일은 없을 것이다. 왜냐하면 국민이 입혀준 군복을 입은 "대한강군" 우리 국군이 있기 때문이다.

(2) 주인정신 없는 국민 역사 속으로 사라져

(가) 중앙아프리카의 열대 지역에 살고 있는 피그미(Pygmy)족.

피그미족은 키가 아주 작은 민족으로 키가 3~4피트(90~120cm)에 불과하다. '피그미'라는 이름은 '1척의 키'라는 뜻의 그리스 단어 '파이메'(pyme)에서 유래한다.

이들은 4000여 년 동안 밀림 지역에서 나름대로 독특한 삶의 양식을 지니고 살아왔으며, 상냥하고 평화로운 기질을 가진 사람들로 밀림에서 활동하면 웬만해선 쉽게 발견되지 않을 정도로 몸을 잘 숨기는 능력이 있다.

피그미족은 허리 쪽에 나무껍질을 두들겨 만든 간단한 옷을 걸치고 사냥과 채집에 의존, 생활해 왔다.

열대의 붉게 타오르는 태양을 맞이하면서 하루를 시작하는 그들은 천혜의 밀림 속에서 사슴·돼지·하마·코끼리 등을 사냥하고 저녁이 되면 사냥한 짐승들의 고기로 배를 채운 뒤 움막 속에서 거의 변함없는 내일을 기약하며 잠을 청한다.

이들은 있는 그대로의 목가적 자연환경 속에서 시기·욕심·미움 등의 감정 없이 세상에서 가장 평화로운 생활을 영위해 왔다. 그러던 어느 날 부터 이들에게 변화가 오기 시작했다.

(3) 바로 문명의 바람...

외지에서 온 문명인들에 의해 이들은 변화하기 시작했다. 문명인들의 구경거리가 된 그들은 옛날의 순수한 피그미족이 더 이상 되지 못했다. 그들은 관광객들이 던져 준 옷을 입게 되었고, 더 좋은 옷을 구하기 위해 관광객들을 따라다니게 되었다. 전염병도 생기기 시작했다. 외지인들에게서 옮은 콜레라와 뇌막염이 퍼져 불과 몇 년 사이에 1000여명 이상이 죽었다. 술을 비롯해 환각제까지 사용하게 되었으며, 더욱이 돈의 가치를 알게 돼 서로를 불신하며 탐욕이 지배하는 사회로 바뀌어 버린 것이다. 이러한 변화로 인해 5000명가량이었던 피그미족이 지금은 300명 정도로 줄어들었다. 문명인들에게 존재가 노출된 후 피그미족은 쾌락과 탐욕 속에 서서히 죽어갔다.

이 예화는 사치와 낭비, 쾌락과 불의가 판치는 사회는 결국 망할 수밖에 없다는 역사의 진리를 던져 주고 있다.

그렇다면 우리 사회는 어떠할까? 비록 사회 일부의 이야기라고는 하지만 그냥 넘기기에는 너무도 안타까운 일들이 우리 주변에서 일어나고 있다. 물질 만능주의, 관능적 쾌락주의, 이기주의, 전도된 가치관 등 부정적 사례들이 그것이다.

갖가지 형태의 사회악(社會惡)적인 요소들이 끊임없이 표출되고 잇는 현 시점에서 이러한 현상들을 어떻게 보아야 하며, 군복을 입은 시민으로서 우리들이 해야 할 일은 과연 무엇일까.

'엑스터시 복용 모델 등 2명 영장' '아버지 꾸지람에 홧김 방화' '직장 동료집단 폭행 살해 ' '카드 빚 갚으려 술집 여주인 살해' '농협서 총기 강도사건 발생' '아파트 투기 1785명 적발 307억 추징' '여제자 상습적으로 성추행한 교사 구속'...

우리 사회의 아픈 모습들을 나름대로 정리한 김경일 상명대 교수의 '공자가 죽어야 나라가 산다.'라는 책을 보면 "교수라는 지식인들이 강의시간 10분씩을 예사로 잘라먹으니 거기서 보고 배운 애들이 철근도 10cm 잘라먹고 시멘트도 10% 떼어먹는 것 아닌가? 그러니 안 무너지고 배기나?"라는 내용이 있다.

이러한 내용들을 보면 우리 사회가 희망이라고는 전혀 없는 절망적 사회인 것처럼 보인다. 그래서 어떤 사람들은 성서에 나오는 소돔과 고모라처럼 더 이상 회생이 불가능한 사회라고 아주 비관적 시선을 보내기도 한다.

그러나 어느 사회든 부정부패와 부조리는 존재해 왔고, 이를 해결하기 위한 노력도 지속돼 왔다. 우리 사회 역시 현재 진정한 민주주의를 정착시키고 부정부패를 척결하기 위한 과정에 있다고 할 것이다.

부정부패를 척결하기 위해 과거에는 쉬쉬하며 처리하던 것을 공공연히 내놓고 처리하다 보니 과거보다 우리 사회가 엉망인 것처럼 보이지만 실제로는 조그마한 잘못도 결코 용인하지 않겠다는 단호한 의지를 보여주고 있는 것이다. 그래서 우리나라는 오히려 희망(vision)이 있는 나라로 불리고 있는 것이다.

'일본 여자가 쓴 한국 여자 비판'이라는 책을 쓴 일본인 도다이코쿠는 설날이나 추석 등 명절 때의 이른바 '민족 대이동'에 대해 가는 데에만 10시간 넘게 걸리는 지옥 같은 교통 혼잡을 무릅쓰고 고향을 찾는 한국인들이 신기할 정도였다고 회상하고 있다.

그러면서 '한국인들에게 가족이라는 게 이렇게 소중한 것이 로구나'하고 절감했다고 한다. 이처럼 가족 간의 사랑과 조상숭배사상이 넘치고 있는 우리 민족은 지금의 일시적인 부도덕과 부정적인 요소들을 말끔히 씻어낼 수 있는 특유의 전통사상이 엄연히 존재한다는 점에서 희망이 있다. 즉, 우리의 전통적인 사상을 바탕으로 민주시민정신을 일깨워 나간다면 선진국으로의 도약은 그리 멀지 않은 것이다.

미국인들의 시민정신은 철저하고 엄격한 법규 준수와 신고정신에서 비롯되었다는 시각이 있다. 차량이 규정 속도를 초과해 달리거나 차창 너머로 담배꽁초라도 버리는 것이 보이면 발견하는 사람이 즉시 신고한다고 한다.

우리 교포 중 한 사람이 처음 미국에 이민을 가서 우리나라에 있을 때처럼 아파트 벽에 액자를 걸기 위해 못질을 했더니 10여분 뒤에 경찰이 왔다고 한다.

바로 옆집에 살던 사람이 신고했기 때문이다. 또한 일본은 질서 지키기의 모범국가로 알려져 있다. 유아기 때부터 질서의식을 체질화함으로써 교통질서 준수와 줄서기 등이 생활화되어 있다.

그러나 최근 일본 젊은이들은 남을 배려하고 이해하며 서로 돕기보다 자신만을 알고 제멋대로 행동하는 이기적 모습으로 변하고 있어 이를 우려하는 목소리가 커지고 있다.

이 때문에 01년 1월 도쿄 전철역에서 선로에 떨어진 취객을 구하고 숨진 고(故) 이수현씨의 살신성인(殺身成仁)정신은 일본인들에게 더더욱 커다란 반향과 충격을 주었고, 한국을 새롭게 보는 계기를 제공했다.

1965 독립 당시 전형적인 후진국이었던 싱가포르에는 오늘날 외국인들이 가장 좋아하는 아시아의 수도로 꼽히게 되었다.

싱가포르의 질서 정연한 모습은 세계적으로 유명한 벌칙제도가 한몫을 하고 있다. 대중교통 안에서 껌을 씹는 등 취식행위를 하거나 쓰레기를 버리다 적발되면 벌금 1000 싱가포르달러(약 70만원), 화장실 이용 후 물을 안 내리면 최고 1000달러, 운전 중 휴대전화기 사용 때 최고 2000달러, 실내 흡연 때 1000달러 등 생활 곳곳에 벌금이 도사리고 있다.

싱가포르는 이처럼 벌칙제도와 질서의식 고취운동으로 기초질서가 잘 확립돼 있다. 이처럼 선진국들은 그들의 생활문화 가운데 질서 유지를 위한 시민정신을 실천함으로써 건전한 국가 발전을 이룩하고 있다.

자유민주주의의 생명은 민주적이며 도덕적으로 성숙된 국민들에게 달려 있다. 국민들이 법과 질서를 준수하고 남의 인격을 존중하며 자유에 대한 책임을 질 줄 아는 자세와 행동규범을 갖출 때 민주시민이라 할 수 있다.

그러면 21세기 민주통일국가를 수립하는 데 기여할 수 있는 민주시민이 되기 위해 우리는 어떠한 자세를 가져야 할 것인가.

첫째, 주인정신으로 임무 완수에 최선을 다해야 하겠다.

주인정신이란 '내 나라는 곧 나다'라는 생각으로 국가와 공동생활에 관련된 일을 나의 일처럼 생각하고 그 일에 능동적으로 참여함으로써 자신에게 주어진 권리를 행사하고 의무를 성실히 이행하는 마음가짐을 말한다.

새 박사로 유명한 윤무부 교수가 KBS의 역사 드라마(태조 왕건)에 엑스트라로 출연했던 경험담을 털어놓은 일이 있다.(KBS 1TV '체험 삶의 현장' 제421회 출연) 200명이나 되는 군졸 중 한 사람으로 출연했던 윤 교수는 한 장면을 촬영하는 데 20번 가량 NG가 났다고 한다. 한 장면을 찍는 데도 이렇게 한 사람이 잘못하면 영화가 되지 않는다.

나 한 사람쯤이야 하는 마음으로 촬영에 임한다면 그 작품은 완성될 수 없다.

이처럼 어느 단체나 사회에 있어서도 한 사람이 잘못하면 그 조직은 제 기능을 수행하지 못할 것이다. 한 나라의 경우에는 말할 것도 없다.

우리는 주인정신·주체의식이 없는 국민이 쓰라린 오욕의 역사를 되풀이해야만 했던 경우를 수없이 보아왔다. 그러한 역사의 아픈 기억을 되풀이하지 않으려면 무엇보다 주인정신을 가슴 깊이 새겨야 할 것이다. 더욱이 국민의 생명과 재산을 지켜야 하는 군인에게 주인정신은 무엇보다 중요하다. 왜냐하면 안보는 단 한 번의 실수로 국가 존망과 직결될 뿐만 아니라 희생과 회복이 불가능한 사활적(死活的) 과제이기 때문이다.

둘째, 도덕성 회복에 앞장서야 한다.

한 나라의 윤리 도덕이 무너지면 혼란과 위기의식이 팽배해져 결국 파멸의 길로 빠지고 만다는 것은 우리가 역사를 통해 익히 알고 있는 사실이다.

고대 로마제국이 그러했으며, 오늘의 아르헨티나가 또한 그러하다. 몇 년 전 KBS가 전국 성인 1500명을 대상으로 실시한 여론조사에 따르면 응답자의 48%가 우리나라에서는 '원칙대로 살면 손해'라고 생각하며, 44%는 우리나라는 '정직한 사람들이 살기 힘든 사회'로 생각하고 있다고 한다.

민주시민사회가 되기 위해서는 정직한 사람들이 인정을 받고, 원칙대로 사는 사람이 반드시 이익을 보는 사회가 돼야 한다.

우리나라는 예로부터 '동방예의지국' '군자의 나라'라는 말을 들어왔을 정도로 고도의 도덕문화를 유지해 온 나라다 비록 오늘날 근대화·산업화·도시화 추세에 밀려 도덕성이 상실될 위기에 처해 있지만 전통적인 가치체계와 도덕성을 되살리겠다는 의지로 노력한다면 충분히 극복해 나갈 수 있다. 따라서 우리 장병들이 먼저 충·효·예 정신을 근간으로 한 도덕성 회복운동에 앞장섬으로써 민주시민의 성숙화를 이루어야 할 것이다.

셋째, 준법정신과 질서의식을 생활화하자.

준법정신은 사회와 국가가 마련한 각종 법률·규범을 지키는 것을 말한다. 넓은 의미로는 법규뿐만 아니라 가정·학교·단체에서의 모든 규칙을 존중하는 것을 포함한다. 준법정신은 질서를 유지하는 데 가장 기초가 되는 것이다. 사람들이 법과 규범을 지키지 않고 각자 제 마음대로 행동한다면 사회는 무질서와 혼란에 빠져버리고 말 것이다.

00년 11월 반부패국민연대가 서울의 중·고교생을 대상으로 실시한 조사에서 41%가 '아무도 보지 않으면 법질서를 지킬 필요가 없다', 33%가 '부정부패를 목격해도 나에게 손해가 안 된다면 모른 체한다'고 답변해 충격을 준바 있다.

민주사회에서 법은 개인의 자아실현과 사회 정의를 보장하기 위해 존재한다는 점을 인식하고 기초질서부터 확립해 나가야 할 것이다. 우리 국민들이 일상생활에서 반드시 지켜야 할 기초질서로는 음주운전 안하기, 교통신호 지키기, 공공시설 깨끗이 사용하기, 껌·담배꽁초·휴지 안 버리기, 쓰레기 투기 안하기, 공공장소에서 소란행위 안하기 등이 있으며 이는 병영생활에도 그대로 적용된다고 할 수 있다.

지금 우리 사회에서는 도덕과 윤리 부재현상을 개탄하며 이를 회복하기 위한 노력이 진행되고 있다. 부정적인 사회현상을 방관하지 않고 걱정하며 바로잡으려는 노력이 있는 한 위기는 극복된다. 01년 국방일보에 두 아들을 군에 보낸 아버지의 마음이 실린 바 있다.

아버지는 그 글 속에서 "아들이 군에서 서로의 인격을 존중하는 인성교육의 영향을 받아 공손해졌으며, 서로 이해하고 함께 생존해 가는 법을 깨닫게 되었다"며 군에 감사를 표하면서 "군은 사람을 사람답게 만드는 곳으로 우리사회, 더 나아가 인류 발전에 크게 기여해 왔다"고 소감을 밝혔다.

이는 군이 민주시민 양성의 도장으로서 그 역할을 다하고 있음을 여실히 보여주는 것이다.

따라서 우리 장병들은 부대 내에서의 병영생활 뿐만 아니라 부대 밖에서도 민주시민다운 행동을 해야 하며, 전역하고 군문을 나선 뒤에도 이러한 의식이 사회생활 가운데 지속될 수 있도록 노력해야 하겠다.

(4) 안중근 의사의 생애와 정신

'조국이란 무엇인가' '민족이란 무엇인가' 우리는 가끔 이런 물음을 던질 때가 있다. 특히 조국의 안위를 책임지고 있는 장병들이라면 이것이 더욱 가슴에 와 닿는 물음일 것이다.

이에 대한 해답을 명쾌하게 밝혀줄 수 있는 분이 바로 안중근 의사이다. 안중근 의사는 한국을 침탈한 원흉인 이토히로부미를 민족의 이름으로 처단한 애국자요, 우리의 위대한 스승이며 참 군인이기 때문이다.

안중근 의사가 일제 침략자 이토를 사살하고 사형선고를 받아 이국 땅 여순 감옥에서 순국하였다. 1910년 3월 26일 오전 10시, 안중근 의사는 조국과 민족을 위해 모든 것을 던져 불꽃처럼 살다가 서른 두 해의 생애를 조국의 제단에 바쳤다.

그 존재를 되새길수록 21세기를 사는 한국인들에게 그분은 살아있는 정신으로 다가오고 있다.

안중근은 1879년 9월2일 황해도 해주에서 진사 안태훈의 3남 1녀 중 맏아들로 태어났다.

안중근의 나이 26세 되던 해인 1906년. 그해 11월 을사조약이 체결되자 안중근은 보다 적극적인 국권수호운동을 모색하기 위해 재산을 털어 삼흥학교와 돈의학교를 세워 민족 교육에 진력했다.

그러나 1907년 일제에 의해 강제로 이루어진 군대 해산을 지켜보고 국내에서 계몽운동을 하는 것보다 의병을 규합, 일제와 싸울 것을 결심한다.

그리하여 1908년 초 러시아의 한인촌에서 약 300명의 독립군을 조직하고 자신은 의병 참모중장이 되어 일제에 대한 투쟁을 시작했다. 안중근은 1908년 7월 의병 300여 명을 이끌고 두만강을 건너 함경북도 경흥으로 쳐들어가 일본 군인과 경찰 50여 명을 죽이는 등 30여 차례 싸움을 벌여 큰 승리를 거두었다. 그들은 하늘을 지붕 삼아 노숙하는 등 온갖 고초를 겪으면서도 오직 일편단심 구국의 일념으로 모든 어려움을 극복하며 지냈다.

어느 때는 12일 동안에 단 두 끼니를 먹기도 했고, 풀뿌리를 캐어 먹고 신발이 떨어져 담요 조각을 찢어 발을 싸매기도 했다.

이렇게 숱한 고난을 겪은 안중근은 1909년 2월 러시아 연추(烟秋)에서 김기룡·강기순·정원주·박봉석 등 11명의 동지들과 함께 왼쪽 약지를 잘라 피로써 태극기에 '대한독립'이라고 쓴 뒤 조국을 위해 목숨을 바칠 것을 맹약했다.

1909년 10월 23일 블라디보스토크에 도착한 안중근은 그곳에서 '원동보'(遠東報)를 통해 이토가 하얼빈을 방문한다는 소식을 접한다. 이때 안중근은 조국의 독립과 동양의 평화를 위해 이토를 살해할 결심을 하고 뜻을 같이할 동지 우덕순과 함께 구체적인 거사 계획을 세웠다.

그해 10월 26일 오전 9시30분, 역사적 순간이 다가오고 있었다. 숙적 이토가 하얼빈에 도착, 기차에서 막 내려 러시아군 의장대 사열을 마치고 군중 앞으로 다가오는 순간! 안중근은 품에 간직하고 있던 신식 브라우닝 권총을 꺼내 이토를 향해 정확히 방아쇠를 당겼다.

"탕, 탕, 탕...!"이토는 그 자리에서 시뻘건 피를 뿜으며 쓰러졌다. 이토를 사살한 안의사는 '독립, 자유'란 혈서가 쓰인 태극기를 몸속에서 꺼내 흔들며 '후라 꼬레아! 비브라 꼬레아! 대한 만세!"를 목 놓아 외치면서 체포되었다. 안 의사의 장거(壯擧)는 곧 전파를 타고 세계 도처에 전해졌다. 안 의사가 이토를 사살한 것은 결코 단순한 살인사건이 아니었기에 그를 암살자로 단정한 것은 부당했다.

그것은 어디까지나 독립전쟁의 일환이요, 피지배민족으로서 지배민족에 대한 정당방위였다. 안 의사의 의거는 실로 우리 민족정기의 표상이며 원대하고도 숭고한 동양 평화정신의 발로였다.

안 의사의 순국은 당시 망국의 한으로 갈피를 잡지 못하고 있을 때 나라 안팎 사람들에게 크나큰 경각심을 불러일으켜 항일 투쟁 의지의 국민적 확산은 물론 뜻있는 분들의 독립운동을 가열케 하는 계기가 되어 3·1 독립운동의 기폭제가 되기도 했다.

'견리사의 견위수명'(見利思義 見危授命) : 이로움을 보거든 정의를 생각하고 위태로움을 보거든 목숨을 주라)은 안의사가 남긴 휘호이다. 참다운 충(忠)은 훌륭한 인격에서 나온다.

그의 생애를 통해 보여준 민족정기의 고매한 인품은 우리와 적대적 관계에 있던 일본인에게까지도 감동을 주었다. 지금도 많은 일본인들은 그를 숭배하며 그의 사상을 연구하고 있다.

의거에서 순국까지 5개월 동안 11회에 걸친 가혹한 심문과 6회에 걸친 재판 과정에서 보여준 늠름하고 태연한 안의사의 면모는 진실로 성자의 모습이었다.

암흑의 일제 치하에서 자신의 목숨을 내던지면서 끝까지 지켰던 신념, 과감히 거사를 실행에 옮긴 용기, 그리고 어떠한 억압에도 굴하지 않았던 의연함은 시간을 뛰어넘어 오늘의 우리에게 삶의 지표를 제시해 주고 있다.

특히, 대한 의병·군인으로서 초지일관 '위국헌신 군인본분'(爲國獻身 軍人本分 : 나라를 위해 목숨을 바치는 것은 군인의 본분이다)의 자세를 견지함으로써 오늘날 참된 군인정신의 표상이 되고 있다.

우리 모두는 안 의사의 거룩한 유지를 받들어 새로운 결의와 각오로 심기일전, 각자의 맡은 바 임무와 책임을 완수하는데 최선을 다해 나가자.

제 2 절

군인의 부대관

군인에게 있어 책임이란 국가의 안전을 확보함으로써 국민의 생명과 재산을 보호하고 이를 통해 국민의 행복을 지키는 것이다. 또 청렴이란 공(公)과 사(私)가 분명하며 욕심이 없음을 뜻하고, 검소는 사치나 낭비・향락을 자제하는 결백함을 의미한다. 그리고 기존의 병력중심 전력에서 오늘날 화력과 정보・전문성 중심 전역으로 변화하는 추세는 군인에게 그 어느 때보다 더 고도의 창의와 전문성이 요구됨을 시사한다.

1. 책임 : 공로는 부하에게, 명예는 상관에게, 책임은 나에게

2002년 우리나라와 미국과의 월드컵 예선 때의 일이다. 당시 우리나라의 한 선수가 페널티킥을 실축한 적이 있었다. 그때 히딩크 감독은 "내가 그에게 차라고 지시하였으며, 그는 최선을 다해 자신에게 맡겨진 임무를 수행했다. 그것으로 족하다. 그 결과가 나쁘다고 그가 비난받을 이유는 없다. 실수는 누구나 할 수 있으며, 그 결과에 대해서는 감독인 나에게 모든 책임이 있다."라고 하여 그 선수를 비난하는 의견을 잠재웠다. 그 후 그 선수는 더욱 분발하여 우리나라가 월드컵 4강에 오르는데 견인차 역할을 하였다.

한편, 같은 해 국내 굴지의 공기업 직원들을 대상으로 '바람직한 상사' '바람직한 부하'라는 주제의 설문조사를 실시한 적이 있다. '상사가 가장 싫어질 때'를 묻는 질문에 '윗사람에게 아부하고 부하에게 군림하는 이중성을 보일 때'라고 대답한 사람이 19%로 가장 많았다. 반면 부하들은 '공은 부하에게 돌리고 책임은 본인이 처리할 때' (20%) 상사에게 가장 고마움을 느낀다고 하였던 것이다.

위와 같은 사례들이 우리에게 시사 하는바는 매우 크다. 즉 우리 모두는 군의 간부들로서 조직의 목표와 실천방향을 명심하고 업무를 추진해 나가되 “공은 부하에게 과(過)는 내가”라는 책임의식을 가져야 하는 것이다.

가. 군인의 책임

군인에게 있어 책임이란, “국가의 안전을 확보하고 국민의 생명과 재산을 보호하는 사명(군인복무규율 제4조의 2)의 주체”임을 자각하여 자신에게 주어진 임무를 완수하는 것을 말한다.

직무에 대한 책임의 중요성에 있어 군인의 책임보다 더 중요한 것은 많지 않을 것이다. 전시에 있어서 군인의 책무는 전쟁의 승패와 국가의 안위에 직접적인 영향을 미치기 때문이다. 이러한 군인의 책임은 대체로 다음과 같은 특성이 있다.

첫째, 군인에게는 계급과 직책에 따라 명확한 책임이 부여되어 있다.

둘째, 연대 책임의식이 중시된다. 함정이 정상적으로 운영되려면 위로는 함장으로부터 아래로는 말단 수병에 이르기까지 그 책무가 서로 다른 사람들이 한 팀을 이루어 각자가 맡은 일을 차질 없이 수행해야 한다. 또 한 사람의 잘못으로 배에 타고 있는 전체가 다 같이 어려운 상황에 처하기 때문에 군의 교육훈련 뿐만 아니라 일련의 사고 발생 시 연대책임이 강조되는 것이다.

셋째, 군인의 책임에는 개인의 희생과 헌신이 요구된다. 달려오는 열차를 보지 못하고 건널목을 건너다 목숨을 잃은 행인의 죽음에 대해 자기 목숨을 바쳐서라도 그 행인을 구하지 못했다고 해서 철도 건널목 간수에게 법적 책임을 물을 수는 없다. 그가 할 수 있는 일련의 조치들 경보조치, 차단기작동 등을 행한 이상 그에게는 아무런 책임이 가해지지 않는다. 그러나 군인의 경우는 다르다. 교전 중에 공격해오는 적을 보고 자신의 생명을 구하기 위해 진지를 벗어났다면 그는 법적 책임을 면할 수가 없다. 진지를 사수(死守)하는 것이 그에게 주어진 임무였다면 그는 목숨을 바쳐서라도 진지를 사수해야 하는 것이다.

이처럼 군인의 책임 완수에 희생이 강하게 요구되는 까닭은 군인에게 부여되는 임무의 완수가 특히 유사시에는 절대적으로 중요하기 때문인 것이다.

나. 책임완수

책임 완수라는 말 외에 우리는 또 "일이 잘못될 경우 누가 책임질 건가?" "사고가 난 이상 누군가 책임질 사람이 필요하다" 등의 말도 자주 듣는다. 다시 말해 책임에는 두 측면이 있는데, 하나는 '부여된 임무를 성실히 최선을 다해 완수 한다'는 적극적인 측면이고 다른 하나는 "일이 잘못되었을 경우 그에 따르는 모든 불이익을 감수 하겠다"는 소극적인 측면인 것이다.

반드시 임무를 완수하겠다는 적극적이고 능동적인 책임의식은 어떻게 형성되는가? 바나드(C. I. Barnard)[14]는 책임의식의 덕목을 구비하는 첫째 요건으로 강한 도덕성의 함양을 꼽는다. 책임이란 "반대의 행동을 하고 싶은 강한 충동이 있을지라도 개인의 행동을 규제하는 내면의 도덕성이 행동으로 나타나게 하는 각자의 자질"이라고 생각했기 때문이다.

다음, "결과에 대한 책임"을 의미하는 소극적인 책임과 관련한 논의는, 자신이 행한 일이 언제 면책(免責)될 수 있는가에 대한 판단기준을 제공해 줄 수 있다. 책임의 소재와 관련해 일찍이 아리스토텔레스는 "본의가 아닌(involuntary)" 행위에 대해서는 책임을 물을 수 없다고 보았다. 고의적인 행위에만 책임을 물을 수 있다는 얘기다.

그런데 "본의 또는 고의가 아닌 행위"는 "강요에 의한 행위(compulsory act)"와 "무지에 의한 행위(ignorant act)"로 다시 나뉜다. 전쟁터에서 행해지는 살상행위는 전자에 의해 정당화된다는 견해도 있다. 적을 죽이지 않으면 내가 죽는 상황에서 일종의 '강요된' 정당방위에 해당한다는 것이다. 다만, 군 간부에게 있어서는 후자, 즉 고의성이 없었더라도 무지에서 빚어진 범죄행위로부터 책임을 면할 수 있는 경우는 거의 없다. 오히려 모르고 있었다는 사실 자체가 무책임한 것이다.

다. 자신 · 하급자 · 임무에 대한 책임

군인의 책임은 자신에 대한 책임, 부하에 대한 책임 그리고 맡은 바 임무에 대한 책임의 세차원에서도 접근 가능하다.

---

14) 바나드(C. I. Barnard:1886-1961) : 미국의 경영학자 · 실업가. 『경영자의 역할』의 저자.

(1) 자신에 대한 책임

우선 자신에 대한 책임은 자신의 행동에 대한 평가와 그에 따른 결과를 정당한 것으로 받아들이는 자세이며, 현재 자신의 위치에서 바람직한 최선의 결과를 이루기 위해 항상 노력하고 맡은 일에 긍지와 자부심을 갖는 것이라 할 수 있다.

(2) 하급자에 대한 책임

부하에 대한 책임은 리더로서 자신이 한 것이든 하지 않은 것이든 부하들의 모든 일에 책임을 지는 것이다. 부하들의 행동에 대하여 책임지는 것은 결코 쉬운 일이 아니다. 그러나 결과에 대해 자신은 책임지지 않으며 부하들에게만 책임을 추궁한다면 부하들은 더 이상 당신을 조직의 리더로 생각하지 않을 것이다.

리더가 부하들에 대하여 책임지지 않고 오로지 권한만 행사하려 할 때, 부하들은 상급자를 신뢰하지 않는 상황이 발생하고 상급자 또한 신뢰할 수 없는 부하에게 권한과 책임을 위임하지 않으려 하기 때문에 결국 불신의 악순환이 반복되는 것이다.

따라서 일이 잘못되었을 때 이것은 “나의 책임이지 누구의 탓도 아니다”라고 자신 있게 말할 수 있을 때 진정한 리더십이 생기는 것이다.

(3) 임무에 대한 책임

임무에 대한 책임은 자신에 대한 책임과 부하에 대한 책임 모두가 결국 임무에 대한 책임으로 귀결되는 것으로 임무수행의 책임은 바로 군의 존재목적에 대한 책임이라고도 할 수 있다.

그런데 군의 임무는 집단적인 성질을 강하게 가지고 있기 때문에, 이러한 임무의 수행에는 복종심, 군기, 협동, 단결, 인화, 사기 등의 제(諸) 가치가 필요하다. 군기, 사기, 단결 등의 집단적 정신전력의 구성요소가 뒷받침될 때 군의 임무수행은 용이해진다는 의미이다.

이러한 측면에서 자기 자신에 대한 책임, 부하와 임무에 대한 책임은 결국 군인의 존재목적을 달성하기 위한 하나의 결합체라고 할 수 있겠다.

2. 청렴과 검소 : 부패한 군대가 전쟁에서 승리한 예는 없다.

가. 청렴과 검소

청렴이란 성품이 고결하여 공과 사가 분명하여 욕심이 없음을 뜻하고, 검소는 사치나 낭비, 향락을 자제하는 꾸밈없는 결백함을 말한다.

청렴은 부패와 반대되는 말로 나 한사람 쯤이야! 로 인해 사회와 군대조직이 무너질 수 있는 매우 중요한 실천 요소로 ①치우치지 않는 공정(개인차이 인 종교. 인종. 민족. 직업. 친분을 가리지 않고 개인의 노력과 능력에 따라 똑같이 대우하고 분배하는 것) ②내 몫을 다 하는 책임(자신에게 주어진 소임완수와 결과에 대한 책임) ③함께 지키는 약속(타인과의 공식적 형식을 포함한 준법) ④욕심을 버리는 절제(내 것과 남의 것을 구분하여 함부로 가져다 쓰지 않고 낭비하지 않는 소유구분) ⑤진실을 위한 정직(사소한 일로부터 거짓되지 않고 눈앞의 이익만 추구하지 않는 자세) ⑥공공을 위한 배려(상대방의 입장에서 생각하고 행동하며 대중을 이익을 위해 노력) 하는 행동이다.

무릇 청렴과 검소는 물질보다 고결한 성품과 고도의 극기 및 절제를 앞세우므로 인격형성의 근원이요 도덕적 활력의 원천이자 군인 윤리의 토양이 되고 나아가 사회와 국민의 정신적 기강의 척도가 되는 것이다.

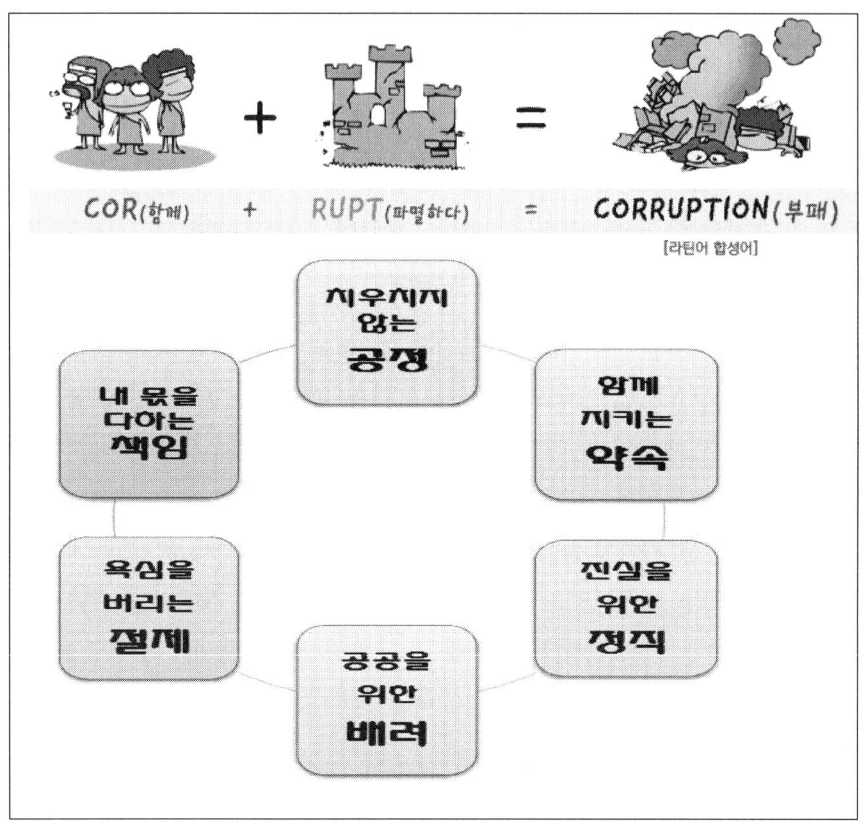

나. 군인의 청렴과 검소

원래 청렴결백하고 솔직담백함을 중심으로 하는 군인의 도덕성에는 어떠한 형태, 어떤 규모이건 간에 부조리나 비리가 끼어들 여지는 없다. 아니 있어서는 안 된다.

최근 우리사회에서는 과거 수십여 년 간 일종의 관례처럼 묵인되어 오던 각종 부조리들이 한꺼번에 드러나면서 나라 전체가 부패의 소용돌이에 휘말려 있는 듯하다. 그러나 이것이 군내 부조리를 합리화시켜 주거나 그 문제점을 덮어줄 수 있는 것은 아니다.

"사회도 썩었는데 군대인들 안 그럴 수 있느냐" "사회에 비하면 군의 비리는 아무것도 아니다"라고 생각해서는 안 된다는 것이다.

오히려 세상의 모든 조직이 다 부패하더라도 군대조직만은 그리고 군인만은 부패해서는 안 된다는 신념을 가져야 한다. 군인이 물욕(物慾)에 눈을 뜨기 시작하면 이미 위국헌신의 본분에서는 멀어질 수밖에 없기 때문이다. 또한 모름지기 적은 군대로 많은 군대를 이길 수는 있어도 부패한 군대로 건전한 군대를 이길 수 없다는 것은 인류역사를 통해 증명된 전진(戰陣)의 철칙이기 때문이다.

예부터 군인은 군문(軍門)에 들어서면 가족을 잊어버리고 북소리가 둥둥 울리면 자기 자신을 잊어버려야 한다고 했다. 부패는 욕심에서 나온다. 욕심은 외로움과 헌신보다는 내 가족의 안일만 생각하고 내 자신의 생명만을 귀하게 여기게 할 테니 부패한 장수란 승리하는 지휘관이 될 수 없다.

또 군의 부패는 좁게는 군내 상호불신을 조장하여 군의 단결을 저해하고 사기를 떨어뜨려 전투력을 약화시키며 넓게는 국민으로 하여금 군을 불신하게 하여 총화안보의 기틀을 교란하는 요인이 되는 것이다.

이처럼 군의 부패는 만(萬)가지 화의 근원이 된다. 그래서 사회가 아무리 부패하더라도 군만은 청렴하고 결백해야 하는 것이다.

다. 군의 변화

현재 부조리 문제에 관한 한 군의 분위기는 엄청나게 달라졌다. 있어서는 안 될 비리와 부정이 없어졌음은 물론이고 과거에는 그 정도면 관행으로 용인되던 행위들도 지금은 명확한 규정과 원칙에 의거 철저히 개혁되고 있다.

더욱 중요한 것은 이러한 조치들이 광범위한 공감대 위에서 진행되고 있다는 점이다. 이제는 어떤 지휘관 어떤 간부도 감히 부정과 비리를 쉽게 생각하지 못할 정도가 된 것이다.

이렇게 지금 군내에서는 정의가 확립되어 가고 있으며, 우리 모두는 이러한 변화에 적극 동참하여 그 결과를 더욱 앞당길 수 있도록 노력해야 할 것이다.

라. 참된 군인의 길

혹자는 반문할지도 모른다. “우리가 참된 군인이 되려면 우선 국가에서 그렇게 될 수 있도록 뒷받침을 해주어야 할 것 아니냐?”고 그러나 참된 군인은 누가 만들어 주는 것이 아니라 군인 스스로 그렇게 되도록 노력해야 하는 것이다.

군인이 당연히 해야 할 바를 하려는 것이지 누구로부터 어떤 대가를 기대한다거나 계약에 의해 행동하려는 것이 아니다.

참된 군인은 대우에 따라 충성도가 달라지는 중세적 용병이 아니며 그렇기 때문에 사명감만으로 살아가는 참된 군인의 길은 험하고 외로운 것이다.

그러나 그 길은 한편으로 보람되고 명예로운 길이기도 한 것이다.

직업군인은 모두 참된 군인의 길을 가겠다고 스스로 선택한 사람들이다.

군인들 중에서 장차 돈을 벌어 잘 살아보겠다는 생각을 갖고 고된 훈련과 힘든 시련을 겪고 있는 사람은 아무도 없을 것이다.

돈을 벌기 위해서라면 군문에 들어오느니 차라리 장사를 하는 편이 나았을 것이다. 군인은 국가와 민족을 위해서 또는 이 사회를 위한 삶을 살겠다고 해서 군에 들어온 것이다.

더욱이 선배 군인들은 나라가 위기에 처하였을 때 얼마 안 되는 사재(私財)까지 털어가며 군자금을 마련했고, 이 돈을 무기 구입・학교 설립 등에 충당한 자랑스러운 전통의 주인공들이었다.

일찍이 맹자는 "하늘이 모름지기 그 사람에게 큰일을 맡기고자 함에 먼저 그 사람의 마음을 수고롭게 하고 다음으로 그 사람의 몸을 수고롭게 하고 ..."라고 갈파하였다.

결국 어려움과 고뇌로 큰일을 해야 할 사람들, 바른 가치 속에 살고자 하는 사람들이 당연히 겪어야 할 담금질의 과정일지도 모르겠다.

3. 전문과 창의 : 무엇이 문제인가? 어떻게 할 것인가?

가. 지식정보시대의 도래

지금 우리는 농업사회, 산업사회를 거쳐 앨빈 토플러(A.Toffler)가 말한 제 3의 물결인 정보화 사회로의 이전을 경험하고 있다. 기존의 노동, 자본 집약적인 경제・사회 구조는 이제 정보와 지식에 그 자리를 내주고 있다.

사고양식에서는 "Wait and See" ,일단은 기다려 보겠다고 하는 냉소적 태도에서 적극적 참여가 요구되는 쪽으로 역사의 시계추가 옮겨가고 있다. 경영방식에 있어서도 통제경영, 해방경영, 자율경영의 시대를 넘어 일정경영으로 대변되는 시대로 나아가고 있다.

이는 기존의 단순한 명령과 그에 따르는 무조건적 복종에 근거한 업무처리 시대에서 각자가 고도의 전문성과 창의를 가지고 실패를 두려워 않는 도전정신으로 꾸준한 자기계발과 자발적인 동기부여를 하는 시대로의 전환을 의미하는 것이다.

이러한 흐름은 사회 전반적인 변화와 더불어 군내에도 커다란 변화를 강요하고 있다. 기존의 병력중심 전력에서 화력과 정보・전문성 중심의 전력으로 편제됨에 따라 군에도 더욱더 고도의 창의와 전문성이 요구되는 시점에 도달한 것이다.

나. 창의, 그리고 전문성의 의의

사실 열대지방의 단조로운 기후에 살고 있는 민족은 게으른 편이다. 추위가 없으니 집이나 옷도 별로 중요치 않고, 항상 먹을 것이 있으니 일할 동기나 의욕도 크게 생기지 않기 때문이다. 오죽하면 이런 지역에서는 미물인 곤충까지도 나태해진다고 했을까? 남양은 일 년 12달 꽃이 피어있는 곳이지만, 벌통에서 꿀을 딸 수 없다고 한다. 꽃에 꿀은 많지만 벌조차도 꿀을 운반해서 저장하는 일을 하지 않기 때문이다.

그러나 자연의 악조건에 맞서 집을 짓고 불을 일으킨 사람들이야말로 오늘날의 문명을 이룩해 놓은 장본인이라고 할 수 있다. 토인비는 중국의 황하 문명을 가리켜 역사의 살아있는 교훈이라고 지적한다.

여름에는 살인적인 더위와 홍수로, 겨울에는 혹한으로 사람들에게 시련을 부여했지만 중국인들은 여기에 맞서 싸우면서, 적응하고 극복하는 지혜와 용기와 의지를 형성해 나갔기 때문이다. 이처럼 창의를 바탕으로 한 도전과 응전은 인류 역사의 원동력일 뿐만 아니라 한 개인의 발전을 위한 원동력이 되는 것이다.

다. 사고(思考)하는 군인

한때 군인이 책이라도 들고 다닐라치면 군무에 불성실한 태만한 사람으로 오인되던 시절이 있었다고 한다. 그러나 우리는 결코 "군인이 공부해서 뭘 해?"하는 어리석은 편견에 젖어서는 안 될 것이다.

아무리 우수한 무기와 정예훈련을 받은 강인한 병사들을 보유하고 있고 나아가 이들을 효과적으로 통솔할 수 있는 지휘능력마저 우수하다 가정하더라도, 이 모든 유리한 상황을 적절하게 조합해 적보다 상대적인 우세를 획득하고 승리를 쟁취하려면 창의적이고 예술적인 작전계획이라든가 전략 등이 필요하기 때문이다.

따라서 군인이 배워서 실력을 쌓지도 않으면서 싸움에서 이기기만을 바란다면 이는 씨도 뿌리지 않은 채 열매만 기다리는 농부와 다름이 없는 것이다.

라. 잠자고 있던 영국·프랑스, 끊임없이 사고하고 창조했던 독일

그러나 배움만으로도 부족하다. 어느 정도 강한 군대의 명성을 얻기 위해서는 배움만으로도 가능할지 모르지만 승리만은 언제나 창조하는 군대의 몫이다. 강한 군대라는 평가는 현재가 기준이지만 승리는 미래에 오는 것이므로 언제나 앞서서 창조하는 자만이 확보할 수 있기 때문이다.

제2차 대전 전까지 세계에서 가장 강한 군대 가운데 하나가 독일군이었다. 전체주의 나치에 봉사하는 군대가 되었고 독재자 히틀러에게 무조건적으로 복종함으로써 종국에는 파멸이 불가피했지만, 독일군이 대전 초기에 거둔 승리만큼은 눈부신 것이었다. 그리고 이러한 승리의 기틀을 마련한 것이 바로 독일군의 '끊임없이 사고하고 창조하는 전통'이었던 것이다.

그들의 연구하는 태도야말로, 제1차 대전의 패배로부터 채 20년이 지나지 않아 또 다시 세계 최강의 군대를 부활시킨 요소였던 것이다. 그들은 비밀리에 제 1차 대전의 패인을 분석하고 그 실패의 교훈을 승리의 비결로 만들기 위해 끈질기게 노력하였다.

그리고 그들에게 해결책으로 주어진 것이 바로 영국인 풀러(J. F. C. Fuller)[15]의 '기계화전 이론'이었다.

독일은 이 이론을 하나하나 연구와 실험을 통해 체계화시켜 나갔으며 마침내 전격전(Blitzkrieg)[16]의 신화를 만들어 냈다.

---

15) 풀러(J.F.C.Fuller) : 전차 중심의 기동전법과 기계화 시대에 적합한 전쟁 수행 방식을 최초로 제시한 군사이론가. 그의 저서 『기계화전』은 제 2차 대전 당시 많은 군사지도자들에게 심대한 영향을 미쳤다.

16) 전격전(電擊戰, Blitzkrieg) : 공군의 지원하에 기계화부대가 적의 제 1선을 급속히 돌파함으로써 적을 양단(兩斷)시키

그러나 이처럼 독일이 피나는 노력을 전개하는 동안, 정작 풀러의 본국인 영국은 그의 이론을 아예 무시하고 있었고, 프랑스는 과거(제1차 대전) 참호전(trench warfare)의 승리에 도취되어 "방어만이 전승을 가져온다는" 믿음으로 철근 콘크리트의 마지노선(Maginot Line)[17]을 구축하는 데만 전력을 기울이고 있었다.

결국 프랑스는 독일군의 열화와 같은 전격전 앞에 여지없이 패퇴하였고, 이를 두고 후일 미국의 군사학자 개빈(Gabin)은 "프랑스는 철근 콘크리트에 기만된 것이 아니라 그들 자신의 바보 같은 두뇌에 기만되었다."고 적절히 지적했던 것이다.

마. 배우고 창조하며

군인은 항상 무엇이든 배울 것을 찾아야 한다. "전투복을 입고 완전군장을 하고도 손에 총과 더불어 책을 빼놓지 않는 것이 간부다"라는 분위기가 형성되어야 한다.

그리고 이렇게 배우고 익힌 전문성을 바탕으로 부대 발전과 전투 승리의 인자(因子)를 창조하는 창의성을 발휘해야 하는 것이다.

고, 양단된 적부대는 후속 보병부대가 각개격파하는 전법. 독일군이 1939년의 폴란드 침공시 처음 사용.

17) 마지노선(Maginot Line) : 제 1차대전 프랑스가 독일군의 공격을 저지하기 위해 양국의 국적을 중심으로 구축한 대규모의 요새선(要塞線)으로, 당시 프랑스 육군장관인 마지노의 이름을 따서 붙인 명칭이다.

제 3 절

군인의 사생관(死生觀)

인생이 한 조각의 배를 타고 망망대해를 헤쳐 가는 항해라면 그 속의 뱃사공은 나 자신이다. 따라서 이상(理想)의 모자를 쓰고 성실(誠實)의 허리띠를 띠고 신념(信念)의 구두를 신고 노력(努力)의 걸음을 걸어 승리와 행복의 정상에 도달하는 것은 우리의 몫이다.

1. 아름다운 삶

"사람이면 다 사람인가? 사람다워야 사람이지."

> 한 젊은이가 나치 친위대원 에게 끌려나오며 울부짖고 있었다.
> "나는 억울합니다. 하늘에 맹세코 나는 반(反) 나치운동을 한 적이 없습니다…" 이 젊은이는 자신의 억울함을 호소하며 살려달라고 애원하고 있었다. 처절하다 못해 비굴하기까지 했다.
> 앞에는 이미 많은 사람들이 같은 죄목으로 포승줄에 묶인 채 묵묵히 체념한 듯이 죽음을 기다리고 있었다. 그들 중 단호하면서도 의연한 표정의 중년 남자가 이 사람을 향해 점잖고 날카로운 목소리로 타이르듯 꾸짖었다. "바로 그게 당신이 죽어야만 하는 이유요. 당신은 저 잔혹한 나치에 대해 저항하지 않고 방관만 하고 있었기 때문에 지금 죽게 되는 거요." 잠시후, 요란한 기관총소리와 함께 그들은 모두 형장의 이슬로 사라져 갔다.

이것은 어떤 영화의 한 장면인데, 우리는 여기서 두 가지 삶의 형태를 만나게 된다. 하나는 죽음을 각오하면서 반(反)나치운동을 하다 의연하게 삶을 마감하는 사람의 모습이고 다른 하나는 일신의 안일만을 추구하며 시류에 편승하여 살다가 나치에 희생당하는 사람의 모습이다.

전자의 경우를 보고 사람들은 감동하며 마음으로부터 뭔가를 느끼게 된다. 민족을 위해, 조국과 역사적 대의를 위해 확고한 신념을 갖고 살았기 때문에 그러한 절체절명의 상황에서도 의연하게 죽음을 맞이할 수 있었던 것이다. 그리고 후자의 경우를 보고 사람들은 그 사람의 억울한 죽음을 애도하기보다는 비굴한 모습을 더 오래 기억할지 모른다.

이 두 사람의 전혀 상반되는 모습은 어디서 비롯됐으며, 무엇 때문인가?

어떤 삶이 진정으로 가치 있는 삶일까?

가. 올바른 인생관의 의의

"진정한 변화는 바라보는 방식의 변화에 있다."

– 프루스트[18]의『잃어버린 시간을 찾아서』중에서

빠르고 늦은 정도의 차이는 있겠지만 누구나 살면서 한번쯤은 "삶이란 무엇인가?" "살아야 한다면 어떻게 살아야 하는가?" 그리고 "죽음은 무엇인가?" 등의 문제를 가지고 심각해지는 시기가 있게 마련이다. 이처럼 인생의 본질, 가치 있는 삶에 대한 인식을 통해 자연스레 개인의 인생관이 형성된다. 이러한 인생관의 의미는 정확히 무엇이며, 올바른 인생관은 왜 중요한가?

(1) 인생관이란

인생관(View of life)에 대해 철학대사전에서는 "인생에 대한 전체적, 통일적, 직관적인 사고방법"이라고 정의하고 있다. 또 국어대사전에서는 "인생의 목적, 의의, 가치 및 그가 갖는 의미를 이해, 해석, 평가하는 전체적인 사고방법"이라고 풀이한다.

결국 인생관이란 "인간 자신이 의식적이든 무의식적이든 지니는 삶에 대한 중요한 관점"이라고 할 수 있다.

18) 프루스트(M. Proust : 1871-1922) : 프랑스의 소설가. 20세기 전반의 소설 중 질·양에 있어서 모두 최고의 것으로 일컬어지는『잃어버린 시간을 찾아서』의 작자이다.

(2) 인생관의 몇 가지 유형

인생관의 개념을 보다 풍부하게 하고 우리의 인생관에 대한 이해를 도울 수 있도록 인생관의 몇 가지 유형을 검토해 보자.

(가) 낙천주의 그리고 비관주의

세상을 바라보는 태도에는 크게 두 가지가 있을 수 있다. 하나는 긍정적·희망적인 낙천주의요, 다른 하나는 소극적·절망적인 비관주의이다. 물론 무모한 낙천주의도 있고, 사태를 올바르게 파악한 비관주의도 있겠지만, 한가지 분명한 사실은 비관주의적 태도보다 낙관주의적인 태도로 임할 때 성취정도가 훨씬 높다는 것이다.

반쯤 물이 담긴 컵을 보고 "물이 반밖에 없다"고 표현한 사람과 "물이 아직 반이나 남아 있다."라고 말한 사람의 차이, 그리고 똑같이 아프리카로 신발에 대한 시장조사를 다녀와 "도저히 안 되겠습니다. 아프리카에서는 아무도 신발을 신지 않습니다" 라고 한 사원과 "엄청난 시장입니다. 모두에게 신발을 신길 수 있겠습니다"라고 한 사원의 차이.

그 결과는 어떠할까? 인생도 마찬가지다.

매일매일 힘들고 고통스럽다고 생각할 때와 적극적이고 희망적으로 현실생활에 임할 때에 훗날 나타나는 차이는 극복이 불가능할 정도로 벌어져 있지 않을까?

(나) 동양인과 서양인이 생각한 인생

인생관에 관한 개념에서 하나 흥미로운 것은 동서양이 그 의미를 조금씩 달리하고 있다는 사실이다.[19)]

동양의 인생관은 상대적으로 '죽음'에 비중을 두어 그 사람이 어떻게 죽었느냐, 얼마만큼 떳떳하고 의롭게 죽었느냐를 중시했다. 이를 단적으로 나타내는 것이 "호랑이는 죽어서 가죽을 나기고 사람은 죽어서 이름 석 자를 남긴다"는 격언이다. 죽음에 대한 이러한 중시는 불교의 윤회사상(輪回思想), 즉 수레바퀴가

19) 이러한 차이는, 동양은 순환적 역사관이 발달한 반면 서양은 직선적 역사관이 발달했다는 사실과도 관련이 깊다. 그 결과 서양이 이상과 목표 추구 경향으로 흘렀다면 동양은 과정과 수단의 합목적성을 강조하는 방향으로 나아갔기 때문이다.

돌고 돌아 끝이 없는 것과 같이 중생의 영혼도 육신과 함께 멸하지 않고 무시무종(無始無終)으로 돈다는 사상에서 영향을 받은 것으로 보인다. 뿐만 아니다. 일찍이 맹자는 삶과 죽음의 선택기준에 대해 다음과 같이 갈파한 적이 있다. “생선도 내가 먹고 싶고 웅장(熊掌)도[20] 내가 먹고 싶지만 두 가지를 다 얻을 수 없을 때는 웅장을 취할 것이다. 마찬가지로 살고자 하는 것도 나의 욕망이며, 의로운 일을 하고자 하는 것도 나의 욕망이지만 이 두 가지 중에 한 가지 밖에 할 수 없을 때는 삶을 버리고 의(義)를 택하겠다”고 동양적 의미에서 삶의 보람과 죽음의 가치는 대의를 찾는데 그 참뜻이 있었던 것이다.

반면 서양의 인생관은 동양의 그것에 비해 죽음은 차후의 문제이며 ‘삶’ 에 우선을 두었는데, 이러한 사상은 유럽의 실존주의(existentialism)와 미국의 실용주의(pragmatism)의 영향으로 파악된다. 다만, “과거 어느 문명의 쇠퇴는 시체를 아름답게 화장하고 아이들에게 시신을 숨기는 데서부터 시작되었다”던 한 문명비평가의 해석은 우리에게 많은 것을 생각게 한다. 죽음의 처절함과 끔찍함을 외면하려고 할 때 사람들은 세속화에 물들어 안이한 쾌락에만 젖고, 그 문화와 문명 역시 생명력과 활력을 잃게 된다는 것이다.

(다) 한국인의 인생관

한국 사람들은 또 어떠한가? 한국 사람처럼 죽는다는 말을 잘 쓰는 사람들도 없다고들 한다. 좋을 때는 좋아 죽겠고 기쁠 때는 기뻐 죽겠다고 한다. 감정 표현만이 아니다. 생명이 없는 물체인 시계도 죽고 맛도 죽었다고 한다. 심지어 문명의 첨단인 컴퓨터에 대해서도 그것이 다운(down)되었을 때 컴퓨터가 죽었다고 하는 우리의 모습을 가리켜 ‘전천후의 죽겠다. 문화’ 라고 규정하는 이도 있다.

한국인이 죽음이라는 단어를 잘 쓴다는 것을 역설적으로 그만큼 생명에 대한 깊은 관심을 지니고 있다는 반증이기도 하다.

그러나 한국인이 죽음이라는 단어를 잘 쓴다는 것은 역설적으로 그만큼 생명에 대한 깊은 관심을 지니고 있다는 반증이기도 하다. 죽음을 생각하며 살아가는 사람들은 죽음이 와도 여전히 남는 삶의 가치를 얻기 위해 애쓰는 까닭이다. 그런 의미에서 죽음을 잊고 살아가는 사람들, 남들은 다 죽어도 자기 혼자만은

20) 곰의 발바닥. 팔진미(八珍味)의 하나로 풍한(風寒)을 물리친다고 한다.

천년만년 살 것 같은 착각 속에서 사는 사람들은 아침이슬과 물거품의 허상 속에 매달려 살고 있는 것과 다를 바 없는 것이다.

(3) 올바른 인생관의 의미 : 삶과 죽음의 균형 잡기

인간이 어떻게 사고하며 생활하고 있는가 하는 '값진 삶의 과정'과 육신의 삶 이후까지를 생각하는 '가치 있는 죽음'은 그 우열을 따질 수 없을뿐더러 서로 별개의 것도 아니다. 매사에 긍정적, 적극적, 능동적으로 인생의 가치를 추구하며 살아갈 때 가치 있는 죽음까지도 어렵지 않게 선택할 수 있을 것이다. 따라서 우리는 올바른 인생관의 의미를 '가치 있는 삶을 전제로 한 죽음에 대한 확고한 태도'에서 찾는 것이 옳을 것이다.

인생이란 삶과 죽음의 두 바퀴가 있을 때 비로소 굴러가는 수레라는 인식을 가져야 한다. 죽음을 잊고 사는 삶은 그림자 없는 빛처럼 그 입체성을 상실하여 평면화 하고 말 것이다.

인생이란 죽음과 삶의 두 바퀴가 있을 때 비로소 굴러가는 수레라는 인식을 가져야 한다.

(4) 올바른 인생관의 중요성 : 바라보는 방식의 변화

이러한 올바른 인생관의 형성은 왜 그리고 얼마나 중요할까? 우리는 모두 어렸을 적 색안경을 쓰고 놀아본 경험이 있다. 그 당시 우리는 모두 신기한 체험을 하였던 기억이 있다. 푸른 빛깔의 안경을 쓰고 세상을 보면 모든 것이 푸르게 보였고, 회색의 안경을 쓰고 보면 만물이 다 회색으로 보였던 기억 말이다. 이처럼 어떤 안경을 쓰느냐에 따라 그 의미가 천양지차였던 것처럼 개인이 어떤 인생관을 갖고 살아가느냐에 따라서 그 사람의 인생의 의미도 천차만별이 된다. 벌은 물을 마셔서 꿀을 만들고 뱀은 물을 마셔서 독을 만든다고 하였다.

나. 내 인생의 주인으로

갈라진 두 길이 있었지. 그리고 나는 ...
나는 사람들이 덜 다닌 길을 택했고,
그것이 모든 것을 바꾸어 놓았네.
- 로버트 프로스트[21)]의 『가지 않은 길(the road not taken)』 중에서

(1) 무언가 흔적을 남겨야

우리의 인생은 어디서 왔는지 모르며 또 어디로 가는지도 모른다. 그러나 우리는 내 자유와 내 책임 하에 인생의 의미를 스스로 찾고 스스로 만들어나가야 한다.

인생은 공수래공수거(空手來空手去)라고 하지만 인생은 결코 빈손으로 왔다. 빈손으로 가는 것이 아니다. 올 때에는 빈손으로 오지만, 갈 때에는 무엇인가 보람있는 일을 남겨놓고 가야한다.

"이 세상에 무엇을 남겨 놓고 갈 것인가?" 우리는 항상 이런 물음을 지니고 인생을 살아야 한다.

인간이 과거에 안 태어날 수 없어서 현재에 안 살 수 없어서 미래에 안 죽을 수 없어서 태어나 살다가 죽고 마는 숙명적·수동적 존재라고만 한다면 우리의 인생이란 것이 얼마나 허무하고 무의미하겠는가? 어리석은 자는 항상 삶 다음에 죽음이 오지만 현명한 사람은 죽은 다음에 삶이 온다고 하였다. 원효는 훌륭한 사상을, 퇴계는 뛰어난 저술을, 충무공은 위대한 애국심을 영원히 남겼다.

죽음의 신이 우리 생명의 문을 노크할 때 우리는 수십 년 동안 땀 흘려 일하며 창조한 가치물을 그 앞에 내어놓아야 한다.

(2) 내 인생은 나의 몫

요컨대, 수작(秀作)의 인생을 만드느냐, 졸작(拙作)의 인생을 만드느냐 하는 것은 전적으로 나 자신에게 달려있다는 것이다.

---

21) 프로스트(R. S. Frost : 1874-1963) : 청경우독(晴耕雨讀)하던 경험을 살려 소작한 농민과 자연을 노래함으로써 현대 미국 시인 중에서 가장 순수한 고전적 시인으로 꼽힌다.

남이 나의 인생을 대신 살아주는 것이 아니요, 내가 나의 인생을 사는 것이다. 그래서 인생은 내가 각본을 쓰고 내가 연기를 하는 자작자연의 연극과도 같다고 하였고, "세계는 무대요, 인생은 배우다"라고 문호 셰익스피어는 갈파했던 것이다. 지금이라고 우리는 숙명주의를 버리고 노력주의로, 체념주의를 버리고 사명주의로, 소극주의를 버리고 적극주의로 방향전환을 해야 한다.

나의 운명은 나의 수중에 있으며 나의 행동은 나의 노력으로 건설해야 한다. 내가 나의 주인이다.

다. 생의 순간순간 최선을 다하는 자세를

오늘이 내 인생 최초의 날이라고 생각하면 얼마나 기쁘고 감격스럽고 희망과 기대가 많겠는가? 또 오늘이 내 인생의 마지막 날이라고 생각한다면 우리는 진지한 마음과 성실한 자세를 갖지 않을 수 없을 것이다.

이를 위해서는 유한적(有限的) 삶에 대한 인식이 유용하다. 그때 비로소 우리는 생의 순간순간 최선을 다하는 자세를 견지할 수 있기 때문이다. "내가 보낸 오늘의 헛된 시간은 어제 죽은 사람이 그렇게 살기를 갈망하던 내일" 이었음을 깨달을 때 우리는 오늘이 내 인생 최초의 날인 동시에 최후의 날인 것처럼 살아갈 수 있을 것이다.

물론 대부분의 사람들은 그러지 못한다. 눈앞의 단기적, 찰나적 쾌락의 유혹에 못 이겨 생을 허비한다. 그래서 여름 내내 열심히 일하는 개미와 아무 생각 없이 즐기는 베짱이를 대비시키며 근면하고 성실한 삶을 권장하는 우화(Aesop's fables)로 인간들을 경계하기도 하였던 것이다.

지금 우리 사회의 한편에서는 자살이 사회문제가 되고 있다. 그러나 다른 한편에서는 조용하지만 "유서쓰기 운동"이 벌어지는 현실에도 주목해야 한다. 유서를 쓰며 올바른 삶의 방향을 인식할 수 있었고 유서를 쓰며 삶의 소중함을 새삼스레 알았다는 사람들이 많다.

이 세상에서 가장 확실한 것은 사람은 누구나 죽는다는 것이고 가장 불확실한 것은 언제 죽을지 모른다는 것이다. 그러나 죽음을 피할 수 없는 자연의 섭리 앞에서면 사람은 누구나 숙연해질 수밖에 없고 또 겸손해질 수밖에 없다. 우리는 영겁의 세월 앞에 하나의 점을 남기고 떠나야 하는 인생이라는 여로(旅路)를 걷고 있는 여행자다. 유서쓰기는 살아가면서 자신이 선 자리를 확인하고 인생 여정을 되돌아볼 수 있는 계기가 된다. 이것이야말로 언제 닥칠지 모르는 죽음 앞에서 자신의 삶을 충실히 살아가도록 방향을 제시해주는 나침반이 되는 것이다.

사람의 마음속에는 정욕(情慾)이나 물욕, 출세욕 같은 본능적인 욕구가 있는가 하면 보다 깊은 내면에는 죽음에 대한 공포가 언제나 자리 잡고 있다. "죽음에 대한 실존이 있고서야 인간이 인간답게 된다"는 어느 철학자의 말처럼 사람이면 다 사람인 것이 아니다. 사람답게 살다가 사람답게 죽어야 참된 사람일 수 있겠는데, 이를 위해서는 시류에 휩쓸려 줏대 없이 사는 것이 아니라 내 삶의 주인이 되어 인간의 유한적 삶을 인식하고 나 자신보다는 더 큰 다른 무언가를 위해 살아가는 것이 필요한 것이다.

인생의 가치는 그 살아온 시간의 길이에 있지 않고 어떻게 살아왔는가 하는 삶의 내용에 있다. 자 이제 우리 자신의 인생사에서, 나는 주인공이 될 것인가? 아니면 환경에 대한 단순한 반응자에 머물 것인가? 이것이 바람직한 인생관 형성의 출발점이자 종착점이 될 것이며, 가치 있는 삶을 좌우하는 관건이 될 것이다.

과거는 이미 지나버린 역사다. 미래는 불가지(不可知)의 세계다. 그리고 지금 현재는 신이 우리에게 준 선물이다. 그래서 우리는 현재를 present(선물)라고 부르는 것이다.

(Yesterday is history. Tomorrow is mystery. Today is a gift. That is why we call it present.)

[사 례]

1) 롤 모델의 개념

롤 모델 이란 자기가 마땅히 해야 할 직책이나 임무 등의 본보기가 되는 대상이나 모범행동을 말한다.

2) 롤 모델 사례 1 -한 병사의 책임의식[22)]

1950년 6월 29일 미 극동군사령관이던 맥아더 장군은 전황을 파악하기 위해 한강방어선을 시찰하였다. 개인호를 지키고 있던 병사(학도병 신동수)에게 "자네는 언제까지 그 호를 지키고 있을 것인가?"라고 물었다. 그러자 신동수는 "군인은 명령에 따를 뿐입니다. 제 상관이 철수하라는 명령을 내리지 않으면 죽는 순간까지 이곳을 지킬 것입니다." 라고 말했다. 라는 말을 들은 맥아더 장군은 곧 바로 한국전에 참전 의지를 굳히고 풍전등화와 같은 상황을 반전 시키는 게기가 되었다.

[사 례] '충성' 실천사례

〈참수리정과 함께 산화한 영웅들〉

2002년 6월 29일, 서해 바다는 포성과 총성으로 달아올랐다. 북방한계선(NLL)을 넘어 우리의 관할 해역을 침범한 북한 등산곶 경비정 684호의 기습 공격, 그리고 치열했던 31분간의 교전....

참수리 357호 정장 윤영하 소령을 비롯한 전사들은 평소 훈련한 대로 즉각 대응사력을 실시하며 불꽃의 전투의지와 투혼을 보여주었다.

[사 례] 용기' 실천사례

〈폭우로 넘친 계곡에 뛰어든 군인〉

설억수 하사가 경남 밀양의 운문사 계곡에서 수영을 하다 탈진해 버린 한 피서객을 발견했다. 그 모습을 본 설 하사는 잠시의 망설임도 없이 계곡으로 뛰어 들었다. 설 하사는 극적으로 구해낸 다음 곧 바로 응급조치를 취했으며 곧 이어 도착한 119구급대에 의해 피서객을 인근 병원으로 후송되어 치료를 받을 수 있었다.

설 하사의 미담은 피서객 김씨가 수소문하여 마침내 부대까지 찾아와 감사의 뜻을 전하게 되어 알려졌다. 곤경에 처해 있던 한 사람을 위해 거침없이 물속으로 뛰어든다는 건 결코 쉬운일이 아니다. 그러나 설 하사의 용기가 얼마나 대단한가....

2. 나라의 등불

군인은 입대와 동시에 그 생의 목표를 세웠다. 자신을 위한 지극히 좁고 작은 범위 안에서 살지 않고 나라와 겨레를 위한 큰 세계에서 살겠다는 목표를 말이다. 이처럼 보다 큰 삶 속에서 자기 생의 가치와 보람을 찾으려는 것이 군인이다. 군인은 값있고 영광스러운 삶을 온전히 마치기 위해 그 생의 마지막을 장식하는 죽음까지도 기꺼이 국가에 바칠 각오를 한 사람들인 것이다.

가. 군인의 사생관

"사생관이 확실한 사람에게는 인간적인 매력이 있다고 할 수 있으며, 또 인생의 각오를 가지고 있는 사람은 지도력과 통솔력이 있다고 할 수 있다."

22) 6.25 전투사례.

(1) 사생관이란 ?

삶과 죽음에 대한 자기 나름의 생각과 태도를 가리켜 사생관(死生觀)이라고 한다. 비록 그것이 어떠한 형태의 종교적 사생관, 철학적 사생관 등의 것이든 사람은 누구나 죽음에 대한 일정한 태도를 가짐으로써 자신의 삶에 대한 태도까지도 분명히 세울 수 있게 된다. 사생관의 의의는 이처럼 마음속 깊이 간직된 죽음에 대한 인식을 통해 개인의 행동과 삶의 태도 전반에 영향을 미치는데 있다. 즉, 사생관은 인생관의 다른 표현으로서 양자는 동전의 앞뒷면과 같은 관계에 있다. 그리고 이러한 사생관은 개인이 참된 삶을 영위할 수 있는 태도와 마음가짐을 형성케 하는 것이다.

(2) 사생관의 진정한 의미 : 필사즉영생(必死則永生)

사생관을 세운다는 것이 결코 생명을 가벼이 여기거나 생명에 무관심하다는 의미는 아니다. 인간에게 있어 목숨보다 소중한 것은 없다. 오히려 생명은 누구에게나 귀중한 것이기 때문에 생명을 바쳐 얻는 것이 가치 있는 것이며 그러한 삶이 또한 존경받을 수 있는 것이다. 생명이 가치 없는 것이라면 생명을 바쳐 이룬 것도 도덕적으로 칭송받을 아무런 이유도 없게 된다. 생명이 존귀한 만큼 한 사람의 인격은 그의 죽음의 양태에 의해서 완성된다고 할 수 있는 것이다.

이 세상에는 의리와 절개를 저버리고 배신과 배반을 일삼으며, 불의와 부정과 타협해서라도 구차하게 생명을 유지해 보려는 사람도 없지 않다. 그렇다고 그들이 죽지 않고 영원히 살 수 있겠는가?

그러나 사생관을 세운다는 것이 결코 생명을 가벼이 여기거나 생명에 무관심하다는 의미는 아니다.

어차피 사람은 한번은 죽게 되어 있다. 그러나 인간은 누구나 자신의 죽음을 예측할 수 없다. 아무도 자신이 죽을 날짜를 알 수 없는 것이다. 다만, 확실한 것은 언젠가는 죽는다는 사실뿐이다. 그렇기 때문에 "언제 죽느냐"가 우리의 관심사가 될 수 없고 "어떻게 죽느냐"가 문제가 되는 것이다. 비굴하게 자신만을 위하다가 명예롭지 못한 죽음을 맞이하는 사람도 있고 의롭게 살고 의롭게 행동하다가 값진 죽음을 선택하는 사람도 있다. 그래서 어리석은 자는 항상 삶 다음에 죽음이 오지만 현명한 사람은 죽음 다음에 삶이 온다고 하였고, 이것이 바로 필사즉영생(必死則永生)의 의미인 것이다. 이름 없는 필부(匹夫)의 죽음은 그것으로 끝이지만 위대한 성인(聖人)은 죽어서도 영원히 그 삶의 족적과 의미를 후세에 전한다. 사생관이 확립되어 있는 사람만이 죽어야 할 때에 의롭고 명예로운 죽음을 택할 수 있는 것이다.

(3) 군인 사생관의 특징

소방관이나 경찰들도 때론 자신의 목숨까지도 희생해 가며 국민의 생명과 재산을 보호하는 경우가 있다. 그러나 이러한 희생은 그들의 사명에서 바로 도출되는 것도 아니고 어디까지나 예외적인 현상이다. 그러나 전쟁 수행을 기본 임무로 하는 우리 군인들은 그러한 희생이 유사시에는 오히려 일반적이기까지 하다.

즉, 군인의 사생관은 다른 직업의 그것과는 구별되는 특징을 갖고 있다는 것이다.

(4) 군인 사생관의 기능

(가) 필승을 담보

"전쟁에 나가 죽기를 각오하면 능히 살 것이요, 구차히 살려는 자는 도리어 죽을 것이다"(필생즉사 필사즉생(必生則死 必死則生), Death or Victory) 함은 예로부터 내려오는 병가의 격언이다. 그리고 실제로 동서고금의 역사에서 영웅들이 승리할 수 있었던 것은 모두가 죽기를 각오하고 힘껏 싸운 결과였음을 우리는 알고 있다.

전장에서 죽음을 택하여 끝까지 싸우느냐 그렇지 않으면 삶을 구하여 수치스러운 투항을 하느냐의 두 가지 길에서 어느 하나를 택하지 않으면 안 될 경우, 군인으로서 명예와 긍지를 지키고 국가를 수호함에 있어서 신명을 바칠 각오가 되어 있다면 모든 힘을 다하여 싸울 것이고, 국가보다는 자기 일신의 안녕이 중요하다고 여길 때는 비겁한 투항을 하고 말 것이다.

그리고 생사를 초월하는 굳은 의지로 적에 맞서기를 결심한 자는 그 힘찬 기백으로 적을 압도하고 적절한 행동을 취할 수 있는 여유를 가짐으로써 능히 그 임무를 완수할 수 있을 뿐만 아니라 자신의 생명까지도 건질 수 있을 것이다.

(나) 지휘통솔의 일치적 요소

뿐만 아니라. 일반 병사들을 지휘해야 하는 지휘관(지휘자)으로서의 직업군인에게 있어 사생관은 무엇보다 선결적으로 갖추어야 하는 필요조건이다. 국가의 안보와 부대의 지휘를 맡고 있는 지휘관(지휘자)으로서 책임과 긍지보다도 자신의 목숨에 대해 아까운 생각을 가지면 누구나 비겁해지게 마련이다. 그리고 죽음이 무섭고. 두려워질 때는 자신감을 잃고 판단력이 흐려져 전쟁터에서 위기조치를 제대로 취할 수 없는 겁쟁이가 되어 버리고 마는 것이다.

전장에서의 부하들이 지휘관의 많은 면 중에서 가장 인상 깊게 받아들이는 것이 죽음을 두려워하지 않는 지휘관의 의연한 자세라고 한다. 부하는 지휘관의 태도에 따라 움직인다. 그가 용맹스러우면 부하들도 용맹스러우며 그가 비굴한 행동을 취하면 부하들도 비굴해진다. 따라서 지휘관은 국가를 위하여 생명을 바칠 각오가 우선 필요하다. 확고한 사생관의 정립 없이는 결코 위기에 처해 있는 조국을 보위할 수 없다는 것이다.

나. 군인의 사생관 정립

“사생관이 확립되어 있는 사람은 죽음을 두려워하지 않는다.”

군인의 사생관을 살피기 위해 우리는 좀 서둘러 왔다. 그러나 군인의 사생관은 일반인의 인생관에 비견될 수 있으며 군인 또한 인간이기에 인생관 일반에 대해 좀 장황한 감이 있지만 따져 보았던 것이다. 사람이 죽는 것은 자연의 섭리이다. 그러나 군인은 일반 사람들과 달리 질병에 쓰러지는 것이 아니라 그 사명을 완수하기 위해서 죽음을 무릅써야 하는 것이니 언제나 죽음과 더불어 살고 있는 셈이다. 그래서 다소 극단적이기는 하지만 민간인의 삶과 군인의 삶을 대별하면 “어떻게 사느냐” “어떻게 죽느냐”로 양분할 수 있다고 하는 것이다.

확고한 사생관이 군인 생활의 기본철학이 된다고 하는 이유도 여기 있다.

(1) 사생관 정립은 ‘삶의 목표’ 인식으로부터

그렇다면 비굴하지 않고 명예롭게 살다가 죽음까지도 맞이할 수 있는 확고한 사생관은 어디서 생기는 것일까? 니체[23]는 “삶의 이유를 가지고 있는 자는 어떤 환경에서도 견디어 낼 수 있다."라고 한바 있다. 또 일제의 압박 하에서 조국 독립을 위해 전 생애를 바친 김구 선생은 생전에 "네 소원이 무엇이냐고 하느님이 내게 물으시면 나는 서슴지 않고 내 소원은 대한독립이오 할 것이요. 또 그 다음의 소원이 무엇이냐는 물음에도 나는 또 우리나라의 독립이오 할 것이요, 또 그 다음의 소원이 무엇이냐는 물음에도 나는 더욱 소리 높여서 나의 소원은 우리나라 대한의 완전한 자주독립이라고 대답할 것이다."라고 하였다. 김구 선생은 이처럼 뚜렷한 삶의 목표를 갖고 생활했기에 죽음을 두려워하지 않았고 어떤 역경에서도 결코 굽히지 않는 삶의 자세를 가질 수 있었던 것이다.

(2) 삶의 목표의 다른 표현, 사명감

이처럼 떳떳한 삶, 비굴하지 않은 삶을 가능케 하는 요소로서의 삶의 목표는 바로 사명감의 다른 표현이 아닐 수 없다. 총탄이 비 오듯 쏟아지고 포탄이 작렬하는 긴박한 상황에서 자신의 생명까지 무릅쓰고 임무를 완수하는 사람이 위대한 사람이라는 데는 누구나 동의할 것이다. 그렇다면 무엇이 사람을 이처럼 위대하게 만드는가? 바로 사명에 대한 자각이다. 즉 우리는 위대한 인물들의 삶을 살펴보면 그의 생애를 어느 시기엔가 인생의 큰 사명을 느꼈다는 공통점이 있었음을 발견할 수 있는 것이다. 이처럼 인간은 사명적 존재이다. 사명을 깨닫고 사명을 위해서 살 수 있는 존재라는 것이다. 따라서 우리가 보람 있게 살려면 자기의 사명을 먼저 깨달아야 한다. 우리의 생활이 사명감에 단단히 닻을 내릴 때 비로소 우리의 생은 알찬 의미를 갖게 될 것이기 때문이다.

(3) 우리 군의 사명 : 국가 방위

그렇다면 우리 군의 사명은 무엇인가? 대한민국 헌법에서는 "국군은 국가의 안전보장과 국토방위의 신성한 임무를 수행함을 사명으로 한다.(헌법 제5조 2항)고 명시하고 있다. 또 군인복무규율에서 군인의 사명을 찾아보면, "국군은 대한민국의 자유와 독립을 보전하고 국토를 방위하며, 국민의 생명과 재산을 보호하고 나아가 국제평화의 유지에 이바지함을 그 사명으로 한다."(군인복무규율 제4조 2항)고 규

23) 니체(F. W. Nietzsche : 1844-1900) : 독일의 시인·철학자. 쇼펜하워의 의지철학을 계승하는 '생(生)의 철학' 의 기수이며, 키에르케고르와 함께 실존주의의 선구자로 지칭된다.

정하고 있다.

즉, 우리 군의 사명은 국가와 국토를 방위하고 국민의 생명 및 재산을 보호하는 데 있는 것이다.

(4) 군인의 삶

군인의 삶은 이러한 사명을 완수하기 위해 때론 희생이 요구되는 그런 삶이다. 군인에게 있어 삶은 투철한 신념과 용기를 뼛속 깊이 간직한 삶이요, 적을 무찌르고 승리하는 삶이어야 한다.

군인의 삶의 이유이자 목표, 즉 존재가치(raison d'etre)는 나라를 위하여 전투에서 승리할 수 있도록 맡은 바 직분, 즉 사명을 다하는 데 있기 때문이다.

다. 전·평시 군인의 사생관

꺼져가는 배터리에 충전을 해야 불이 켜지듯, 군인에게는 식어가는 사생관의 등(燈)에 불을 밝히려는 부단한 자기수양이 필요하다.

(1) 현대 군과 사생관의 딜레마

그런데 이처럼 중요한 군인의 사생관이 현대에 들어 딜레마에 처했다는 진단이 곳곳에서 들려온다. 현대 군의 성격과 역할 자체에 변화가 생겼기 때문이라는 분석이 유력하다.

과거의 군대는 바로 직접적인 전쟁 수행을 위한 수단이었다. 비록 소규모였지만 전쟁이 끊이지 않았다. 그러나 과학기술과 무기의 발달은 모든 전쟁이 대규모의 피해와 살상으로 치닫을 수 있는 길을 열어 놓았고, 그 결과 오늘날의 군대는 전쟁 수행이 아니라 전쟁 억제를 제1차적인 임무와 사명으로 하게 되었다.

평화가 오랫동안 지속되면서 상대적으로 사생관에 대한 관심과 주의가 소홀해지게 되었다는 것이다.

문제는 여기서부터 비롯된다. 전쟁이 수시로 일어나던 시절에는 사생관을 확립할 기회도 많았고 그러한 환경도 조성되기가 비교적 쉬웠다. 그러나 반대로 평화가 오랫동안 지속되면서 상대적으로 사생관에 대한 관심과 주의가 소홀해지게 되었던 것이다.

(2) 군대의 역할을 둘러싼 논쟁 : 헌팅턴 학파와 야노비츠 학파

군대의 역할과 직결되는 사생관 개념의 변천과정과 그 당위성을 검토하기 위해서는, 헌팅턴(S. P. Huntington) 학파와 야노비츠(M. Janowitz) 학파의 군대관을 먼저 비교·검토해 볼 필요가 있다.

양 학파는 여러 면에서 상이한 입장을 취하는데, 특히 민군관계를 둘러싸고 차이는 확연해진다. 헌팅턴 학파(절대적 군인)[24]는 전투효율을 높이기 위한 군 고유의 가치관을 강조하는 입장이다. 이 가치관을 유지하기 위해 필요하다면 사회로부터의 고립도 감내해야 한다는 것이다. 반면, 야노비츠 학파(실용적 군인)는 군의 사회적 고립은 군의 주인이며 서비스대상인 국민과의 괴리를 가져와 군의 정통성을 상실시키므로 고립대신 일반사회와 밀접한 관계를 유지해야 한다고 주문한다.

이러한 대비의 자연스런 귀결로 절대적 군에서는 천직의식을, 실용적 군에서는 일반직업의식을 강조하게 된다.

천직의식을 강조하는 관점은, 군인은 의무, 명예, 충성심 등의 규범적 가치에 의해 동기화되지 않으면 안되며 여러 악조건 속에서도 유사시 생명의 위험까지 돌볼 수 없음을 들어, 군인은 급여나 기술습득 등으로 인한 시장가치 이상의 규범적 가치를 중시해야 한다는 입장이다. 이와 달리 일반직업의식을 중시하는 시각은, 군대를 일반직업과 같이 보고 군에 입대하거나 군에 계속 근무하는 최대의 이유를 급여나 노동조건에서 찾는 입장이다.

무엇이 이처럼 상반되는 주장을 가능케 했는가? 이들 학파가 주장하는 언술체계의 문법을 이해하기 위해서는 그 바탕에 깔고 있는 기본 전제에 대한 간파가 필수적이다. 헌팅턴 학파는 군대의 역할을 전쟁 수행으로 보았고 야노비츠 학파는 전쟁 억지로 보았다는 점에서 대별된다. 특히, 야노비츠 학파는 그들이 명명하고 있듯이 장래의 군을 위주로 논리를 전개하는데, 고도화하는 파괴·살상 무기 등은 광범위한 피

24) 절대적 군인, 실용적 군인은 야노비츠의 저술에 나오는 표현이다. 그러나 야노비츠가 제시하는 절재적 군인은 헌팅턴이 상징하는 군인의 이념형을 염두에 둔 개념으로 보인다.

해를 야기할 것이기 때문에 전쟁이라는 정치적 결단을 더욱 어렵게 만들고, 그 당연한 귀착으로 군의 역할 또는 전쟁 억제로 전환할 것이라고 내다보았던 것이다.

따라서 군이라는 직업도 민간화가 진행되어 결국에는 일반직업과 다를 바가 없게 될 것이라고 생각한 것이며 천직의식의 자리를 일반직업의식이 대체할 것으로 전망한 것이다. 급속한 군사기술의 발달로 앞으로의 군대는 과학기술에 관한 고도의 지식을 보유하고 동시에 근대적인 매니지먼트나 의사결정에 관한 교육을 받은 간부를 필요로 한다는 것이며, 그 결과 의무감, 희생정신, 애국심이라는 규범적 가치보다 과학기술이나 매니지먼트기술을 보유한 군인이 대우받게 된다는 것이다.

〈군대의 역할에 관한 두 가지 이론〉

학파 / 구분	헌팅턴 학파	야노비츠 학파
상대적 초점	전시/현대군	평시/alforns
군의 이념형	전투군	국가경찰군
대표적 저술	『군인과 국가』	『직업군인』
국방의 목표	- 적 군대의 격파(전쟁 수행) 소극적 안정화 - "전쟁에서의 승리야말로 군대의 사명이다."	- 적 국가의 무력화(전쟁 억제) 적극적 안정화 - "군대의 사명은 안정되고 활력 있는 국제관계 구축에 기여하는 것이다."
군대의 역할	무력의 관리(군 간부)/행사(부사관)	전투역할과 동등한 비전투 역할
민군관계	- 역할분담 - 군인들만이 공유하는 정신구조	- 국민은 군대의 고용주인 동시에 고객 - 사회의 가치 공유

(3) 딜레마의 극복

야노비츠의 지적은 오늘날 군대 현실의 일면을 날카롭게 담아내고 있는 측면에 있다. 그러나 우리가 간과해서 안 될 점은 군대조직의 민간화에는 분명한 한계가 존재한다는 것이다. 단적으로 군을 일반직업과 등가교환될 수 있는 것으로 취급할 때 "군인과 용병의 차이는 도대체 무엇인가? 군인과 용병을 준별하는 바로미터[25)] 로서의 충성심은 어디로 실종되었는가?" 하는 의문이 제기되는 것이다.

25) 바로미터(barometer) : 기압계. 사물을 아는 기준이나 척도. 예) 문맹률은 한 민족의 문화수준을 가늠하는 바로미터이다.

로마제국이 융성하였을 때는 시민군이 활성화하던 시기였고, 로마제국이 쇠퇴하였을 때는 시민군의 전통이 무너져 용병을 쓸 수밖에 없던 시기였다는 세계사의 교훈을 우리는 귀에 못이 박히도록 자주 접했다. 거기서 한걸음 더 나가 로마제국을 멸망시킨 것은 그들 자신이 불러들인 게르만 용병이었다는 사실도 반드시 상기해야 할 것이다.

야노비츠의 지적처럼 사회가 발전하면서 군대의 세속화, 민간화는 계속 진행될 것이다. 따라서 군인들에게도 생활여건 개선, 노후보장 등의 당근(carrot) 없이 언제까지 고고한 충성심, 명예, 의무 등 채찍(stick)의 인내만을 강요할 수는 없다. 다만 민간화의 가속에도 불구하고 군인이라면 절대로 포기할 수 없는 필요최소한의 영역, 헌팅턴이 말하는 군인 에토스의 존재는 불가피하다는 것이다.

‘전쟁의 억제’는 여차하면 일전(一戰)을 불사하겠다는 ‘전쟁 수행의 의지’가 있지 않고서는 불가능하기 때문이다.

요컨대, 절대적 군을 한 극단으로 하고 실용적 군을 다른 극단으로 하는 스펙트럼 상에서 적절한 자리매김이 긴요하다는 것이며, 군인에게 일반인보다 고도의 이타성을 요구하는 것은 이러한 맥락에서 이해되어져야 한다는 것이다. 즉, 군인에게 개인적 가치의 희생을 요구하는 것은, 단순한 용병이 아닌 군인직업의 특수성에서 비롯된다는 것이다.

군인이라면 절대로 포기할 수 없는 필요최소한의 영역, 헌팅턴이 말하는 군인 에토스[26)]의 존재는 불가피하다는 것이다.

시대착오적일지 모른다는 의혹의 눈초리까지 받는 군인의 사생관에 관한 논의를, 오늘날 그것도 평시에 취급하는 이유가 바로 여기에 있다. 사생관이 전쟁 수행에 그토록 중요하면서도 관심의 사각지대에 놓여진 상황적 한계. 이것이 지금 평화시에 우리가 사생관에 좀 더 주목하고 천착해야 하는 이유이다.

그래서 흑자는 말한다. 배터리에 충전을 해야 불이 켜지듯. 지금 우리에게는 식어가는 사생관의 등(燈)에 불을 밝히려는 부단한 자기수양이 필요하다고.

---

26) 에토스(ethos) : ‘성격’ ‘관습’을 의미하는 옛 그리스어. 에토스는 지속적인 특성을 가지고 있어 일시적인 특성을 가진 파토스(pathos. 정의(情意))와 대립된다.

(4) 부단한 자기 경계와 수양

숭고한 사생관은 일시적인 충동에서 비롯되거나 생각 없이 당하는 죽음이 아니라 평소 자기 사명에 대한 깊은 성찰에서 우러나와 유사시 의지적으로 택하는 그러한 죽음으로 이르게 한다.

이처럼 훌륭한 사생관을 함양하기 위해서는 우선 위대한 사람들의 삶과 사상을 늘 가깝게 접하면서 참다운 삶에 대해 끊임없이 생각하고 반성하는 개인수양이 있어야 한다. 또한 군 선배 간부들에 의한 솔선수범과 감동적이고 전인격적인 훈육이 있어야 한다. 특히, 올바른 사생관을 확립하기 위해서는 반성과 계획이 필수적이다.

반성이란 뒤를 돌아보는 생활태도요, 계획은 앞을 바라보는 생활태도이다.

증자[27]는 일일삼성(一日三省)의 생활을 강조했고, 소크라테스는 반성 없는 생활은 살 가치가 없다고 설파하였다. 산다는 것은 부단히 자기 자신을 반성하는 것이다. 나는 옳은 길을 걷고 있는가? 나는 스스로를 속이고 남을 속이지 않는가? 나는 나의 책임과 직분을 다하고 있는가? 나는 남에게 해를 끼치지 않았는가? 나는 인생을 열심히 살아가고 있는가? 나는 성실한 태도로 일하고 있는가?

우리는 자기 스스로를 준엄하게 반성해야만 한다. 이순신 장군은 매일매일 수양록을 작성할 만큼 자기 자신의 마음가짐과 행동에 대해서 늘 반성하던 군인이었다.

내 동료에게 내 가족에게 그리고 무엇보다 군인으로서의 나 자신에게 부끄럽지 않기 위해 우리는 매 순간 순간 최선을 다하는 삶을 살아야 할 것이다.

한편 계획을 한다는 것은 미래를 위하여 준비하는 것이요, 자기가 가고자 하는 곳을 미리 설정하는 것이다. 계획이 없는 생활은 목적지 없는 여행과 같다. 미래의 계획이 있을 때, 생활의 충실감이 생기고 삶의 중심이 서게 된다. 계획을 달성하려고 노력할 때 생의 보람도 생긴다. 그리고 계획을 완수했을 때, 우리는 성취의 만족감과 기쁨을 누릴 수 있다. 자기의 힘으로 무엇인가를 이루어 놓는다는 것처럼 흐뭇하고 보람 있는 일은 없다.

27) 증자(曾子 : B.C.506-B.C.436) : 중국 춘추시대의 유학가 공자의 제자이며 『효경(孝經)』의 작자라고 전해진다.

내 동료에게 내 가족에게 그리고 무엇보다 군인으로서의 나 자신에게 부끄럽지 않기 위해 우리는 매 순간순간 최선을 다하는 삶을 살아야 할 것이다. 그리고 이러한 노력은 부지불식 군인의 임무와 사명에 충일한 참군인의 모습을 담보할 것이다.

제 4 장

민군관계와 예절

제 1 절

개 요

지금까지 우리는 군대사회(조직)를 그 존립근거가 되는 임무와 역할, 그리고 조직적 특성을 일반사회와의 비교를 통해서 고찰해왔다. 그런데 이러한 군대사회와 일반사회 또는 모 사회와의 관계는 어떠하며 또 어떠해야 하느냐 하는 것은 그동안 많은 국가, 많은 사람들에게 초미의 관심사가 되어왔다. 우리나라도 물론 예외가 아니다.

왜냐하면, 이것은 국가의 안보와 발전, 사회정의 문제와 깊이 관련되어 있기 때문이다. 그런 측면에서 군대와 시민사회(정부)와의 바람직한 관계, 즉 민군관계의 정립은 대단히 중요하고 절실히 요청되는 것이다.

1. 민군관계의 개념

"지키는 자를 누가 지킬 것인가?"라는 고전적 명제가 시사하듯이 군대의 정치적 간섭과 참여는 유사이래의 어느 시대 어느 국가에 있어서나 끈덕진 문제가 되어왔었다. 나라를 지키기 위해 훈련하고 무장시킨 군대가 그 막강한 무력으로 도리어 중앙정부를 위협하고 정권을 탈취했던 사례들은 역사 속에 얼마든지 찾아 볼 수 있다.

그러나 오늘날 우리가 민군관계라고 부르는 현상은 군대와 민간사회의 기능이 분리된 이후, 다시 말해서 군사적 기능과 국가의 다른 정치, 경제, 사회적 제반 기능들이 분리되고 군직업주의가 나타나게 된 이후의 현상이라고 본다.

이러한 민군관계 현상을 고찰하기 위해서는 먼저 이 '민군관계'(civil-military relation)란 개념부터 이해하고 정의하는 일이 필요할 것으로 보인다. 해롤드 스테인(H.stein)은 한 국가의 대외정책 결정과정에 있어서 군사지도자와 민간 정치지도자 간에 이루어지는 제반관계를 민군관계라고 보고 있다. 이러한 스테인의 정의는 군직업주의가 잘 확립된 서구 선진국가의 당위적 민군관계의 정의라면 모르겠으나 현실적인 여러 국가들(제3국가들)의 현상을 포괄적으로 설명해 주지 못한다는 제한이 있다.

한편, 자노비츠(M. Janowitz)는 민군관계를, 뒤에서 살펴보게 될 그의 선진국 및 신생국 민군관계 유형에서 보는 바처럼, 군부와 민간정부(및 정치지도자들)와의 관계라고 보고 있고, 이 점에서 앞서 스테인의 정의보다는 포괄적이라고 본다.

헌팅톤은 민군관계란 어떠한 사회에서나 몇 가지의 상호의존적 요소로 구성되어진 하나의 체계로 보아야 한다고 주장하는데, 그것은 첫째로, 정부안에서 군사제도가 차지하는 공식적인 구조적 지위, 둘째로 정치 및 사회 전체에 있어서 군대집단이 담당하는 비공식적 역할과 영향력, 그리고 셋째로, 군대와 비 군대 집단이 갖고 있는 이데올로기의 성격이다. 그래서 어떠한 민군관계의 체계도 한편으론 군대의 권위, 영향력 및 이데올로기와, 다른 한편으론 비 군대적 집단의 권위, 영향력 및 이데올로기간의 복합적 균형관계(complexequilibrium)를 내포한다고 주장하고 있다.

하나의 사회적 제도로서 군대가 갖는 이러한 복합적 관계를 보다 종합적 차원에서 분석해서 민군관계의 개념을 제시한 사람이 반 두른(J. Van Doom)이다. 그는 4가지 차원에서 민군관계를 정의하고 있는데, 첫째는 군과 국가와의 관계로서 정부조직상 군사제도가 차지하는 구조상의 공식적 지위이다.

둘째는, 군과 국민의 관계로서 정치, 경제, 사회, 문화의 제 부문에서 이루어지는 군대집단과 민간부문간의 상호작용 상태 및 내용이다.

셋째는, 군 군 간부단과 민간 엘리트간의 관계로서 국가사회 구조 안에서 민·군 엘리트간에 이루어지는 역할분담 및 상호경쟁과 갈등의 양상을 말한다.

마지막으로는, 군과 민간 이익집단과의 관계의 차원이다.

지금까지 살펴본 바와 같이 민군관계란 그 내용이 매우 복잡하고 결코 단순한 것이 아님을 알 수 있을 것이다. 광의적으로 볼 때, 민군관계란 군대와 모 사회(정치적 및 제반 비정치적 구조 및 집단들)와의 관계라 할 수 있을 것이다.

그러나 협의적으로 볼 때, 민군관계란 군부 엘리트와 민간 정치 엘리트간의 권력관계로 정의할 수 있을 것이다.

2. 민군관계의 유형

역사상 존재해왔고 또 오늘날 현실적으로 존재하는 민군관계의 유형은 매우 다양할 것이다. 더구나 이를 파악하고 분석해서 유형화하는 학자들의 상이한 관점이나 분석의 틀에 따라 실제로 여러 가지 유형들이 제시되었다. 예를 들어 헌팅톤은 서구국가형 민군관계와 제3세계형 민군관계를 구별했고, 자노비츠(M. Janowitz)도 비슷하게 서구 선진국 유형과 신생국 유형을 구별했다. 호로위츠(I. L. Horowitz)도 서구 선진국 유형, 공산권 국가 유형 그리고 제 3세계 국가 유형으로 분류하고 있고, 그밖에도 라스웰(H. Lasswell)의 병영 국가형(the Garrison state), 라파포트(D. Rapoport)의 민방위 국가형(nation-in-arms) 안드레스키(S. Andreski)의 민군 양립 체제형(civil-military polity) 등이 제시되어 있다.

이들 중 민군관계를 연구하는 학자들에 의해 일반적 분류 유형으로 다루어지는 유형은 프레토리아니즘(praetorianism, 집정주의 혹은 군부통치), 병영국가론, 민방위국가형, 민군 양립 체제형이다. 프레토리아니즘은 안드레스키의 정의처럼 "관습적 또는 합법적으로 설정되는 헌법적 절차에 따르지 않고 반란이나 쿠데타를 통하여 이루어지는 군부통치"라고 할 수 있다. 그러나 프레토리아니즘은 정치적 정당성의 기반을 떠나 폭력 혹은 무력에 의한 정치 간섭의 민군관계 유형이기 때문에 이것은 정치적 정당성에 대한 신념이 확고히 자리 잡은 선진 자유민주주의 국가에서는 나타나기 어려운 민군관계이다.

병영국가(혹은 요새국가 유형이라고 번역됨) 유형은 원래 라스웰이 2차 세계대전 직전에 일본사회를 분석하면서 제시한 유형인데, 뒤에는 지속적인 세계정치의 위협 속에서 그 국가의 모든 생활이 항상 전쟁준비 속에서 영위되며 따라서 전쟁의 주역인 군대가 국가의 모든 생활전반을 통제하게 되는 그런 사태의 민군관계를 지칭하는 말이 되었다. 다시 말해서 "세계정치무대가 폭력관리 전문가들의 지배로 지향"해 가는 사태를 말하는 것이다.

민방위국가 유형은 라파포트가 제시한 개념으로서, 이 유형에서는 군대가 일반 시민사회와 구별되는 대립적 존재가 아니고 오히려 시민사회가 곧 군대요, 군대는 곧 시민사회이며, 또한 시민은 곧 군인이요, 군인은 곧 시민인 그런 유형이다.

다른 민군관계 유형들에 있어서는 군사적 가치와 민간적 가치는 기본적으로 양립될 수 없는 것으로 이해되는데 반해, 민방위국가 유형에 있어서는 군대적 가치와 비군대적 가치 사이에 어떤 특별한 간격이 있는 것으로 이해되지 않는다.

민군양립체제는 안드레스키가 제시한 개념으로 대체로 군직업주의가 정착된 서구 선진국에서 발견될 수 있는 유형이다.

이것은 군대가 외부의 침략으로부터 국가안전을 보장한다는 명백하고 한정된 임무와 기능을 수행함으로써 민간정치의 권위와 군대의 힘이 균형을 유지하는 민군관계의 유형이다. 이러한 민군양립체제 유형은 자유민주주의를 기본이념으로 하고 자본주의적 질서를 바탕으로 하는 현대국가의 발전과 불가분의 관계에 있다고 하겠다.

그럼에도 불구하고 관념상으로는 서구외의 모든 국가들이 이러한 유형을 지향하고 있다고 보아도 무방하다.

앞에서의 분류유형은 일반적으로 사용되는 유형이지만 민군관계 연구에 있어서 획기적 기여는 헌팅톤과 자노비츠에 의해 이루어졌다. 그들은 민군관계 연구에 대한 매우 유용하고도 체계적인 개념의 틀을 제공해 주었다. 따라서 이들의 분류유형을 고찰하는 것은 민군관계 이해에 매우 중요할 것으로 본다.

가. 헌팅톤

민군관계 연구의 고전으로 여겨지는 그의 저서 『군인과 국가』(The Soldier and the State)에서 헌팅톤은 바람직한 민군관계의 방식은 군의 전문직업주의를 촉진시킴으로써 이루어지는 객관적 문민통제 방식이라고 보고 있다.

이와 같은 직업주의의 발달과 정착을 통하지 않는 문민통제는 오히려 군대의 정치적 간섭을 초래할 가능성이 높으며 이것은 바람직하지 않다고 본다.

(1) 선진국 유형

헌팅톤은 앞에서 이미 언급했듯이 민군관계를 몇 가지의 중요한 상호의존적 요소들로 구성되고 결정되는 체계로 보고 있다.

그 요소들은 첫째, 사회내의 정치이데올로기와 군대이데올로기의 친화성여부, 둘째로 사회 안에서 군대가 차지하고 있는 권력(권위와 영향력), 셋째로 그 군대의 전문직업주의의 발달정도이며, 이 3가지 요소들의 결합방식에 따라 8가지의 민군관계 유형이 가능하다고 본다. 그 8가지 유형은 아래와 같다.

① 반군사적 이데올로기 대권력・소직업주의 유형
② 친군사적 이데올로기 대권력・소직업주의 유형
③ 반군사적 이데올로기 대권력・대직업주의 유형
④ 친군사적 이데올로기 대권력・대직업주의 유형
⑤ 반군사적 이데올로기 소권력・소직업주의 유형
⑥ 친군사적 이데올로기 소권력・소직업주의 유형
⑦ 반군사적 이데올로기 소권력・대직업주의 유형
⑧ 친군사적 이데올로기 소권력・대직업주의 유형

헌팅톤은 이 8가지 유형 중 ②,③과 ⑥은 이론상으로나 실제적으로나 문제가 있다고 보아 제외시킨다. 그러나 나머지의 5가지 유형은 가능한 유형이라고 보고 고찰하고 있는데 그중에서 가장 바람직스러운 유형으로 보고 있는 것은 ⑧유형이다.

⑧의 유형은 외부의 위협이 비교적 작고 동시에 보수적 이데올로기가 지배적인 사회에서의 유형이다. 군의 전문 직업주의는 견실하게 정착되고 군대는 소 권력을 갖고 이에 자족하며 사회는 이러한 군에 대해 매우 우호적 인식과 관계를 갖는 경우이다. 20세기의 영국이 이에 해당한다.

헌팅톤은 이러한 친군사적 이데올로기・소 권력・대직업주의의 유형이란 그가 바람직한 민군관계라고 보고 있는 객관적 문민통제의 유형이라고 할 수 있다.

그것은 군의 전문 직업주의를 보장하고 극대화시킴으로써 군의 정치적 중립과 군의 전문성 제고를 통한 국가안보도 효율적으로 달성할 수 있다고 본다. 왜냐하면 군에게 독자적 전문영역을 인정하고 보장해줌으로써 군 엘리트들이 추구할 전문적 가치와 영역 그리고 자아실현의 기회를 주어 전쟁 및 군사에 관련한 고도의 전문적 지식과 기술을 획득하여 국가안보에 크게 기여할 것이기 때문이다.

한편, 이것은 그들의 전문영역에 전념케 함으로써 그들의 전문적 영역이 아닌 민간정치권에 대한 간섭과 개입을 차단하여 정치적 중립화를 이룩하게 한다.

따라서 고도의 전문직업주의화와 정치적 중립을 포함한 군대윤리는 객관적 문민통제에 매우 핵심적 조건이며 이러한 전문 직업윤리와 그 사회의 정치이데올로기 간의 친화성, 공존의 문제 또한 긴요한 조건이 된다. 왜냐하면 그 사회의 이데올로기가 반군사적일 경우 군의 독자적 전문영역은 보장되기 어렵고 군은 민간사회의 가치 획득에 전념케 되어 결국 객관적 문민통제는 이루어지기 어렵게 된다고 보겠다.

이 점에 관한 보다 상세한 고찰은 뒤에 '바람직한 민군관계 유형'속에서 소개될 것이다.

결국, 헌팅톤의 민군관계는 군부의 힘과 전문직업주의 그리고 그 사회의 이데올로기간의 균형의 문제요 그 가장 적절한 균형을 이룬 형태가 객관적 문민통제라고 보는 것이다.

(2) 제3세계 유형

앞에서의 분류유형은 보편적으로 내지는 서구사회에 적용할 수 있는 것이라고 할 수 있다. 그러나 이러한 유형이 제3세계의 군대와 정치현상을 설명하기 어렵다는 지적들에 따라 헌팅톤은 후에 제3세계에 적용될 수 있다고 보여지는 유형들을 제시했다.

그는 제3세계의 민군관계를 기본적으로 프레토리아니즘(집정주의 혹은 군부통치)으로 파악하고 이를 다시 3가지 단계의 특징이 다른 프레토리아니즘으로 구별했는데, 그것은 과두적, 급진적, 대중적 프레토리아니즘이다. 그는 이들 각각의 단계에 따라 군이 정치에서 차지하는 역할이 달라진다는 것에 주목했다.

먼저 과두적 집정주의(oligarchical praetorianism)는 19세기 남미를 지배하던 정치체제였다. 이 체제에서의 지배적 사회세력은 대지주, 고위 성직자, 군부 같은 집단들이며, 사회적 성격은 전근대적이고 가족과 족벌과 종족은 권력, 부, 지위를 놓고 서로 간에 간단없이 투쟁한다. 그러나 사회제도, 정치조직과 제도가 제대로 존재하지 않기 때문에 분쟁을 해결하는 수단에 대한 합의가 없다.

이러한 부패, 무능력, 수동적 사회에 대해 환멸을 느낀 근대적이고 진보적인 교육과 훈련을 받은 군은 중간계급을 대변하면서 정치, 경제, 사회적 개혁을 통해 사치, 부패, 후진성을 떨쳐 버리고 국가를 발전시키고자 급진적 역할을 담당한다.

급진적 집정주의(radical praetorianism)는 대체로 정치적 참여의 확장과정의 중간 단계에 나타나는 것이며, 군이 대변하는 중간계급이 주요 정치세력으로 나타나는 단계이다. 정치참여의 확대와 점증하는 사회적 갈등 그리고 간단없이 나타나는 소요, 파업, 데모, 쿠데타, 등은 군대개입을 초래하며 이 경우 군은 사회세력들이 정치와 가두에 급속히 동원되는 것을 종식시키며, 또한 갈등의 확대와 직접적 자극을 제거함으로써 폭발적인 정치상황을 누그러뜨리는데 기여하는 중재자의 역할을 수행한다.

대중적 집정주의(mass praetorianism)는 정치참여의 문이 많이 확대되어진 결과로 하층계급들이 중요한 정치적 세력으로 등장하는 단계이다.

중간계급으로부터 하층계급으로의 정치참여 내지는 권력의 이동이 이루어지는 이 단계에 있어서 군은 중간계급의 세계관과 이념을 공유하는 대변자로서 기존 중간계급질서의 수호자가 된다. 이 경우 군은 군이 반대 또는 배제하고자 하는 집단의 선거에서의 승리가 예상될 때, 혹은 권력을 쥔 정권이 급진적 정책을 취하려 할 때 등등에 있어서 거부 쿠데타를 감행한다.

이처럼 사회가 변함에 따라 군의 역할도 변한다. 과두적 집정주의 체제에서의 군은 급진파이고, 중간계급이 득세하는 급진적 집정주의에서 군은 참가자 혹은 중재자가 되며, 권력이 하층 대중에게 이동되어 가는 대중사회에서 군은 기존질서의 보수적인 수호자가 된다. 사회가 후진적일수록 군의 역할은 진보적이고, 사회가 진보할수록 군의 역할은 보수적, 반동적이 된다는 것이 헌팅톤의 관찰이다.

비록 헌팅톤이 위와 같은 제3세계의 유형을 제시했으나 규범적 측면에서 그가 선호하는 유형은 선진국형 가운데 객관적 문민통제 유형인 것은 물론이다.

나. 자노비츠

헌팅톤의 『군인과 국가』와 더불어 민군관계 연구의 고전인 『직업군인』(The professional Soldier)을 쓴 자노비츠는 군의 전문 직업성과 민군관계에 대해 헌팅톤과 관점을 달리하고 있다.

헌팅톤이 군의 정치개입을 방지하고 군의 국가안보능력을 제고시키기 위해 전문직업주의와 정치적 중립을 강조한데 반해 자노비츠는 오히려 군이 다른 민간집단영역에서 분리, 고립되어 있다고 느낄 때 더욱 군사개입을 초래할 위험이 높다고 보았다.

그것은 군 자체가 다른 사회집단들 및 외부적 상황과 깊이 연계되고 상호작용 하는 사회체계이기 때문이다. 그러므로 그는 군을 여러 사회집단들과의 연결, 연관관계 속에 위치시킴으로써 오히려 불법적, 파괴적 정치개입을 방지하고 보다 친밀하고 밀착된 민군관계를 형성할 수 있다고 보고 있다.

자노비츠는 헌팅톤과는 달리 신생국의 정치발전과 군부 정치 간섭의 성격을 중심으로 민군관계를 파악하고자 하였다. 원래 그는 신생국이 아닌 선진산업국가에 적용될 수 있는 유형으로 유족적, 봉건적 유형, 민주적 유형, 전체주의적 유형(그리고 나중에 병영국가 유형을 첨가) 등을 들었는데, 이것들이 신생국의 민군관계를 파악하는 데는 별로 유용하지 못하다고 보았다. 그래서 그는 신생국에도 적용할 수 있는 새로운 민군관계 유형을 제시했는데 그것은, 권위주의적 개인의 통제, 민주주의적 경쟁 및 반경쟁적 체제, 민군연합체제, 군사진두제의 다섯 가지이며 이것은 선진국 유형을 포함하는 포괄적 유형인 것이다.

(1) 선진국 유형

(가) 귀족적 - 봉건적 유형

이 유형은 산업사회 이전의 서구사회의 민군관계 유형이라고 할 수 있는데, 그 특징은 군대나 민간 엘리트들이 동일한 사회적 배경을 갖고 있기 때문에 사회적으로나 기능적으로 양자가 잘 통합되어 있다는 점이다.

또 이들은 같은 충원기반을 갖고 있는 동시에 같은 권력구조를 형성하고 있는 관계로 군에 대한 민간권위의 통제가 별 마찰 없이 잘 이루어지고 있다.

(나) 민주적 유형

이 유형은 역사적으로나 조직적 측면에서 앞의 귀족적 유형과 대조되는 것으로 오늘날 가장 이상적 유형으로 취급되는 것이다.

이 유형은 민군엘리트가 기능적으로 분명하게 분화되어 있고 민간 권위가 법과 제도 등 공식적 기구와 절차를 통해 군대를 통제한다. 법과 제도는 군대의 권력행사를 한계 지워 주는 조건이 되는 것이다. 그러므로 군대는 다른 사회집단들처럼 국가에 의해 고용된 전문이익집단과 같은 기능을 수행한다.

한편, 군이 정부에 복종하는 것은 그것이 자신의 의무라고 믿는 전문직업 집단으로서의 군대윤리 때문에 가능한 것이다. 또한 이와 더불어 의회제도가 군을 통제할 민간인의 정치적 우월성을 보장해 주는 것이다. 이러한 민주적 유형의 제요소들은 서구 선진산업국가 들에 있어서만 달성되었는데 그것은 그러한 요소들이 의회제나 통치목적에 대한 광범한 합의를 필요로 하기 때문이다.

(다) 전체주의적 유형

서구 선진산업국가 들에 있어서 민주적 유형이 귀족적 유형에서 변화되어 나왔듯이 전체주의적 유형도 귀족적 유형을 대체하여 나타난 유형이다.

다만, 이 유형은 민주주의의 전통을 갖지 못했거나 미약한 나라들, 예컨대 독일, 러시아 그리고 이태리 등에서 나타났다. 이 유형의 특징은 대중적 권위주의적 정당을 기반으로 한 소수의 하층출신 혁명엘리트들이 중심이 되어 군대를 통제한다는 측면에서 민주적 유형과 구별된다.

이 유형에 있어서 군대통제의 중요한 방법으로는 비밀경찰, 당요원의 군 간부화, 군 간부 선발제도의 통제 등으로 이루어지며 무엇보다도 당이 자신의 직할 군대조직(독일의 SS, 소련의 KGB, 등)을 보유하는 방법이 중요시되고 있다.

(2) 신생국 유형

(가) 권위주의적 개인의 통제

이 유형은 근대화 초기과정에 있는 신생국에서 흔히 나타나는 것으로 어떤 우상화된 카리스마적 독재자에 의해 군대의 세력 확대가 억제되는 민군관계의 형태이다. 예를 들면 1960년대까지의 이디오피아나 베트남 그리고 이승만 정권시대의 한국 등이 좋은 예이다.

(나) 권위주의적 대중정당의 통제

이 유형은 권위주의적 개인의 역할을 단일 대중정당이 수행하는 경우이며 이

때에 대중정당의 영향력 안에 있는 경찰과 의회제도가 군에 대한 억제세력의 역할을 담당한다. 대체로 일당독재가 이루어지는 공산권이나 후진국들의 민군관계가 여기에 해당한다고 보겠다.

(다) 민주주의적 경쟁 및 반경쟁 체제

먼저 민주주의적 경쟁체제는 주로 선진산업국가에서 나타나는 유형인 민주적 유형과 동일하다.

이 유형은 정치권력의 행사가 다당제 및 선거제도 같은 민주주의적 경쟁을 통해 공식적인 기구나 법규 같은 법과 제도에 의해 이루어지는 유형이다.

그런데 이와 유사하게 몇몇의 신생국에서 나타나는 것이 민주주의적 반경쟁 체제 유형이다. 이러한 국가들에 있어서는 행정부 수반의 강력한 개인적 리더십이나 식민지 시대의 군대전통 때문에 군대의 강력한 자제의식, 민간권위에의 복종의식이 심겨져 있는 경우이다. 이러한 국가들의 특징은 서구 선진산업국가 들처럼 완전한 민주주의적 자유와 경쟁이 허용 되고 있지는 않지만 어느 정도의 제한적 경쟁을 허용하고 권력추구의 길을 열어 놓고 있는 체제라는 점이다. 예를 들면 모로코나 튀니지, 인도 같은 나라들에서의 민군관계가 여기에 해당된다.

(라) 민군연합체제

이 유형은 군이 민간정당이나 정치집단을 지지하는 적극적인 정치집단으로서 역할 하는 경우이며 따라서 민간정부의 정권장악은 군부의 지지 하에서만 가능하게 된다. 또 다른 한편에 있어서 군이 경쟁적인 정치집단들 사이에서 공식적 혹은 비공식적으로 심판관의 역할을 담당함으로써 광범위한 적극적 정치개입을 하는 경우도 여기에 해당한다. 이는 많은 신생국들에게서 찾아볼 수 있는 현상이다.

(마) 군사과두체제

이 유형은 민군연합체제에서 한 단계 더 나아간 유형으로서 군대가 이제 정치전면에 지배집단으로 등장하는 경우이며, 이때에 민간인의 정치활동은 규제, 억압당하고 만다. 이것이 중남미를 비롯한 많은 신생국에서 경험한 군사정권하의 민군관계 유형이다.

제 2 절

민군관계 이상(理想)

지금까지 우리는 군과 민간사회(정부) 또는 군 엘리트와 민간 엘리트 간의 관계, 특히 군대의 정치 간섭의 관계유형을 여러 가지로 분류하고 고찰해왔다.

지금까지의 분류와 고찰이 민군관계를 이해하고 설명하기 위한 이론적 분석과 틀의 마련이라고 한다면 이제 여기서의 작업은 군의 사회적 역할과 정치참여가 과연 바람직한 것인지를 고찰하면서 나아가 바람직한 민군관계는 무엇인지를 모색하는 규범적 성격의 작업이라고 할 것이다.

1. 긍정적 관점

신생국, 후진국, 개발도상국, 그리고 제 3세계라는 여러 가지 이름으로 불리는 아시아, 아프리카, 중남미 국가들은 대체로 2차 세계대전을 전후로 서구 열강들의 식민통치로부터 갑작스럽게 독립이 된 국가들이었다. 그들은 민도도 매우 낮았고, 산업능력은 빈약하며, 정치적, 사회적 제도가 제대로 정착이 되지 못한 가운데 매우 혼란스러운 상태에 있었다. 도시와 농촌 간에, 지주와 소작농간에, 노동자와 자본가간에 빈부의 격차가 심하고 정치적 참여의 기회와 욕구가 높아가는 상황에서 공산주의는 사회전복을 꾀하는 어려운 국면을 맞고 있었다.

앞에서 헌팅톤의 제 3세계 국가들의 민군관계 유형을 고찰하면서도 살펴본 것 같이, 이러한 신생국(과두 집정제)의 부패하고 무능한 사회현실을 비판하면서 국가개혁, 경제발전, 근대화의 기치를 걸고 군과 군 엘리트들이 전통적인 군의 역할을 넘어 사회적 역할을 확대함으로써 정치참여 혹은 정치 간섭의 현상이 나타나게 된다.

여기서 군의 이러한 확대된 사회적 역할, 군의 정치참여를 긍정적으로 보는 관점은 지금까지 묘사한 후진국의 고유한 사회적 현실로 말미암아 군의 정치참여를 불가피하다고 인정하는 입장이다.

이러한 관점은, 특히 미국 같은 서방 선진국이 세계적으로 확산되어 가는 공산세력을 효과적으로 저지할 수 있는 세력으로 후진국 군대의 활용가능성을 인정하면서부터라고 할 수 있겠다. 예컨대 당시의 랜드연구소 소장인 한스 스페어는 말하기를, 신생국의 군대는 구 정치질서를 개편하여 정치적 안정을 확보함으로써 그 나라가 공산세력의 희생이 되는 것을 막아왔으며, 또한 근대화 추진세력으로서 사회변화를 갈망하는 중산계급과 대다수 국민요구의 대변자 역할을 하고 있을 뿐 아니라 나아가 행정능력과 과학기술이 낙후한 민간부문에 기술을 제공해 왔다고 군의 역할을 매우 긍정적으로 인정했다.

1960년대에 와서 이러한 관점은 더욱 구체화되어 나타났는데 그중 한 사람으로서 포커(Guy Pauker)는 경제적으로 낙후하고 정권이 불안하여 공산화의 위험이 고조된 동남아시아 국가들에서 공산화사태를 저지할 수 있는 가장 효과적인 집단은 군대밖에 없다.

그 이유는 군대조직의 강력한 리더십, 개인보다 사회와 국가를 우선시하는 애국심 등의 도덕적 가치들은 군대만이 가질 수 있는 유리한 요소들이기 때문이다. 한편, 군은 후진국에 있어서 가장 근대화된 집단이기 때문에 근대화 추진세력으로서 적합하다는 견해가 여러 사람들에 의해 제기되었다. 그중 대표적 인물인 파이(Lucian W. Pye)는 아시아 지역 군대를 예로 들면서 식민지배로부터 독립한 신생국에 있어서 군대는 유일하게 근대적 조직의 첨예로서 근대적 기술과 합리적 사고를 대표하고 있다고 보았다. 왜냐하면 신생국 군대들은 대부분 식민지 군대로 있을 때부터 서구지배자들에 의해 근대화된 교육과 훈련을 받았으며 또한 2차 세계대전 중의 서구의 발달된 군대유형을 그 모델로 채택하고 있었기 때문이다. 또한 군대는 군대 교육훈련을 통해 국민들의 정치적 자각과 시민훈련, 서구화된 관념과 행동을 습득케 하는데 효과적인 문화화(acculturation)의 기능을 수행하며 아울러 적극적인 대민활동을 통해 정치적·경제적·사회적 근대화에 중요한 역할을 담당할 수 있다고 주장한다. 지금까지의 연구자들과 맥을 같이 하면서 제 3세계에서의 군의 사회적 역할 혹은 직업적 기능이 전통적인 임무인 대외침략으로부터의 국가안보만 가지고는 부족하다고 주장한 사람이 스테판(Alfred Stepan)이다. 그는 군의 전문적 지식과 기능의 군사영역에의 한정과 정치적 중립, 문민우위를 강조한 헌팅톤의 이론을 구직업주의(old professionalism)라 부르고 브라질과 페루 등 제3세계 국가들의 군부가 하고 있는 역할과 기능인 국가안보와 국가발전에의 참여활동을 규정하는 이론을 신직업주의(new professionalism)라고 불렀다.

스테판이 신 직업주의를 통해 주장하고자 하는 바는 헌팅톤의 구 직업주의는 브라질, 페루에서 보는 바와 같이 보편적으로 적용되기 부적합하다는 것이다.

왜냐하면, 헌팅톤의 구직업주의 개념은 군이 대외전쟁을 수행하기 위한 재래전 수행에 필요한 전문적 지식과 기술을 개발하고 습득한다는 가정에 뿌리를 두고 있는데 브라질, 페루 등의 군이 당면한 현실은 대외적 전쟁준비를 위해서 뿐 아니라 더욱 더 중요한 것은 대내적 안보위협을 극복하는 문제였다.

따라서 중남미 군사지도자들은 이제 군대의 직업적 군사전문기술이 보다 광범위한 영역에 걸쳐 필요한 것으로 믿게 되었다. 그리고 기능적 전문화를 증대시키는 대신 군부는 이제 사회·경제·정치문제의 모든 영역을 포괄하는 국내안보 문제에 대한 전문기술을 획득할 수 있도록 군 간부단을 교육, 훈련시키기 시작했다. 구 직업주의에서처럼 군사적 영역과 정치적 영역의 차이를 벌리기는커녕, 신 직업주의는 국내안보 문제를 다룰 전문적·직업적 기술개발의 결과로, 국내정치 문제를 해결하고 다루는데 군부가 핵심적 역할을 담당케 하여, 이 두 영역사이에 근본적인 상호연관성이 있다는 믿음을 유발케 했다.

2. 부정적 관점

앞의 긍정적 관점은 스테판의 경우를 제하고는 대체로 2차 대전 이후 60년대 전후에 제시되었던 것임에 반해 부정적 관점은 군대에 관한 광범한 업적 관찰과 평가가 이루어진 60년대 이후에 나타난 것으로 군은 사회발전이나 근대화에 부정적인 역할을 할 뿐이라고 보는 견해이다.

이러한 부정적 관점을 대변하는 사람으로서는 누구보다도 헌팅톤을 들 수 있을 것이다. 앞에서 이미 언급했듯이 헌팅톤은 신생국에서의 군부 및 군 엘리트는 누구보다도 근대적이고 진보적인 교육과 훈련을 받은 세력으로서 정치, 경제, 사회적 개혁을 통해 국가발전에 참여하고 있는 점을 인정한다. 그러나 군은 시종 중간계급을 대변하는 입장을 견지하면서 후진적 상태(과두정)에서는 진보적, 급진적 역할을 담당하지만 사회가 진보할수록(대중적 집정주의) 보수적, 반동적 역할을 담당하고 있다고 보았다.

헌팅톤은 근본적으로 군은 고도로 발전된 근대전을 수행할 수 있기 위해서 고도의 전문적 과학지식과 기술을 개발하고 보유하는 집단이어야 한다고 보고 있다.

이러한 군이 군사적 전문성을 발휘하는 것과 동시에 다른 영역을 관리, 경영하는 역할을 양립시키기는 어렵다고 주장한다. 군은 군사적 영역에서는 전문가일지 모르나 사회적, 정치적 영역에 있어서도 전문가일 수는 없다.

신생국에서의 군부의 역할변화는 이를 잘 설명해준다고 보겠다.

군은 비교적 규모가 작고 동질적인 고도로 훈련되고 응집력이 강한 집단이다. 그래서 아직 사회가 덜 복잡하고 미분화된 후진사회에서는 간부집단이 중심이 되어 합리적이고 효율적인 개혁을 이루어 갈 수도 있다. 그러나 점점 사회가 복잡해지고 분화되어 감에 따라 사회집단과 사회세력의 수는 늘어가고 이들의 의견과 이익, 갈등을 조정하고 수렴하는 문제는 점점 어렵고 복잡해진다.

간부집단은 이렇게 복잡한 사회에서 정치적 행위를 위해 요구되는 협상, 타협, 대중에의 호소력과 같은 기술이 반드시 뛰어나다고 기대할 수도 없다. 단순한 사회라면 하나의 목적을 향해 추진되고, 명령되고, 이끌어질 수 있겠지만 사회적 분화가 매우 진척되어 있는 사회에서는 결국 정치지도자가 중재자이자 타협자가 되어야 한다.

이러한 견해는 리웬(Edwin Lieuwen)에게서도 발견되는데 그는 군이 개혁 주의적 성향을 띠고 사회현실을 개혁하려 하지만 이러한 개혁은 궁극적이지도, 근본적이지도 못하다고 본다. 그래서 군은 한 사회의 근본적인 변화와 발전을 이끌어 갈 추진체로 부적합하다고 주장한다.

군부가 근대화에 긍정적 기여를 한다고 주장한 파이와는 대조적으로 군부가 민간집단보다 우월한 무력, 조직력, 집단적 결속력에도 불구하고 장기적인 사회발전을 이룩할 가능성이 희박하다고 웰치(Claude E. Welch, Jr)는 주장하고 있다.

웰치에 의하면 아프리카의 군부는 종족간의 투쟁, 취약한 민간집단, 낙후된 경제현실 속에서 정치발전의 필수요건인 대중적 지지를 확보하지 못하고, 정당성을 확립하는 데도 한계가 있으며 안정된 정치제도를 창설・유지할 수 있는 역량을 결여하고 있다.

한편 중동국가의 민군관계를 연구한 쿠리(Faud Khuri)의 경우 군대는 특별히 민간사회, 민간정부보다 개혁과 근대화를 이룩해 나갈 탁월한 도덕성이나 능력을 보유하는 집단이 아닌 것으로 고찰되었다. 또한 군사정권의 특징으로 흔히들 정치・경제적 차원의 대규모 종합계획의 수립과 추진능력을 지적해왔지만 쿠리는 이와 유사한 계획들이 민간인이 주도하고 있는 터키, 튀니지, 사우디아라비아, 이란 등에서 민간정부에 의해서도 추진되고 있다는 점을 들어 군사정권이 민간정부와 비교해 특별한 차이가 없다고 지적하였다.

다른 한편, 개발도상국 군대의 특징으로 흔히 지적되고 있는 군의 전문지식이나 기술수준 등도 민간 관료체제나 기업체 또는 학계보다 결코 우수하지 않다는 주장도 있다.

앞에서 언급한 파이를 비롯한 대부분의 긍정론자들과 헌팅톤 마저도 신생국에 있어서 군대와 군 엘리트들은 매우 진보적이고 근대화된 가치와 태도 뿐 아니라 전문지식과 기술을 보유하는 집단으로 간주되었었다.

그러나 이러한 새로운 주장에 의하면 군의 전문지식과 기술수준이 낮기 때문에 군이 정권을 장악한 뒤 민간인의 군부정권에의 참여를 요구하게 된다는 것이다.

더욱이 군이 보유하고 있는 기술이나 지식이 아니라는 것이다. 오히려 군의 배타적인 특성 때문에 민간이 소유한 전문지식의 자유로운 활용마저 배제되고 기업가의 이윤추구 정신이나 관료집단의 합리적인 문제접근 방식이 붕괴되어 전체 사회의 지속적 발전에 방해가 될 수 있다고 지적한다.

이러한 부정적 관점을 요약하면, 근대화와 사회변화에 대한 군의 역할은 기껏해야 민간정부가 할 수 있는 역할 정도이거나 그것보다 못하다는 주장이다.

군부는 기본 성격상 보수적이거나 반동적이어서 사회의 근본적인 변화를 추진하는데 적합하지 않다는 지적이다. 또한 군의 기술수준이나 전문지식의 정도가 민간영역보다 결코 우수하지 않다는 것이다. 그리하여 군의 정치참여로 근대화를 촉진하기보다는 군부정권하에서 자발적이고 창의적인 업무수행을 저해해 관료 집단 내에 또 다른 형태의 비능률을 야기 시킬 수 있다고 지적하고 있다. 더욱 심각한 문제는 정통성의 문제로 말미암아 전반적인 사회 불안정을 초래하여 국가발전에 부정적인 영향을 미칠 가능성이 있다는 평가이다. 이러한 관점의 극단적인 주장은 군을 사회발전과 개혁의 가장 큰 장애물로 파악하고 있다는 점이다.

3. 이상적인 민군관계

지금까지 군대와 민간사회와의 관계를 민군관계라는 표제아래 살펴왔다. 민군관계의 개념, 민군관계의 유형, 군의 사회적 역할과 정치참여, 그리고 이에 대한 평가로서 긍정적 평가와 부정적 평가를 고찰해 왔다.

특히 군의 사회적 역할과 정치적 참여에 대한 긍정적, 부정적 평가는 서로 상반적 성격을 갖고 있는 것이기에 우리를 혼란스럽게 하는 게 사실이다.

그러나 사실 긍정적 관점을 제시한 연구자들도 군이 전통적으로 군 본연의 임무라고 여겨져 온 국가안보를 넘어선 정치 간섭과 참여를 바람직한 민군관계라고 보는 것이 아니며 신생국의 고유한 사회적 현실, 공산세력의 국가전복의 위기 등을 감안할 때 불가피한 현실로 인정하지 않을 수 없다는 정도라고 하겠다.

따라서 군에 대한 앞의 두 가지 상반된 관점은 상호 배타적인 입장이라기보다는 시간적 연속선상에서의 정치·경제·사회적 발전수준에 따라 나타나는 견해라고 볼 수 있다. 긍정적 관점은 신생국의 초창기 군의 역할을, 부정적 관점은 최근의 발전된 상태에서의 군대의 역할을 파악하는 데 유용한 관점을 제공해 주는 것으로 볼 수 있을 것이다.

예를 들어 사회가 훨씬 진보된 지식과 기술 및 관리, 경영능력을 보유하는 오늘날의 입장에선 군은 당연히 사회로부터 많은 영향을 받게 되는 반면, 군이 월등히 앞선 기술과 지식, 그리고 장비와 능력을 보유하고 있을 때는 군이 사회에 영향을 줄 수 있는 것이다.

군대조직의 주요 특성 가운데 하나인 엄격한 질서와 명령체계도 그 사회의 초기단계엔 전체사회의 조직화와 관리에 긍정적인 역할을 담당하지만, 국가의 기초가 견고히 자리 잡아 자율적으로 변화, 발전할 수 있는 발전된 단계에 있어서는 엄격한 질서나 명령체계의 강조는 도리어 자율적 발전에 장애요소가 될 수도 있는 것이다.

사정이 이러하다면 바람직한 민군관계의 정형은 세우기 어렵다는 것인가? 그래서 다만 시간적・역사적・사회적 고유상황에 따라서 전체주의 유형이나, 민방위 유형이나, 프레토리아니즘(집정주의)이나 민주적 유형이나 다 바람직한 유형이 될 수 있다는 것인가?

그러나 군의 사회적 역할과 정치참여를 긍정적으로 보는 사람들조차도 그것이 시대상황적으로 불가피하다고 보는 입장이지 그것이 바람직한 것으로 주장하지 않는다는 측면에서 우리는 민군관계에 있어서의 어떤 바람직한 유형을 고찰해볼 수가 있고 또 그럴 필요가 있다고 생각된다.

4. 군대와 사회의 상생(相生)의 길

육군은 '2007 블루오션 아미(Blue Ocean Army) 대회'를 개최했다.(07.5월) 블루오션은 유혈 경쟁으로 물든 핏빛(Red Ocean)과 대비되는 개념으로 푸른 바다, 즉 가치 도약으로 경쟁이 없는 새로운 시장 공간 창출을 의미한다. 이번 대회는 전국 대학생을 대상으로 육군의 혁신적 변화를 알리고 긍정적 인식을 고취시킬 수 있는 창의적인 아이디어를 겨루는 경연대회로 육군의 문화혁신과 홍보 방향을 모색하고자 실시한 것이다.

이제 군대와 사회는 '블루오션'으로 상호 가치도약을 통해 발전을 추구하고 있는 것이다. 한편 '08년도에 국회에 제출한 병무청 발표에 따르면 전국 만 19세 징병 검사인원 1009명을 대상으로 설문조사를 실시한 결과 '외국 체류 시 고국에서 전쟁이 발발하면 나라를 위해 참전하겠느냐'는 질문에 63.6%(642명)가 '참전하겠다.'고 답한 것으로 나타났다.

또 '국가를 위해 국방의 의무를 이행해야 한다고 생각하느냐'는 질문에 48.7%가 '그렇다'라고 응답하여 수년 전 30%에 비해 크게 증가되었다. 그동안 우리 군이 열린 국방구현, 병영문화 개선, 국민편익 증진 등 '국방개혁 2020'을 적극적으로 추진하여 '국민에게 신뢰받는 조직 1위'로 평가받은 결과가 아니겠는가?

군의 존재 목적을 달성하기 위해 '위국 헌신하는 군대, 명령에 자발적으로 복종하는 군대, 군기가 확립된 군대'의 특성은 변할 수 없다. 아울러 국가보위의 임무 완수와 21세기 선진 병영문화 정착을 위해 군대와 사회는 상생(想生)의 길을 가고 있는 것이다.

제 3 절

군대문화와 사회문화

1. 군대문화의 개념

오늘날 우리 사회에는 '군사문화'라는 말이 대중매체를 비롯한 세간의 모든 대화 속에 심심찮게 등장하곤 한다. 그것도 어떤 바람직한 사태나 현상을 묘사하기 위해서라기보다는 우리 사회의 바람직하지 못한, 잘못된 병폐나 현상을 설명하기 위해 인용되곤 한다. 이 말이 유행어처럼 번져 나간 것은 중앙일보 오홍근 기자의 "청산해야 할 군사문화"(1998)라는 글이 직접적 계기가 되었다고 볼 수 있다.

오 기자는 글 속에서 '군사문화'는 곧 비민주적인 사고방식과 행동양식을 상징하는 것처럼, 또한 '군사문화'는 민주화의 걸림돌 내지 우리 사회의 모든 비리와 병폐의 원인인 것으로 평가했다. 이는 과거 군의 정치개입과 장기집권, 권위주의적 통치에 대한 강한 반발 심리작용에서 나온 것으로 보인다.

즉 군을 권위주의적 문화의 산실로 규정하거나 또는 우리 사회에 현존하는 모든 반민주적인 요소들을 군의 정치개입에서 유래된 '군사문화'의 영향으로 정리하는 것이다. 군사문화에 대한 이러한 부정적 인식과 매도는 민·군 간에 긴장을 유발했고 드디어 불미스러운 테러 사건까지도 돌출하기에 이르렀다.

우리는 '군사문화'라는 말을 인용부호를 써가며 사용해 왔는데, 이 용어가 부정적 인식을 담고 쓰이다 보니 요즈음은 이 말 대신 '군대문화'라는 말을 쓰고 있다. 즉, 군대문화는 비교적 협의의 개념으로 군대조직 내에서의 문화현상을 지칭하지만 군사문화는 광의의 개념으로서 군 조직 내외의 보다 포괄적인 문화현상, 군사현상을 나타내는 것으로 보고자 하는 시각이 그것이다.

그리고 전자가 대체로 중립적 이미지를 나타내는 개념임에 반해 후자는 부정적 함의

가 많이 포함된 개념이라는 점 또한 양자를 구별하고자 하는 이유이기도 하다.

그러나 양자는 모두 같은 것(military culture)을 지칭하고 있다고 보아야 할 것이며, 특별한 차이는 없다고 할 수 있다. 다만, 우리가 시민사회와 군대를 대비 시켜 말할 수 있는 것처럼, 우리는 시민사회의 문화(시민문화)와 군대의 문화(군대문화)를 대비 시켜 말하는 것이 적절하다고 생각된다.

군대가 국가 혹은 일반 시민사회를 구성하는 하위의 조직사회(집단)인 것처럼 군대문화도 일반 시민사회의 문화를 구성하는 하위의 특수한 한 문화라고 볼 수 있다.

그렇다면 군대문화를 이해하기 위해서도 우리는 군대문화를 포괄하는 일반 시민사회의 문화가 무엇인지를 이해하는 것이 순서인 것 같다.

일반 시민사회의 문화 혹은 일반문화, 줄여서 문화라고 부르는 개념의 의미는 무엇인가? 문화(culture)란 일반적으로 자연적인 것과 구별되는 인공적, 인위적인 것의 의미를 포함하고 있다. 따라서 사회적 존재, 이성적 존재, 도구적 존재(공작하는 인간관)로서의 인간이 사회적 삶을 영위하면서 개발·생성·발전시킨 것들의 총화가 문화라고 말할 수 있다.

거기엔 다른 사람들과의 인간관계, 상호작용을 규정해주는 상징체계와 사회적 규범, 관습, 도덕, 법률, 종교 등이 포함되며, 다른 한편으로는 자연환경과 상호작용의 결과로 발전되어 나온 도구, 기술, 지식, 이론 등이 다 포괄된다.

이러한 개념은 넓은 의미의 문화개념이라고 할 수 있으며, 좁은 의미의 문화 개념으로는 대체로 그 사회의 공통적이고 주도적인 생활양식, 다시 말해서 사고방식과 행동양식을 지도하고 규제해 주는 가치관, 도덕, 법률, 종교 등의 총화라고 말할 수 있다.

이처럼 문화가 일반 사회의 생활양식의 총체를 의미하는 것처럼 군대문화도 군대사회의 생활양식의 총화를 의미한다고 말할 수 있다. 다시 말해서, 군대문화란 군대라는 일반시민사회의 하부조직 사회 안에서 그 구성원들이 그 임무와 기능수행의 실천적 삶을 둘러싸고 개발·생성·발전시킨 사고방식과 행동양식의 총화, 즉 총체적 생활양식이다. 따라서 거기엔 국가를 보위하고 국민의 생명과 재산을 보호하기 위해 최선으로 폭력을 관리, 사용해서 전쟁에 승리하고 평화를 지켜가야 하는 임무수행을 위한 가치관, 신념체계, 관행, 태도 등이 포함된다.

한마디로 말해서, 군대문화란 군대사회가 고유한 임무와 역할을 수행하기 위해 창출해낸 총체적 생활양식이다.

2. 군대문화의 갈등

군대사회가 일반 시민사회에 귀속되는 하위사회이듯이 군대문화도 일반 시민문화에 뿌리를 두고 나타나고 거기에 포괄, 귀속되는 하위문화, 특수문화라고 볼 수 있다.

그러나 하위문화인 군대문화가 상위문화인 일반 시민문화의 성격을 좌지우지할 정도로 큰 영향력을 행사하는 경우가 적지 않으며, 이럴 경우 양자 간에 갈등이 표출된다. 군국주의 국가나 병영국가, 민방위 국가 속에서는 군대문화가 일반 시민문화의 성격을 주도적으로 형성, 지배하는 형태이기에 양자 간의 갈등이 오히려 적거나 거의 없을 수 있다.

그러나 민과 군의 구별과 문민 우위의 통치체제를 가진 민주주의 국가에서 군부가 일정 기간 정치개입을 하는 경우엔 매우 격렬한 갈등이 나타나게 된다.

이것은 민군관계의 회복을 위한 투쟁이기도 하지만 또 다른 한편으론 군대문화와 일반 시민문화와의 갈등 때문이기도 하다.

자유민주주의를 정치, 사회적 삶의 핵심이념으로 삼고 있는 민주주의 국가의 시민문화와 군대문화는 갈등을 빚을 소지가 매우 많은 게 사실이다. 프랑스의 정치평론가 토크빌(Alexis de Tocqueville)은 이 점을 잘 간파하여 "민주국가들은 군대가 필요하지만, 군대란 골칫거리라는 사실을 알게 될 것이다"라고 말한 바 있다.

그 까닭은 "정치적 민주주의와 군대는 민주사회를 커다란 위험에 빠뜨릴, 상반된 성향을 가지고 있기" 때문이라는 것이다.

토크빌의 말처럼 정치적 민주주의와 군대규범(또는 군대문화) 간에는 상반된 성향이 있음이 사실이다. 자유민주주의는 인간의 존엄성을 존중하고 개인의 자아실현을 중시하기 때문에 이를 실현할 수 있는 개인의 자유와 평등의 권리를 강조하는 이념을 내포하고 있다.

그러나 군대규범(문화)은 개인적인 자아실현 이익의 추구보다는 집단과 사회의 안위와 복지, 성공을 더 우선시하는 의식을 강조한다.

왜냐하면 군대의 임무와 사명인 국가안보는 개인적 이익과 자아실현을 넘어선 국가 명운을 좌우하는 매우 포괄적이고 중차대한 것이기 때문이다.

또한 이를 성공적으로 수행하기 위한 전쟁 준비와 전쟁 수행은 한 두 사람의 개인적인 노력으로 성취되는 것이 아니라 크고 작은 부대들과 나아가 국민들의 연합과 협동, 지원이 요구되는 등 전체성과 집단성이 중시되는 임무와 역할을 가지고 있다고 할 수 있다.

또한 자유민주주의 사회는 모든 문제와 갈등을 충분한 토론과 협상을 통해 해결하려 하므로 매우 절차가 복잡하고 시간이 걸리게 마련이다.

그러나 군대는 그 임무의 성격상 대체로 불가 예측적이고 화급을 다투는 일들이어서 충분한 토의와 설득, 그리고 타협을 허용할 수 없는 경우가 대부분이다. 즉, 상대국의 전투의지를 꺾고 엄청난 인명과 재산, 물자의 손실과 파괴를 막기 위해 그 중요한 시점을 놓치지 않고 공격 혹은 방어의 임무를 성공적으로 수행해야 한다.

따라서 군대문화는 오히려 일사불란한 지휘체계와 간명함과 통일성을 중시하기 때문에 일반 시민문화(자유민주주의)처럼 개인의 자유와 평등의 권리를 충분히 배려해주고 존중해 주기 어려운 게 사실이다.

3. 발전적인 민군 문화(民軍文化)

현재 지구상에는 무려 200만 종(種)이 넘는 다양한 생물이 생존하고 있지만, 그 숫자는 지금까지 지구상에 나타났던 모든 생물의 단 1%에 불과하다. 나머지 99%는 이미 이 세상에 없는 것이다. 이 1%의 생존과 99%의 멸종을 결정하는 열쇠는 다름 아닌 '변화'다, 환경에 적응하기 위해 부단히 자기 변화를 시도한 소수의 생물 종(種)만이 '생존'했고, 변화하지 않은 모든 생물에는 '멸종'이라는 운명이 도래했다.

가. 생물의 생존 원리(변화)

지구상에는 우리의 상상을 뛰어넘을 정도로 기묘하게 생긴 많은 동물이 나름의 생존 방식을 가지고 살고 있다. 그 와중에서도 '오리 같은 부리, 두더지 같은 신체, 비버 같은 꼬리를 가진 동물'로 표현되는 오리너구리만큼 기묘하게 생긴 동물은 없을 것이다.

오리너구리는 마치 다양한 동물들의 부품을 모아 놓은 것과 같은 형태를 가지고 있다. 또한 포유류(哺乳類), 양서류(兩棲類), 조류(鳥類)의 생태적 특징을 모두 가지고 있어서 동물분류학자들조차 이 동물을 어떤 종(種)으로 분류할 것인가 고민했던 적이 있다. 왜냐하면 젖으로 새끼를 키우는 포유류지만 알을 낳으며, 조류처럼 생식관과 소화관 등이 하나로 결합하여 있고, 양서류처럼 물과 뭍을 오가며 생활하기 때문이다.

이처럼 오리너구리가 현재와 같은 형태를 보이게 된 것은 호주가 대륙에서 분리되면서 자연환경에 큰 변화가 생기고 이 와중에서 살아남기 위해 형태를 끊임없이 변화시켰던 결과다.

아무튼 오스트레일리아의 동부(東部)에 서식하는 이 동물은 기묘한 형태에도 불구하고 2000년 호주 시드니 올림픽 마스코트로 등장할 정도로 호주 사람들의 지극한 사랑을 받고 있다.

그러나 오리너구리처럼 성공적으로 생존한 동물들의 예는 오히려 특별한 상황에 해당한다. 자연환경에 적응하는 데 실패하여 멸종한 동물들의 수가 훨씬 많기 때문이다.

물론 변화를 시도한 모든 생물이 생존할 수 있었던 것은 아니다. 생물들이 자신의 변화 방향을 선택할 수 있었던 것은 아니기 때문이다. 의도하지 않은 변화와 자연의 선택이 함께 작용하여 생존과 멸종이 결정되었다. 이러한 지구 생물계의 현상을 깊이 관찰했던 영국 생물학자 찰스 다윈[28]은 종(種)의 기원을 통해 생물의 생존원리를 다음과 같이 밝혔다.

"생물의 어떤 종(種)의 개체 간에 변이(변화의 생물학적 용어)가 생겼을 경우에, 그 생물이 생활하고 있는 환경에 가장 적합한 것만이 살아남고, 부적합한 것은 멸망해 버린다."

어찌 생명체뿐이겠는가? 인간이 만든 모든 조직, 심지어 국가도 이와 같은 생명체의 생존 원리에서 크게 벗어나지 못한다. 즉, 경쟁이 치열한 현대 세계에서 어떤 조직이 생존하기 위해서는 민감하게 반응하고 변화에 충실해야 한다는 것이다.

---

26) 찰스 다윈(C. R. Darwin : 1809~1882) : 영국의 생물학자로 생물의 진화론 정립에 공헌하였다. 생물 진화에 대한 그의 주요 저서인 종(種)의 기원에서 자연선택에 의한 생물진화론을 피력하였다.

특히, 우리가 '무한경쟁의 시대'라고 부르는 현대세계는 자연계의 적자생존(適者生存)과 같은 상황이 전개되고 있기 때문이다.

나. 조직의 생존 원리(개혁)

변화하는 종(種)들만이 생존의 혜택을 누린다는 생물계의 원리는 인간이 무수한 조직의 생존 원리에도 그대로 적용된다. 오히려 더 잦은 변화와 개혁을 해야 살아남는다. 인간의 생활환경은 자연환경보다 더욱더 빠르고 급격하게 변화하기 때문이다. 다만, 인간조직의 변화는 대개 목표 의식이 뚜렷하고 바람직한 방향으로의 변화를 의도하기 때문에 '개혁(改革)'이라는 용어로 표현되는 경우가 많을 뿐이다.

모든 조직은 러닝머신 위에서 뛰고 있는 사람에 비유할 수 있다. 러닝머신이 계속

움직이고 있는데 우리가 달리는 것을 멈춘다면, 그 자리에 서 있는 것이 아니고 곧바로 러닝머신 바깥으로 밀려나 버린다. 러닝머신은 바로 조직이 처한 환경에 비유될 수 있다. 러닝머신 바깥으로 밀려나는 것은 환경으로부터 도태되는 것을 의미하며, 일종의 퇴보(退步)와 같다. 최소한의 현상 유지를 위해서라도 계속 뛰어야 한다.

'제록스'라는 회사가 있다. 제록스는 1970년대 복사기로 세계를 제패했던 회사였다. 1980년대 제록스는 일본 복사기 회사의 도전으로 어려움에 부닥쳤을 때도 그것을 성공적으로 극복하며 일어섰다. 그러나 그런 경쟁력을 가진 제록스가 최근 몇 년간 사무환경이 디지털 중심으로 바뀌면서 다시 어려움을 겪는 회사 중 하나로 꼽히고 있다고 한다.

그 이유는 디지털 환경에서는 복사기 대신 프린터가 더욱 중요한 사무용품이 되었기 때문이다. 제록스는 'The Document Company(복사 전문 회사)' 전략으로 복사기에 대해서만 집중해 이제 이 환경이 바뀌어 버린 것이다. e-메일이 보편화하기 전인 몇 년 전만 해도 문서를 복사해서 다른 사람에게 보내야 했지만, 이제는 그럴 필요가 없다. 파일로 전송하면 되기 때문이다. 만약 문서를 수신한 사람이 컴퓨터로 보는 것이 싫다면 프린터로 출력하면 된다.

제록스는 이러한 환경의 변화에 무관심했고, 스스로 변화해야 한다는 필요성을 인식하지 못했다. 계속 복사기 업체만을 경쟁상대로 보았다. 프린터가 경쟁자가 될 수도 있

다는 환경변화를 감지하지 못하고, 그에 적적한 변화와 개혁을 시도하지 않은 것이 제록스가 현재 난관에 부닥친 원인 중 하나다.

회사 조직뿐만이 아니라 국가의 흥망성쇠(興亡盛衰)를 결정하는 열쇠 또한 변화와 개혁이다. 서세동점(西勢東漸)의 거센 물결이 밀려오던 19세기 말 대한제국, 일본, 청나라의 역사를 통해 이러한 사실을 확인할 수 있다. 당시 대한제국과 청나라에서도 개혁만이 살길이라는 인식이 확산하여 있었고, 실제로 그러한 시도가 있었다. 그러나 불행하게도 그 시도는 실패로 돌아갔고 서구 열강의 힘에 유린당하고 결국 망국의 운명을 맞이했다. 일본의 경우는 명치유신(明治維新)과 일련의 개혁조치들로 대한제국과 청나라가 겪었던 운명을 피해갈 수 있었다. 물론 그 이후 일본은 군국주의(軍國主義)로 치달아 인류 역사에 씻을 수 없는 죄를 짓고 말았지만 말이다.

광서제(光緒帝)가 집권하고 있던 19세기 말의 청나라는 제국주의 열강이 서로 중국을 강점하려던 위기의 시대였다. 청나라는 일련의 치욕적인 불평등 조약을 맺어야 했고 계속 밀어닥치는 제국주의 열강은 중국 전체를 집어삼킬 기세였다.

특히, 1894년 청일전쟁의 참패와 시모노세키조약의 체결 소식은 뜻있는 지식인들을 각성시켜 중국과 세계에 대해 눈뜨게 했다. 그들은 개혁하지 않으면 중국이 필연적으로 패망하리라 생각했다. 그리하여 변법[29](變法)을 제창하는 뜨거운 열기가 지식인들 사이에서 일어났다.

1899년 6월 11일, 광서제는 마침내 '정국시조(定國是詔)'를 반포했다. 개혁에 대한 광서제의 신념과 의지가 잘 드러나 있는 '정국시조'는 당시 군사권을 가지고 있던 자희 태후를 위시한 반대 세력들에게 일대 충격을 주었다. 그 이후 100일 동안 광서제가 내린 조서는 모두 110가지에 달했다. 철도부설, 언론의 활성화, 법률개정, 근대식 군대 육성, 재정 개혁 등 중국의 국력증강을 위한 개혁조치들이 취해졌다. 그러나 자희 태후를 비롯한 반대 세력들의 정변으로 광서제의 개혁은 '백일유신'으로 끝나고 말았다. 광서제의 개혁이 실패로 끝난 후, 중국에서는 제국주의 열강의 거센 공격과 이에 저항하는 의화단운동이 불길처럼 타올랐다. 1900년 8월, 8개국 연합군이 북경에 다다르자 자희 태후는 북경을 탈출했고, 중국은 극심한 혼란의 시기를 맞이하게 되었다.

---

29) 변법(變法) : 중국인들에게 있어서 변법은 단순히 '법은 고친다'는 의미뿐만이 아니라, 기존의 관행, 전통, 의식 등을 새롭게 한다는 의미를 포함하는 개념이다.

일본이 청나라와 같은 운명을 피해갈 수 있었던 것은 개화파와 수구 파간의 갈등을 비교적 조기에 종결짓고 '명치유신'을 통해 일본 사회를 개혁할 수 있었기 때문이다.

일본의 동경 만에 미국 군함이 나타나 개항을 요구한 것은 1853년의 일이다. 이로부터 16년간 '개항(開港)'을 주장하는 측과 '수구(守舊)'를 주장하는 측의 극심한 대립이 있었다.

마침내 1868년 명치유신을 단행하여 혼란에 종지부를 찍고 근대 정부를 탄생시킨다. 명치 정부는 학제, 징발령, 지조개정(地組改正) 등 일련의 개혁을 추진하고, 부국강병의 기치 아래 자본주의 육성과 군사력 강화에 매진해 새 시대를 열었다. 명치유신은 잠자고 있던 일본인들의 물질적, 정신적 근대화를 이루는 '의식혁명'이었던 것이다.

19세기 말 극동의 3개국이 겪은 이 엇갈린 역사적 경험을 통해 우리는 두 가지 중요한 교훈을 얻을 수 있다. 첫 번째 교훈은 '개혁은 늘 저항에 부딪힌다는 것', 두 번째 교훈은 '개혁에 성공하지 못하면 결국 멸망하고 만다.'는 것이다. 우리는 비싼 대가를 치르면서 얻은 이 소중한 교훈을 잊어서는 안 될 것이다.

제 5 장

바람직한 군대문화

제 1 절

미래를 여는 정신개혁

개혁(改革)이란 새롭게 고치는 것을 말하며 소가죽을 벗기는데 비유한다. 이렇듯 개혁에는 어려움과 고난이 수반되므로 혹자는 개혁은 혁명보다도 어렵다고 말한다. 따라서 현실 안주나 지금까지 관행적으로 일상화된 부정적 요소를 자기희생이라는 헌신과 기득권의 양보 없이는 이룰 수 없는 것이 개혁이다.

1. 개혁의 어려움

농부가 가을에 어떤 결실을 거두길 원한다면 봄에 씨앗을 뿌리고 그것을 정성껏 가꾸어야 한다. 그러나 씨앗을 뿌리기 전에 그가 가장 먼저 해야 할 일이 있다. 그것은 씨앗을 뿌릴 토양을 갈아엎고 씨앗이 잘 자랄 수 있도록 거름을 주는 일이다.

이러한 노력을 게을리한 농부는 결코 훌륭한 산물을 거둘 수 없다. 농부가 밭을 가는 수고를 마다하지 않는 까닭은, 그러한 수고가 자신이 원하는 결실을 가져다줄 것을 믿기 때문이다.

정신개혁은 실로 국방개혁의 토양과 같다. 정신개혁은 국방개혁의 3대 중점 중 하나이면서 동시에 모든 개혁의 선행요건이다, 따라서 국방개혁이라는 씨앗을 뿌려 '자주적 선진 국방구현'이라는 결실을 거두고자 한다면 농부가 씨앗을 뿌리기 전에 밭을 갈고 거름을 주듯이, 먼저 정신개혁에 관심을 기울여야 할 것이다.

이처럼 정신개혁을 국방개혁의 핵심이라고 하고, 첫 번째 문이라고 하며, 토양이라고 말하는 까닭은 무엇인가? 그것은 인간에게 있어서 정신이란 전혀 불가능해 보이는 일조차 가능하게 만드는 에너지가 되기도 하지만, 모든 것을 거부하는 철의 장벽이 되기도 하기 때문이다.

가. 부정적, 소극적 정신 자세

부정적이고 소극적인 정신을 가진 사람은 어떠한 새로운 시도도 시작하려고 하지 않는다. 오히려 새로운 시도를 하는 사람들을 비웃고, 지레 실패할 것을 예견한다. 그러한 정신은 실패에 대한 과도한 두려움이나, 현재 상태에 안주하려는 안이한 태도에서 기인한다. 이런 사람들은 개혁이라는 것이 한때의 바람이요, 조금만 지나면 다시 원 위치될 것으로 기대하기 때문에 개혁의 방해자가 되고 만다. 심지어 은근히 개혁의 실패를 바라거나 그 스스로 그것을 방해하기조차 한다.

어떤 회사의 개혁팀이 세계 최고의 회사로 만들겠다는 비전을 가지고 '세계 최고의 조직문화를 만들자'라는 운동을 전개하는 경우를 예로 들어보자. 개혁 팀은 많은 준비를 통해 개혁추진계획을 수립하고 그것을 각 부서로 전파하고 실행에 들어갔다. 그러나 시간이 흘러도 큰 변화를 감지할 수 없었고, 오히려 각 작업장과 부서에서 불만의 소리만이 들려 왔다.

"도대체 하루하루 해치워야 하는 업무만 하기도 바쁜데 무슨 문화 운동이란 말인가?"
"지금까지도 아무런 문제 없이 잘해 왔는데 갑자기 무엇을 개혁하라는 말인가?"
"이런 터무니없는 계획들은 반드시 실패할 것이다. 두고 보자."

개혁팀은 이러한 현장의 불만에 당황하고 또 다른 강력한 지시를 내렸다. 그러나 효과는 별로 없었고 좌절과 패배감으로 개혁은 흐지부지되고 말았다. 이 개혁이 실패한 원인은 물론 사원들의 부정적이고 소극적인 정신자세 때문이었다. 따라서 진정 개혁에 성공하려 했다면, 그러한 사원들에게 개혁의 공감대를 형성하고, 그 개혁의 취지와 목표들을 충분히 설득하는 조치를 먼저 실시했어야 한다.

나. 오염되고 왜곡된 정신 자세

또한 오염되고 왜곡된 정신을 가진 사람은 개혁을 오염시키고 왜곡시키는 경향이 있다. 이런 사람들은 개혁의 근본 취지나 목표와는 상관없이 개인의 이익이나 출세를 위한 수단으로 개혁을 이용하기도 한다.

어떤 조직의 효율성을 높이기 위해 조직개편을 시도할 경우를 예로 들어보자. 비대해진 조직을 슬림화하고 의사 결정 과정의 신속성을 기하기 위해 일정 수준의 감원을 해야 한다는 목표가 설정되었다. 그런데 이 개혁을 위해 모인 간부들은 자신들의 향후 고위직 진출만을 염두에 두고 있는 사람들이었다. 그들은 당연히 하부조직 인원들을 감원하는 데 주력하고, 오히려 상부 고위직 자리는 확대하는 조치를 하게 된다. 목표하는 수준의 감원은 달성했으나, 결국 조직은 기형적 형태를 띠게 된다. 조직의 효율성은 더 떨어지지만. 그들은 그러한 상황에 대해서 전혀 죄책감을 느끼지 않는다.

그들에게는 개혁의 취지와 목표는 별로 중요한 것이 아니었기 때문이다.

다. 올바른 가치관과 윤리의식의 부재

적극적이고 진취적인 사람들은 물론 개혁을 위한 적합한 태도를 가졌다고 볼 수 있다. 그러나 이런 사람들도 올바른 가치관과 건강한 윤리의식이 없다면 개혁을 잘못된 방향으로 몰고 갈 수 있다.

가치관과 윤리의식이 결여된 이들은 적극적인 개혁 추진을 통해 외형적 성공은 달성할 수 있을지 모르나 그 성공이 오히려 많은 사람의 손가락질 대상이 되는 경우가 있을 수 있다. 심지어 그것은 개악(改惡)이 되고 오히려 변화를 시도하지 않았을 경우보다 상황을 악화시킬 수 있다. 예를 들어, 한 화학 공장의 생산성 향상을 위한 개혁을 보자, 그 공장은 인체에 치명적인 병을 유발할 수 있는 화학약품을 취급해야만 한다. 직원들은 마스크를 착용하고 작업했으며, 또 주기적으로 마스크의 필터를 교체해야만 했다. 일정 시간의 휴식 시간을 가졌다.

사장은 그것이 공장의 생산성이 별로 높지 않은 이유 중의 하나라는 것을 알고 있었다. 드디어 그는 마스터 필터 교체 주기를 늘리고, 직원들의 휴식 시간을 줄이는 변화를 시도했다. 직원들의 반대에도 불구하고 의지가 강했던 사장은 그것을 관철했다.

초기의 생산성은 어느 정도 향상되었고, 사장은 만족했다. 그러나 그러한 작업환경에서 직원들은 직업병에 걸리고, 공장을 그만두는 경우가 많아졌다.

결국 그 공장은 모든 사람의 지탄을 받는 공장이 되었고, 병에 걸린 사람들과의 소송에서 급기야 거액의 보상금을 지급하라는 판결을 받았다. 공장은 문을 닫았다.

사장은 생산성 향상이라는 가치에는 충실했으나, 인간 존중의 가치관과 윤리의식이 결여되어 있었다. 그것이 공장의 문을 닫게 했고 많은 사람을 고통 속에서 살게 했다.

개혁의 성공을 위해서는 먼저 개혁의 추진 주체들이 그것에 적합한 정신자세와 가치관, 윤리의식을 갖추어야 한다. 우리가 정신개혁을 국방개혁의 토양이며, 첫 번째 문이고, 핵심이라는 말하는 까닭이 여기에 있다. 특히, 국방 개혁에 있어서 개혁의 추진 주체는 우리 간부들이기 때문에, 간부들이 올바른 정신 자세와 가치관, 윤리의식을 갖추어야만 한다. 이것이 정신개혁이며, 국방개혁의 성패가 여기에 달려 있다고 해도 과언이 아니다.

2. 군대 문화와 윤리(倫理)

정신개혁은 직업군인의 올바른 가치관 정립과 윤리의식을 함양하는 것이다. '가치관'이란 인간이 자기를 포함해서 세계와 그 속의 만물에 대하여 가지는 평가의 근본적 태도와 보는 방법을 말한다. 따라서 인생관(人生觀), 자연관(自然觀), 예술관(藝術觀), 신관(神觀), 교육관(敎育觀) 등이 모두 하나의 가치관이 될 수 있다. 즉, 자연관(自然觀)이라고 하면 어떤 사람의 자연 일반에 대한 평가와 보는 방법을 말하는 것이며, 교육관(敎育觀)이라고 하면 교육이 무엇인가에 대한 인식과 어떤 교육이 올바른 것인가에 대한 평가를 말하는 것이다. 또 '윤리(倫理)'란 어떤 가치관을 중심으로 태도와 실천의 문제가 결부된 것이라고 할 수 있다. 따라서 '의사와 윤리'라고 하면 "의사의 직업을 수행하는 데 있어서 필요한 가치관과 태도, 행동의 규범체계"라고 할 수 있다.

즉, 그가 가지는 '모든 사람의 생명은 고귀하다.'라는 가치관과 그러므로 전쟁터에서 적군과 아군을 가리지 않고 다친 사람들을 치료하고자 하는 태도, 그리고 그것을 직접 행동으로 옮기는 것이 의사의 윤리라고 할 수 있는 것이다.

이렇게 볼 때 윤리에 있어서 가치관의 정립이 매우 중요한 것이다. 올바른 가치관이 정립되고 나서야 비로소 그것을 중심으로 행동의 문제를 결정할 수 있게 되기 때문이다.

가. 직업군인의 3대 가치관

직업군인의 가치관은 '군인으로서 가지는 세상 만물에 대한 평가와 보는 방법'이다. 따라서 직업군인의 '연애관', '음주관(飮酒觀)' 등 수많은 '관(觀)'들에 대해서 이야기할 수 있다.

그러나 그 세상 만물 중에서 군인 직무 수행에 있어서 밀접하고 중요하게 연관된 것들에 대한 평가와 보는 방법으로 한정하여 직업군인의 가치관을 살펴보는 것이 타당하다.

직업군인에 있어서 밀접하고 중요하게 연관된 것이라고 하면 '국가관(國家觀)'. '사생관(死生觀)'을 들 수 있으며, 이것을 직업군인의 3대 가치관이라고 말할 수 있을 것이다.

국가는 군대의 존재 이유면서 목적과도 같은 것이다. 군의 간부가 국가에 대한 올바른 판단과 보는 방법을 가지지 못한다면 그는 이미 군인으로서 존재가치를 상실하는 것이다.

또한 간부는 군인의 직업을 스스로 선택한 것이고, 자신이 선택한 직업에 대하여 어떠한 평가를 하며 어떤 의의를 부여하는가는 매우 중요한 문제가 아닐 수 없다.

그리고 군인은 그 임무 수행에 있어서 생명을 담보로 한다는 특성이 있다. 삶과 죽음에 대한 평가와 죽음을 무릅쓰고 임무를 완수한다는 직업상의 특성에 대한 확고한 판단 기준이 요구된다.

따라서 직업군인의 가치관을 정립하고 윤리의식을 함양한다는 것은, 실로 '국가관', '직업관'. '사생관'을 직업군인의 정체성에 부합하도록 설정하고 그것을 행동으로 옮기는 실천력을 구비하는 것이다. 이 세 가지 가치관이 직업군인의 정체성과 동떨어진 것이 되거나, 설사 합당한 가치관을 따르고 있다고 할지라도, 그것을 행동으로 옮기려는 의지와 동기가 없다면 진정한 간부라고 할 수 없기 때문이다.

나. 직업군인 가치관 재정립의 의의

우리의 문제의식은 여기서 출발하였다. 그리고 이를 위해 국군의 이념과 사명에 초점을 맞추어 동양과 서양, 그리고 우리나라의 군 관련 전통적 가치 덕목들을 추출하고, 현대에 새롭게 조명받는 가치 덕목들을 종합했다. 이를 국가, 부대, 개인 차원의 3차원에서 분류하였고 각각 국가관(국가를 위한 가치), 직업관(부대의 가치), 사생관(개인을 향한 가치)이라는 틀 속에서 전체적이고 체계적으로 조망하려고 하였다.

이러한 조망을 통해 직업군인 가치관의 주요 내용을 구성하려 하였으며, 교육을 통해 이를 신념화하고 생활화하고자 한 것이다. 그리고 그렇게 함으로써 건전하고 당당한 군대 문화를 정착시키고, 그것을 통해 자주적 선진 국방구현이라는 목표를 달성하고자 하는 것이다.

<가치관 정립방향과 목표>

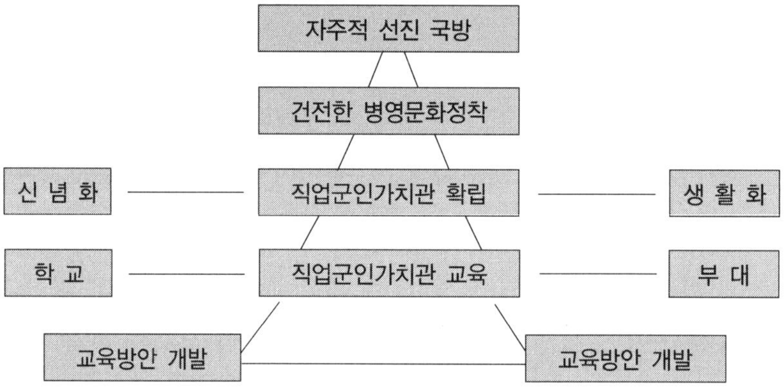

자주적 선진 국방

건전한 병영문화정착

신 념 화 — 직업군인가치관 확립 — 생 활 화

학 교 — 직업군인가치관 교육 — 부 대

교육방안 개발 — 교육방안 개발

다. 비전과 성실

"비전이 없는 백성은 망한다." 이것은 성경에 있는 말인데 도산 선생이나 케네디 동생 같은 위인들이 즐겨 인용하는 것은 그것이 맞고 불변의 진리이기 때문이다. 개인이나 사회를 막론하고 비전이 없는 삶은 마치 나침반 없는 항해나 목표 없는 싸움과 같아서 결국은 난파와 실패를 면할 수 없는 것이다.

여기서 말하는 비전은 '꿈', '이상'. '원대한 목표'와 같은 것이다.

17세기에 똑같은 유럽인들이 북미와 남미로 각각 이주하였다. 북미는 오늘날 부강의 대명사가 되었으나 남미는 빈곤의 대명사가 되었다. 무엇이 이들의 명암을 갈랐던 것인가. 어떤 이들은 "비전과 성실의 유무"가 이들의 명암을 갈랐다고 단언한다.

북미로 이주한 사람들은 강대국에의 비전과 이러한 목표로서 비전을 달성하기 위해 간단없는 근면, 성실을 보였지만, 남미로 이주한 사람들은 비전도, 성실도 없었다는 것이다.

우리는 지금 '건전하고 당당한 군대문화' 창출을 통한 '자주적 선진 국방' 구현이라는 비전을 추구하고 있다. 이러한 비전을 달성하느냐의 관건은 바로 올바른 직업군인 가치관으로 무장한 우리 개개인의 성실 여하에 달려 있다. 이제 직업군인의 가장 중요한 세 가지 가치관이라고 할 수 있는 '국가관'. '직업관'. '사생관'에 대한 태도와 행동의 문제를 생각해 보자.

〈직업군인의 3대 가치관, 9대 덕목 〉

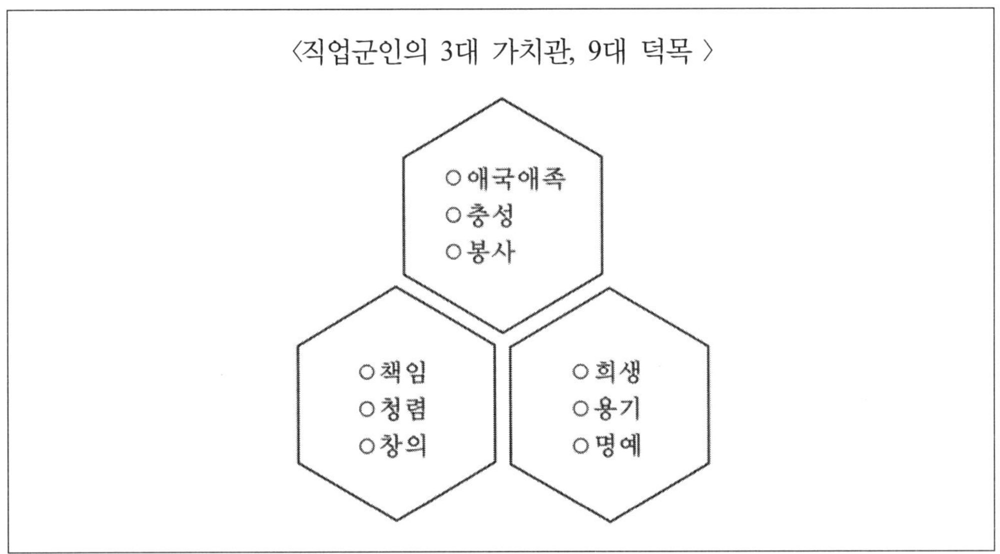

제 2 절

바람직한 미래 군인상(軍人象)

1. 서양의 군인상

가. 시민정신에 바탕을 둔 미국의 군인상

(1) 청교도 정신과 개척정신

미국의 군인상을 이해하려면 하나의 이율배반적인 현상을 이해해야 한다. 미국은 전통적으로 반군사적 문화와 사회제도를 유지해 왔음에도 불구하고, 현실적으로는 전쟁이라는 군사적 활동을 통해서 나라를 세우고 영토화장과 국력신장을 도모해 왔다는 사실이다. 그런데 미국사회를 이끌어 온 양대 정신적 지주는 청교도정신(Puritanism)과 개척정신(Frontier Spirit)이다. 여기서 이율배반적으로 보이는 미국인들의 전통적 가치체계가 성립된다.

상비군과 같은 군사조직을 꺼리는 근본 이유는 군대가 인간의 자연권적인 평등과 자유를 속박하거나 탄압할 수 있는 가장 근원적인 위협이라고 보았기 때문이다. 따라서 자유와 평등에 바탕을 두고 전제정치나 권위주의 통치에 항거해 온 청교도 정신은 미국의 '반군사적' 전통의 근원이 된다고 할 수 있다.

미국인들의 반군사적 전통의 뿌리는 영국의 반군사적 전통이다. 17세기 영국 내전(內戰) 당시 찰스 1세(Charles I)의 폭정에 항거하던 영국 의회는 올리브 크롬웰(Oliver Cromwell)이 이끄는 강력한 의회군으로 왕당파를 꺾을 수 있었다.

그러나 내전이 끝나자 이번에는 크롬웰의 군대가 의회를 제압하고 왕정(王政)보다도 더 가혹한 군사독재를 펴게 되었다. 크롬웰이 죽고 다시 왕권이 회복된 후 왕이나 의회 양측은 군사독재가 되풀이되지 않도록 하는 방안을 마련하고자 애썼다.

그러나 국방이나 치안유지를 위한 군대의 존재 자체를 외면할 수는 없었다. 그 결과 평시에는 소규모의 상비군을 유지하고 일단 유사시에는 각 지방별로 민병대를 소집하는 체제를 마련하였으며, 상비군이나 민병대를 모두 민간통제(즉 의회)하에 두었다.

의회는 예산을 강력하게 장악하여 민간통제의 군사정책을 시행하였다. 미 대륙에 정착하기 시작한 초기의 영국 이주민들은 자연히 영국식 군사전통인 민병대 체제를 갖추게 되었다.

더구나 영국의 식민통치하에서 미 대륙에 배치된 영국 상비군은 이주민들의 입장에서 보자면 그들의 재산을 축내거나(세금을 통해서) 그들의 자유를 침해하는 상징일 뿐이었다. 상비군에 대한 그들의 혐오감은 1778년의 연방 헌법 인준회의 때 "평시에 군대를 유지하는 것은 불법이다."하는 주장을 몇 개 주에서 할 정도로 미국의 반군사적 전통은 뿌리가 깊다.

지난 양차 세계대전에서 미국은 일시에 몇 백만 명이라는 대군을 징집하였다가는 전쟁이 끝나기가 무섭게 일시에 동원해제를 하곤 하였다. 평시에 대규모의 군대를 유지할 필요도 없고 또 해서는 안 된다는 그들 나름의 전통 때문이었다.

그럼에도 불구하고 미국 사람들은 그 어떤 나라의 국민들에 비교하더라도 결코 뒤지지 않는 확고한 상무정신을 지니고 있다. 이는 초기 이주민들의 강인한 개척정신으로부터 그 뿌리를 찾아 볼 수 있다. 생소한 지형과 기후, 그리고 적대적인 원주민들의 도전을 극복하면서 삶의 터전을 일구어야 했던 그들에게 무엇보다도 필요했던 것은 불타는 모험심과 불굴의 용기, 그리고 자신의 것은 스스로가 지켜야만 하는 자위정신이었다.

그들은 누구나 스스로를 지키기 위해서 총을 가져야 했다. 무기는 자기 자신의 생명과 아울러 개인의 자유를 보장해 주고 사유재산을 보호하는 필수도구였다.

오늘날 총기소지로 인한 총기 사건이 일어나 사회적, 정치적 불안을 수시로 야기시키고 있음에도 불구하고 근본적으로 미국인들이 총기 소유권을 포기하지 않는 것은 전통적으로 총이 자신의 생명과 자유를 보장해 온 상징이기 때문이다.

이러한 관념은 개인의 차원을 넘어 국가의 차원에서도 역시 마찬가지였다. 미국은 무력으로써 독립을 쟁취하였고, 무력으로써 그들의 국토를 넓히는데 결정적인 도움을 받았고, 양차 세계대전에서 승전국이 됨으로서 초강대국이 될 수 있는 국력의 기틀을 마련하였다.

이처럼 미국인들의 가치관과 의식구조 속에 내재한 청교도 정신의 반군사적 전통과 개척정신의 상무적 기질은 이율배반적이면서도 서로 다른 야누스의 얼굴과 같이 숙명적이기도 하다. 그것은 건국이념과 미 국민의 개인적·사회적 가치체계의 밑바탕, 즉 미국적 생활원리와 시민정신 그 자체로부터 연유하는 것이기 때문이다.

(2) 군인정신의 기본은 시민정신

미국인들은 개인의 자유와 인권이 침해받을 것을 두려워하여 강력한 군사력의 상존을 꺼려왔고 이의 보완책으로서 군부에 대한 민간통제권을 확립할 만큼 반군사적 전통을 지녀왔으나 개인의 자유와 인권의 침해를 저지하기 위하여 개개인 스스로가 무기를 소유할 만큼 억센 상무적 기질을 지녔다.

위의 두 가지 성향은 근본적으로 같은 가치체계로부터 비롯하였으되 겉으로 나타난 양상이 상반되는 것처럼 보였을 뿐이다. 그것은 마치 권리와 의무라는 두 가지 대조되는 개념이 오늘의 민주사회에서 핵심적 가치체계로 공존하고 있는 것과 흡사하다.

미국인들은 그들의 인권과 자유를 침해받지 않기 위해서 평시에 강력한 상비군의 유지를 거부할 수 있는 권리가 있었던 반면에, 일단 유사시에는 바로 그 인권과 자유를 지키기 위해 스스로 무기를 잡고 나서야만 할 의무 또한 자발적으로 지켜왔던 것이다.

이것이 바로 미국의 사회가치 내지는 시민정신의 정수이며 여기에 미국적 군인상이 뿌리내리고 있다. 이러한 시민정신이 곧 군대의 이상적인 정신요소의 토대가 되어 미국군 간부 지침서에는 "군 간부로 임관된 사람은 미국시민으로서의 근본성격 가운데 어느 한 부분이라도 포기해서는 안 된다."라고 명시되어 있다. 나아가 "미국의 생활 원리와 그것을 받들겠다는 열망이 바로 미국의 군인 정신의 기초"라고 못 박고 있다.

(3) 신사로서의 군 간부

그러면 미국군 군 간부가 갖추어야 될 건전한 시민으로서의 정신적 덕목은 어떤 것일까?

미국군 군 간부 지침서는 신사(Gentleman)가 될 것을 요구하고 있다. 먼저 신사가 되어야만 군 간부서의 특별한 책임을 떠맡을 자격이 있다는 것이다.

군 간부가 갖추어야 할 신사도의 구체적 내용은 인권에 대한 강렬한 신념, 인간의 존엄성에 대한 존경, 황금률(Golden Rule)의 생활화, 인류의 복지추구, 보편적 사랑(모든 사람을 자신의 부모나 형제처럼 따뜻하게 대함) 등이다.

먼저 신사가 되고 난 후에 군 간부는 특수한 직업인으로서의 군사 전문가가 되어야 한다. 미국 군대에서 이상적인 정신요소로 꼽는 애국심, 충성심, 용기, 능력, 명예심, 진실성, 공정성, 고결함, 어진 마음 등이 중세 영국 기사도의 미국식 변형인 신사도의 핵심 정신이다.

이러한 요소들을 풀이하여 마샬(S.L.A. Marshall)은 그의 저서 『지휘자로서의 군 간부』 (The Officer as Leader)라는 책에서 직업군인의 행동규범을 이렇게 제시하고 있다.

첫째, 자신의 행동이 국가나 군대, 또는 전우들을 위하여 공동의 이익이 된다고 믿어질 때 그것이 자기 자신에게 어떤 불편이나 손해 또는 신체적 위험을 초래케 할지라도 신념을 가지고 추진해야 한다.

우리는 과거 월남전에서 미국인 헬리콥터 조종사가 적 지역에 고립된 아군 부상병을 구출하기 위하여 위험을 무릅쓰고 접근했다든가, 불도저를 몰고 도로작업에 나선 미군병사가 아무런 감독 없이도 위험지역에서 묵묵히 임무에 충실했던 모습을 직접 보거나 듣거나 하였다. 이는 단순히 임무수행이라는 차원을 넘어서서 공동의 이익을 위한 개인의 희생정신이 발현된 경우라 할 수 있다.

둘째, 어떤 행동을 하기 전에 그 행동과 관련된 문제점들을 능력의 한계까지 연구 검토함으로써 자신의 행동이 최대한 진실성에 바탕을 두도록 해야 한다. 이것은 자기의 직무에 대하여 전문적 지식을 가질 수 있도록 끊임없이 노력해야 된다는 직업의식과도 일맥상통하고 있다고 하겠다.

셋째, 행동의 우선순위를 정할 때에는 자신의 이익보다는 다수의 이익이 되는 것에 우선권을 두어야 한다. 우리는 여기에서 미국인들이 단순한 개인주의에만 흐르고 있는 것은 아니며 집단에 대한 충성심 혹은 단결의 요체를 볼 수 있다.

넷째, 언행에 있어서 솔직담백하되 예의를 벗어나지 말아야 한다. 다른 사람과 뜻을 같이 할 때에는 따뜻하게 하고, 의견이 다를 때에는 떳떳하고 정중하게 자기 뜻을 나타내되, 일단 한쪽으로 결정된 사항에 대해서는 열정적으로 참여하며 사사로운 원한이나 불평을 삼가야 한다. 이것이 민주사회에서 필수적으로 요구되는 태도인 것이다.

끝으로 자신의 공적으로 영예가 돌아올지라도 겸손할 줄 알고, 나아가 그것을 상관이나 부하에게 돌릴 수 있는 도량이 있어야 한다. 이것이 바로 군인의 인격이라는 것이다.

이상에서 우리는 미국의 군인상이 사회 가치체계 또는 직업의식 속에 광범위하게 비추어진 모습에서 미국사회의 고유한 특성까지도 엿볼 수 있다.

즉 확정적이기보다는 융통성의 여지가 많고, 직접적이기보다는 간접적이거나 암시적이며, 폐쇄적이기보다는 개방적이기 때문에 틀에 박은 듯이 짜임새가 있어 보이지는 않는다는 것이다. 이는 신사로서의 군인 개념이 민주시민의 인성과 조화를 이룬 결과이다.

(4) 의무 · 명예 · 조국

민주시민의 일반성과 군인의 전문성과 조화를 이루는 미국 군대 나름의 특수성은 어떤 것인가? 이제 미국군 군 간부의 임관 선서문과 미군의 전투수칙을 검토할 필요가 있다.

임관식에서 모든 미국군의 군 간부는 국내외의 모든 적으로부터 국가의 헌법을 수호할 것과, 자신의 직책을 성실성과 충성심을 가지고 어떠한 주저함도 없이 최선을 다하여 수행할 것을 엄숙히 선서한다. 이에 대해서 미국 대통령은 전 국민의 대표자로서, 군의 최고 통수권자로서 국가방위와 관련된 4가지의 덕목을 신임 군 간부들에게 요구한다.

그것은 애국심, 용기, 충실성, 그리고 능력 등이다. 이는 미국 육군사관학교가 교훈으로 생도들에게 제시하는 의무, 명예, 조국이라는 3대 명제와 크게 다를 바가 없는 것이다.

한편, 미국 군인의 전투수칙은 다음과 같은 내용으로 되어 있다.

첫째, 나는 미국의 전사이다. 나의 조국과 우리의 생활을 수호하는 군대에 봉사하되 국토방위를 위하여 생명까지도 바칠 각오가 되어 있다.

둘째, 나는 결코 나의 자유의사로 적에게 항복하지 않는다. 만일 내가 지휘하게 될 경우에 나의 부하가 지탱할 수 있는 한 항복하지 않겠다.

셋째, 만일 내가 포로가 되더라도 가능한 모든 수단을 기울여 저항할 것이며, 전우를 탈출시키기 위해서 있는 힘을 다 할 것이다. 나는 결코 적이 제의하는 가석방이나 어떠한 특별대우도 받지 않는다.

넷째, 만일 내가 포로가 된다면 나의 동료에 대해서 신의를 지키며 동료를 해치는 어떠한 정보제공이나 행위도 하지 않을 것이다. 만일 내가 선임자일 경우 지휘를 맡을 것이며, 그렇지 않을 경우 나의 상관으로 임명된 사람의 합법적인 명령에 복종할 것이고, 모든 방법으로 그를 지원한다.

다섯째, 전쟁포로가 되었을 때 심문을 받으면 나는 오로지 계급·군번·성명·생년월일만을 대답할 것이며, 나의 한계를 넘는 질문에는 대답을 회피하고, 구두로나 문서로 조국과 우방에 배신되거나 또는 그러한 요인이 될 수 있는 내용에 서명을 하지 않는다.

여섯째, 나는 내가 미국의 전사라는 것과 내 행동에 대한 책임을 결코 저버리지 않으며, 내 조국을 자유롭게 하는 이념에 내 몸을 바친다.
나는 하나님을 믿으며 미국을 믿는다.

나. 군사적 천재형의 독일 군인상

(1) 상무정신과 단합정신

독일은 지리적으로 볼 때 유럽의 중앙에 위치함으로써 프랑스·오스트리아·러시아 등 열강의 틈바구니 속에 위치한다. 과거 독일이 겪었던 대부분의 전쟁은 독일의 국방력 및 외교정책의 중요성을 실감케 해주는 지리적인 여건과 밀접하게 관련되어 있다.

이러한 지정학적 특성으로 인하여 독일 국민에게는 딜타이(Dilthey)가 지적했듯이 독일의 민족적 성향에는 때에 따라 감정적이고 모험적인 데가 있다는 것이다.

독일의 지리적·민족적 특성으로 인하여 독일군에게는 일찍부터 전쟁준비와 전투태세를 갖추는 상무정신과 지도자를 중심으로 굳게 뭉치는 단결정신이 투철하다. 독일의 상무정신이 가장 확고하고 두드러지게 나타난 것은 프레데릭 대왕의 통치 시절이다.

프레데릭 대왕이 즉위한 18세기 중엽 열강국들의 인구수는 대략 오스트리아 1,300만 명, 프랑스 2,000만 명, 영국 1,000만 명, 러시아 4,000만 명 정도로 추산되며, 프러시아는 겨우 250만 명에 불과하였다. 당시 인구의 많고 적음은 그 나라의 영토의 크고 작음을 나타내며, 동시에 국력 및 군대의 규모를 반영한다.

그러나 7년 전쟁에서 프러시아는 오스트리아, 프랑스, 러시아 및 스웨덴까지 동시에 적으로 하는 전쟁이었으며 상식으로는 프러시아가 도저히 이길 수 없는 전쟁이었다. 그러나 결과는 프러시아에게 유리하게 전개되었고 프레데릭 대왕은 자신의 주장을 관철시킬 수 있었다.

프레데릭 대왕이 예상을 뒤엎고 최종적으로 승리할 수 있었던 이유는 다음 몇 가지로 분석될 수 있다.

첫째는, 프러시아 국가의 체제적인 특색이다. 국왕은 궁정에 머물러 있었던 것이 아니라 전장의 최고 사령관이었으며 융커 귀족계급 역시 군 간부단으로서 대를 이어 전투에 참가했다. 곧 군은 '국가속의 군'이 아니라 '국가속의 국가'였던 것이다.

둘째는 프레데릭 대왕의 전략적 우수성이다. 그는 당시의 전쟁형태였던 제한전쟁의 특성에 비추어 보아 적의 보급로를 차단함이 가장 중요하다는 사실을 간파하고, 당시의 일반적 상황으로는 불가능했던 행군속도를 높임으로써 그것을 실천한 것이다.

그 밖에도 프러시아 군대의 엄격한 규율과 철저한 훈련에도 승리의 이유가 있었지만 무엇보다도 크게 작용했던 것은 프레데릭 대왕이 결코 전투를 두려워하지 않는 지휘관이었다는 점이다.

그는 제한전쟁 당시 대부분의 장군이 전투를 싫어했음에 비해 언제나 전투에 임할 자세를 갖추었으며 전투가 전쟁에 있어서 결정적 승리 요인임을 믿어 의심치 않았다. 실로 7년 동안 16차례의 대전투에서 그가 보여준 기상과 모범은 그 자신과 그의 군대의 상무정신을 드높인 것이며 후일 독일 민족정신의 귀감이 되었던 것이다.

(2) 사고(思考)하는 군인상

오늘날까지도 전쟁이론가로서 그 이름을 떨치고 있는 클라우제비츠와 가장 위대한 참모총장의 하나로서 추앙받고 있는 몰트케를 중심으로 끊임없이 사고하고 노력하는 독일의 군인상을 조명해 보면 그는 19세기 후반이후 프랑스와 독일 등 유럽대륙의 운명에 가장 큰 영향을 미친 한 권의 책이 있다고 한다면 그것은 바로 클라우제비츠의 『전쟁론』이다. 프러시아를 중심으로 한 독일의 통일이 유럽대륙의 근대사를 판가름했다고 함을 인정한다면, 유럽의 운명은 이 군사학 서적에 의해서 결정되었다고 해도 과언이 아니다.

클라우스제비츠는 사관학교 교장으로 임명되어 12년간 그 직책에 머물러 있으면서 고금의 전사(戰史)를 탐독하였고, 틈틈이 써두었던 전술의 내용을 보충함과 동시에 단편적으로 써나갔던 여러 가지 전쟁현상들을 체계적으로 정리하였다.

"전쟁이란 무엇인가?"로부터 묻기 시작하여 "전쟁이란 적을 굴복시키고 자기의 의사를 실현하기 위하여 사용되는 폭력행위이다. 전쟁은 다른 수단으로 하는 정치의 계속에 불과하다."는 유명한 결론으로 유도해 가는 그의 저술은 전쟁전체에 대한 개념을 가르쳐 준다. 사실상 전쟁이 정치의 계속에 불과하다는 것은 어떠한 종류의 전쟁이든 모두 정치행동으로 해석할 수 있다는 말이며, 이것은 근대의 총력전 이론의 출발점이 아닐 수 없다. 후일 프랑스의 피에론 장군이 "만약 우리나라 장군들이 1870년 이전에 클라우제비츠의 사상을 염두에 두었더라면 보·불 전쟁에서 전략상의 실패를 모면했을 것이다."라고 말하였듯이 클라우제비츠의 전략사상은 위대한 전쟁철학이었다. 그리고 그가 그처럼 훌륭한 저술의 업적을 남길 수 있었던 것은 평소 끊임없이 탐구하고 노력하는 자세를 견지했던 까닭임은 두말할 나위가 없다.

생각하는 군인으로서 우리는 몰트케를 생각하지 않을 수 없다. 빌헬름 1세가 즉위할 당시 그의 나이는 64세의 고령이었다. 이 같은 노인이 91세까지 왕위에 있으면서 독일의 여망이었던 독일제국을 통일하고 황제가 되리라고는 아무도 예측하지 못했을 것이다. 그것은 물론 그의 훌륭한 정치적 역량에도 기인하지만 보다 큰 이유는 휘하에 비스마르크 수상, 로온 군사대신, 몰트케 참모총장 등 유능한 인재들을 거느리고 있었기 때문이다. 후일 빌헤름 1세가 보·불전쟁의 승리를 자축하는 파티장에서 "로온은 칼을 갈아 준비하고, 몰트케는 그 칼을 훌륭히 사용했으며, 비스마르크는 외교로써 프러시아에 영광을 가져왔도다."라고 칭송할 정도였다.

몰트케가 생각하는 군인이라는 것은 그가 32세 때 『로마제국 멸망상』을 번역하기도 하였다는 사실 및 장차 전에서 철도의 중요성을 강조한 논문 등 그의 많은 군사관계 논문들이 이를 뒷받침해준다.

그가 철도에 대해서 깊은 관심을 표명하고 마침내 뜻을 관철시켜 철도를 개발시켰던 까닭은 다음과 같은 그의 통찰에 있었다. 즉 "주전장(主戰場)에 가능한 한 다수의 군을 집중한다."는 나폴레옹식의 전술은 분산진격 방식으로 분쇄가 가능하다는 것이었다. 당시 유럽에서는 죠미니의 의견에 따라 내선작전(內線作 戰)이 유리하다고 믿고 있었는데 몰트케는 철도문제만 해결된다면 외선작적(外線作戰), 곧 포위공격이 보다 유리할 것이라는 새로운 개념에 착안한 것이다. 또한 독일의 지세(地勢)를 고려해 볼 때 부대가 있고 야영설비가 있는 야전군 쪽이 요새보다는 보다 유리한 입장이기 때문에 이를 위해서도 병력 수송을 원활히 할 수 있는 철도가 꼭 필요하다고 믿었다. 곧 병력의 신속한 이동만 고려된다면 야전이 훨씬 유리한 전황을 차지할 수 있다는 것이다.

제복 입은 시민으로서의 군인상 앞에서 우리는 독일의 지리적, 민족적 특성으로부터 부각된 프레데릭 대왕 이래의 상무정신 및 전술개발과 이론의 정립을 위하여 끊임없이 노력하는 독일 군인의 모습을 클라우제비츠와 몰트케를 중심으로 살펴보았다. 이와 같은 훌륭한 전통과 전쟁에 대한 연구자세가 과거 독일군이 누렸던 영광의 밑바탕이 되었음은 물론이다. 그러나 히틀러의 등장은 이러한 위대한 전통과 영광에 또 한 번 패배의 치욕을 안겨 주었다. 곧 제 2차 세계대전에서의 참패였다. 제 2차 세계대전에서의 패배는 물질적, 정신적으로 독일의 완전한 패배였으며 독일 국민들에게 전쟁과 군국주의에 대한 염증을 느끼게 하기에 충분했다.

그러나 2차대전 직후 동서로 갈라진 양진영의 긴장이 냉전의 형태로 나타났고 1946년에는 소련군 점령하의 동독이 재무장을 시작하였으며, 1950년에는 한국동란이 발발하는 등 국제정세의 긴장이 계속되므로 서방세계에서는 서독을 자유진영의 일원으로서 서방방어체제(西方防禦體制)의 일익을 담당케 할 필요성을 느꼈다. 그리하여 마침내 1955년 서독은 나토회원국이 되었고 1956년부터 재무장하기 시작하였다.

그러나 전쟁이 끝난 뒤 10여년이 지난 후의 재무장은 쉬운 일이 아니었다. 군에 대한 국민의 의식이 달라졌음은 물론이요, 전후 10년이 지났기에 능력과 경험을 가진 고급 인력자원은 부족하였고, 과거와는 달리 서독연방군은 자유진영의 민주주의 수호라는 정치적 이념을 군에 심어야 했다. 따라서 독일 연방군은 그들이 수호해야 할 이념적 목표를 설정하고 그 이념에 대한 가치인식 및 그것의 내면화에 노력을 집중하였다. 즉 장병들로 하여금 목표의식을 분명히 하게 함으로써 전투의지를 일깨우는 이른바 내면적 통솔(Innere Fuhrung)을 시도한 것이다.

독일 연방군의 내면적 통솔이란 "민주국가 및 사회의 기본질서를 바탕으로 하고 또 그의 수호를 위한 군대의 시대에 순응하는 인간 통솔"이라고 정의되고 있다. 우리는 독일 연방군의 이 내면적 통솔이라는 지휘법을 주의해서 고찰할 필요가 있다. 왜냐하면 이 같은 지휘법속에는 우리는 민주주의의 이념을 수호하고 군과 국민의 화합을 꾀하며 동시에 시대의 변화에 순응하는 군대를 육성하고자 하는 독일군의 노력을 읽을 수 있기 때문이다. 현재 독일연방군의 군인상을 가장 잘 나타내고 있다고 할 수 있는 내면적 통솔은 다음의 네 가지 관점에서 정의되고 또 수행되고 있다.

첫째, '인간의 통솔'을 강조한다. 통솔이란 조직적 · 도덕적 혹은 정치적인 조건에서 비롯되는 것임을 인정하지만 지휘관과 부하의 인간관계에서 일어나는 현상이라는 것이다. 피지휘자라 할지라도 그를 인격체로서 존중해야 함을 강조한다. 따라서 지휘자는 강요나 직책의 권위에 의한 통솔을 지양하고 자발적으로 참여하도록 유도하고 조정할 수 있는 리더십을 배양해야 한다는 것이다.

둘째는 '군대'의 인간통솔을 강조한다. 즉 '인간의 통솔'이되 '군대'임을 고려해야 한다는 것이다. 바꾸어 말하면 군인은 군인이기에 앞서 확고한 국가관과 신념을 갖고 있는 국민이고 민주시민이어야 하며, 동시에 제복을 통하여 국가가 부여하는 신성한 의무를 자발적으로 수용하려는 자세를 갖추어야 함을 강조하는 것이다. 곧 군인은 '제복 입은 국민'이라는 사실을 염두에 두어야 한다는 것이다.

셋째는 '시대에 순응'하는 인간통솔의 강조이다. 이것은 과학문명의 발달과 생활구조의 복잡화에 따른 젊은 세대들의 안목과 요구의 변화에 군이 순응한다는 것이다. 왜냐하면 군대는 젊은이들을 주축으로 구성되고 있기에 바람직한 통솔을 위해서는 그들의 가치관을 이해해야 한다는 것이다.

물론 젊은이들의 가치관에 무조건 순응해야 한다는 것은 아니다. 그들의 특성과 장점을 고려하여 군대 내에서의 인간통솔도 그 성격을 달리 해 나가야 한다는 것이다.

넷째는 '기본 민주질서'에 입각한 인간통솔이다. 위에서 언급된 모든 인간통솔은 근본적으로 민주국가의 기본질서 위에서 이루어져야 한다는 것이다. 민주국가의 기본 질서가 군의 정신무장의 기반이 된다. 즉, "우리는 무엇을 위해 복무하며, 무엇을 지켜야 하는가?"

"무엇 때문에 싸우며 그 대상이 누구인가?" 그리고 "무엇으로 적의 침략에 대비하고, 그러기 위해서는 무엇을 신뢰해야 하는가?" 등의 기본적 물음에 대한 확고한 신념을 가질 수 있도록 한다는 것이다.

이와 같은 신념과 정열이 이성적 판단에 의한 앎에 의해서만 나오는 것은 아닐 것이다. 그러나 생각하는 군인만이 정열을 다해 능동적으로 본연의 임무를 다할 수 있다는 것을 독일군대는 믿는다.

다. 강한 정신력과 탁월한 통솔력의 이스라엘 군인상

(1) 선민사상과 투철한 민족정신

"너의 고향과 너의 친지, 그리고 네 어버이 집을 떠나 내가 너에게 지정해 준 땅으로 가거라. 내가 너로 하여금 온 민족을 이루어 너에게 복을 내리고 너의 이름을 크게 떨치게 하고 네가 바로 축복 그것이 되게 하고자 하노라." 계시를 받은 아브

라함은 곧 약속의 땅을 찾아 길을 떠났고 마침내 약속의 땅 가나안에 이주하여 오늘날 이스라엘 민족의 원조가 되었다.

유태민족이 근 2,000년간 세계를 유랑하면서도 결코 잊을 수 없었던 것은 바로 신이 지정하여 준 조상의 땅과 그 약속의 이행이었다. 그것은 곧 그들이 신으로부터 선택되어 축복받은 유일한 민족이라는 자긍심과, 언젠가는 그들의 구세주가 나타나 괴롭고 힘든 그들의 멍에를 벗겨주고 '젖과 꿀이 흐르는' 약속의 땅에서 살게 하리라는 기대였다. 그와 같은 긍지와 기대가 그토록 긴 세월 동안 유태민족을 유태민족으로서 살아남게 했던 요인이었다.

오늘날 이스라엘군을 정신전력에 있어서 세계 제1의 군으로 승화시킨 것은 바로 그들 내부에 잠재해 있는 선택된 민족이라는 투철한 의식일 것이다. 아직도 여호와의 신앙 속에서 메시아를 기다리며, 신이 그들에게 약속해 준 땅을 지키려는 그들의 정신은 세계 어느 민족에게서도 찾아볼 수 없는 절대성을 지니고 있는 것이다.

(2) 필승의 전투의지

이스라엘은 1948년 독립을 선포한 이후 이를 거부하는 아랍 주변 국가들과 수차례에 걸쳐 전쟁을 치러야만 했다.

독립전쟁, 수에즈 분쟁, 전 세계의 예상을 뒤엎고 이스라엘의 승리로 막을 내렸던 6일 전쟁, 10월 전쟁 등 양 민족 간의 투쟁은 아직도 계속 되고 있는 것이다.

그 많은 전투를 통해서 드러나는 이스라엘군의 가장 뛰어난 특징이 바로 전투에 임하는 그들의 의지이다. 이는 두말할 필요 없이 2.000년에 걸쳐 내려온 그들의 숙원과 이상의 상징적 존재인 조국이스라엘의 수호를 위한 강렬한 유태인의 민족적 단결력에서 비롯된 것이며, 동시에 쓰라린 유랑생활에서 체험으로 체득한 "강한 자만이 살아남을 수 있다."는 신념의 소산이 아닐 수 없다.

전쟁에 있어서 전투의지의 중요성이 강조되어야 함은 물론이다.

그러나 오늘날처럼 과학 기술의 발달과 더불어 우수한 신무기가 등장함에 따라, 전투에서의 승패는 오로지 그 국가가 상대국가에 비해 얼마나 더 우수한 무기를 소유하고 있는가 함에 따라 결정된다고 믿는 사람이 많다. 더구나 가공할 핵무기가 전쟁에 등장한 이후 핵무기의 보유여부가 승패를 가름한다고 생각될 수도 있다. 사실상 이스라엘 국방상 다얀이 '정신력에 의지한 전투'라는 구호를 강조했을 때 그 성과를 기대한다는 것은 일반적으로 상상하기 힘든 일이었을지도 모를 일이다. 그러나 이스라엘군은 이것을 실현했다. 오로지 정신력에 의한, 휴식도 없이 계속되는 공세적 행동은 상대적으로 이집트군의 재편성과 계획적이고 축차적인 방어를 불가능하게 하였으며 이집트군으로 하여금 지리멸렬한 상태로 도주케 하였던 것이다.

6일 전쟁이후 예상 밖의 이스라엘의 승리를 본 많은 군사 전문가들은 그 배경에 신무기의 도입이라든지 혹은 미·영국군의 개입 등이 있었을 것이라고 추측하였지만, 후일 그들이 발견한 것은 "태양아래 새로운 것은 아무 것도 없고" 오로지 이스라엘군의 '승리에 대한 강한 의지' 하나뿐이었다. "이스라엘군은 그들의 전차가 피격되어도 사격이 가능한 한 전차를 버리는 일이 없었고, 승무원이 전사할 경우 다른 전차병이 전차에 올라 공격을 계속하였지만, 아랍군은 포탄이 전차근처에 떨어지거나 스치기만 하여도 전차를 버리고 도주하였다."는 종군기자들의 보고서는 아랍군과 비교되는 이스라엘군의 강력한 전투의지를 잘 말해 준다.

(3) 탁월한 리더십

강한 전투의지 외에도 이스라엘의 군인적 특성 가운데 하나가 전쟁에 임하는 고급 지휘관의 탁월한 리더십이다. 곧 고급 지휘관의 전략적 사고능력이 뛰어나다는 점이다. 어떤 의미에서는 아무리 전쟁에 임하는 병사들의 전투의지가 강하다 할지라도 전쟁을 지도하는 고급 지휘관의 작전이 적절하지 못하다면 병사들의 전투력이 제대로 발휘되지 못할 것이다. 그러나 이스라엘군의 고급 지휘관의 전략적 사고능력은 그들의 강인한 전투의지 만큼이나 뛰어남을 우리는 그들이 겪었던 전쟁을 통해서 엿볼 수 있다.

전쟁에 임하는 피아간에 있어서 상대방의 결점을 이용하고 아군의 우수성을 발휘할 수 있는 전략을 가질 수 없다면 상대의 결함이 아무리 크고 아군의 우수성이 돋보인다 할지라도 소용이 없을 것이기 때문이다.

이스라엘의 독립전쟁 당시 총참모장이었던 다얀장군은 다음과 같이 말하고 있다. "전략적 기획은 적이 건전한 원리 원칙에 입각한 행동을 하지 못하도록 방해하는 반면, 아군은 그 제반 원리원칙을 활용해야 한다. 그러기 위해서 전략의 기획담당자는 항시 적이 이용 가능한 모든 원칙에 착안하여 계획을 수립해야 한다." 다시 말해서 전쟁원칙을 다각적으로 살펴보면 적이 사용할 전쟁원칙에 대해 아군이 대처할 수 있는 방법이 있다는 것이다. 예컨대 적의 기습에 대해서는 정보의 활용으로 대처하고, 목표유지의 원칙에 대해서는 전술적인 견제공격과 전략적·심리적·정치적인 공격 방법으로 적의 목표위치를 혼란시키는 등 각각의 원칙에 대해서 대처할 수 있는 방안이 있다는 것이다. 이처럼 어떠한 원칙에 입각해서 적이 공격 혹은 방어를 취하건 간에 그에 대처할 방법이 있고 또한 적에게 패배를 안겨줄 수 있다는 것은 모든 전쟁원칙을 물론이요 그것에 대처할 각각의 방법에까지 통달해야 함을 전제로 하고 있다. 즉 전쟁에 임하는 지휘관은 모든 전쟁원칙과 그에 대처할 방법을 숙지하고 그것을 적절히 운용해야 한다는 것이다.

전술과 전략에 뛰어난 지휘관이 되기 위해서 끊임없이 연구하고 노력하는 자세에 있어서도 이스라엘군의 지휘관은 훌륭하다. 그들은 모든 전투가 끝날 때마다 비록 그것이 아무리 사소한 전투였다 할지라도 그 경험을 깊이 연구하고 보존하여 후일 창조적으로 활용할 수 있도록 노력한다. 곧 전술적 경험을 반성하는 학구적 태도를 견지하고 있다는 것이다. 예컨대 6일 전쟁이 끝난 뒤 이스라엘군은 아랍군에 비해 인력과 장비 면에서 압도적으로 불리했음에도 그들이 승리할 수 있었던 것은 지휘관의 자질과 훈련 및 전투에서의 투지에 힘입었음이 컸다고 판단하고 이후의 전쟁에 대비하여 인력관리의 방향을 개선하였다.

곧 질적으로 보다 우수한 군인을 육성하는 방향과 제도를 모색한 것이다. 이 같은 반성적 태도가 후일의 전쟁에서도 큰 역할을 하였음은 두말할 나위가 없을 것이다.

(4) 자율과 책임. 방임과 군기의 조화

이스라엘군에서 발견되는 또 하나의 두드러진 특징은 예하 지휘관에게 상당한 지휘권을 이양하고 있다는 사실이다. 즉, 예하 지휘관으로 하여금 최대한의 자유재량권을 확보하게 한다는 것이다. 전투에서 융통성을 발휘할 수 있게 한다는 사실은 위험성이 없는 바는 아니겠지만 매우 유용할 수 있다.

왜냐하면 부대가 처해 있는 상황에 대해서 그 부대의 현장에 있는 지휘관만큼 잘 알고 있는 사람은 없을 것이기 때문이다. 따라서 부대의 지휘관은 고도의 융통성을 발휘하여 모든 전투에 적극적으로 임할 수 있게 되는 것이다. 아울러 예하 지휘관에게 이처럼 고도의 자유 재량권을 부여하는 것은 또한 그들로 하여금 자신의 임무에 대한 확고한 책임의식을 유발케 한다.

전쟁이란 상대적인 힘과 지혜의 상호작용에 의해서 그 승패가 결정된다.

따라서 모든 변화하는 상황에 적절히 대응할 수 있는 자유재량권의 활용과 그에 대한 책임의 중요성이 강조되어야 마땅할 것이다.

그러나 이스라엘군에게 있어서 이 같은 융통성의 부여는 무조건 적이 아니다. 곧 한번 지시된 명령에 대해서는 어떠한 희생을 치르고서라도 수행해야 한다는 강력한 지휘질서가 요구된다. 바꾸어 말하면 지휘통일이라는 조직 하에서의 융통성이 허용되는 것이다.

이스라엘군에게 최소한 50%의 병력과 전투력만이라도 남아 있는 한 작전의 실패에 대한 변명은 용인되지 않는다. 그와 같은 사실은 그들의 정신교육의 방향에서도 찾아볼 수 있다. 이스라엘의 군 정신교육의 방향은 전통적으로 내려오는 가족군대 제도의 기풍인 '자유와 조화', '방임과 군기의 조화' 이다. 이스라엘 병사들에게 평소에는 최대의 자유와 방임이 허용되지만 일단 임무수행에 있어서는 엄격한 책임과 군기를 갖게 되는 것이다. 이와 같은 가족군대(Family Army)제도가 그들로 하여금 이스라엘군의 정신을 유지케 하고, 솔선수범으로 책임을 다하게 하는 것이다.

이처럼 자유와 책임 그리고 방임과 군기의 조화 속에서 이스라엘군은 전우애를 실천하고 단결한다. 예컨대 그들은 공식적인 의식을 제외하고는 상호경례를 하지 않으며 상하가 다정하게 이름을 부르고 있고, 계급이나 존칭 대신 상대의 애칭이나 본명을 부른다. 또한 군 간부와 사병이 같은 식당에서 담소는 물론 격의 없는 토론을 벌이기도 한다.

이 밖에도 이스라엘군은 군의 정신적 단결을 위해 장병들의 사기 유지에 힘을 쏟는다.

예컨대 이스라엘군은 군 간부 능률평가 및 진급제도, 각종 수당과 연금 등의 사회보장제도가 잘 되어 있다. 특히 복지활동의 일환으로 최대의 휴가 및 외출제도와 훌륭한 부대시설의 구비는 이 같은 사실을 잘 반영하는 것이다.

2. 동양의 군인상

가. 중국의 장사도 (將師道)

(1) 전쟁관(戰爭觀)

군인 또는 무사 그 가운데에서도 군 간부에 관한 동양의 전통적인 상을 알아보기 위해서는 중국의 사상을 빼놓을 수 없다. 우선 중국 병서의 고전으로 알려진 『무경칠서』 (손무자, 오자, 사마법, 이위공, 위오자, 삼약, 육도)에 나타난 군대 또는 전쟁관과 장수관을 살펴보자.

"군대는 흉기요, 전쟁은 덕을 거역하는 것이며, 장수는 수많은 사람의 생사를 관장하는 사람이다. 그러므로 전쟁은 부득이한 경우에만 하는 것이다." 이 말은 군대 또는 전쟁의 부도덕한 사용이나 약용의 가능성이 높다는 우려를 표명한 것이며 부도덕한 전쟁은 살인에 불과한 것임을 뜻하고 있다. 그리고 이런 일을 하는 지휘관은 사람의 죽음을 다스리는 관리자가 된다. 그래서 "무릇 군대는 잘못이 없는 나라의 성을 공격하거나 죄 없는 사람을 살해하지 않는다. 남의 부형을 살해하거나 남의 재산을 탐내 취하거나 남의 자녀를 첩으로 삼는 것 등은 다 도둑질하는 행위다."

인(仁)을 기본적인 가치로 삼고 왕도정치(王道政治)를 표방하는 유교 문화권에서 군인, 군대, 혹은 전쟁을 정당화하는 도덕적 기반이 확고할 수 없다. 왜냐하면 힘과 폭력의 사용은 인(仁)을 거역하는 패도이며 부도덕한 것으로 생각되었기 때문이다.

그러나 국민의 생사와 국가의 존망이 달려 있는 전쟁이야말로 나라의 중대한 일이기 때문에 장수의 존재는 무시할 수 없음을 인식하고 있었다고 할 수 있다. 그래서 "장수는 나라에 대해서 마치 수레바퀴의 덧방나무(輔)와 같은 중대한 기능을 한다. 보좌가 완전하면 국가는 반드시 강하고 보좌가 긴밀하지 못하면 국가는 반드시 약해진다." 고 하여 국가가 강해지고 안정을 이루기 위해서는 반드시 유능한 장수의 확보를 강조하고 있다.

(2) 장수(將帥)의 덕목(德目)

『무경칠서』에는 장수에 관한 많은 논의가 있으며 주장하는 사람에 따라 그 내용에 다소 차이가 있기는 하지만 근본은 손자의 가르침을 따르고 있는 듯하다. 손자는 "장수는 지신인용엄(智信仁勇嚴)을 갖춘 사람이어야 한다." 고 말하고 있다. 이는 우리 육군의『통솔법』교범에 열거되어 있는 통솔자의 특성인 '지력, 용기, 신의, 인애, 엄정, 강인성'과 대체로 일치하는 덕목들이다.『통솔법』교범에는 '강인성'을 통솔자의 전 특성을 유효화 하는 에너지源 이라 하고, '용기'를 통솔자의 모든 특성과 활동을 활성화하여 실천케 하는 막강한 추진력이라고 한 점에 비추어 볼 때 '강인성'은 다름 아닌 '용기'의 다른 이름에 불과하다. 중국군의 경력을 가진 바 있는 김홍일 장군도 역시 군인정신의 다섯 가지 요소로 智信仁勇嚴을 들고 있다.

『육도』(六韜)에서는 장수의 자질을 '용지인신충(勇智仁信忠)'이라 하여 손자의 그것과 약간 다르게 보고 있다. 여기에서는 덕목의 순서를 약간 달리하고 위엄 대신 충성을 강조하고 있다.

『육도』의 장수론을 보다 자세히 살펴보면 아래와 같다.

무왕이 태공에게 물었다. "장수를 논하는 길은 어떠합니까?" 태공이 대답하였다. "장수에게는 다섯 가지 재간과 열 가지 허물(五材十過)이 있습니다." 이른 바 다섯 가지 재간이라 하는 것은 勇과 智와 仁과 信과 忠입니다. 용맹스러우면 적을 두려워하지 않고 나가 싸우며 어려움을 피하지 않습니다.

그러므로 적은 이를 범할 수가 없습니다. 지혜로운 자는 모든 일에 재치 있게 응하여 자기 실력을 충분히 발휘하며, 사리에 분명하여 판단력이 강하므로 적이 감히 손을 쓰지 못하고 따라서 적이 감히 어지럽힐 수가 없는 것입니다. 인덕 있는 사람은 널리 사람을 사랑하며 은혜를 베푸는 까닭에 만백성이 따르게 됩니다. 신의가 있으면 약속을 어기지 않으며 부하들은 그를 믿게 되며 자연히 속이거나 하는 일은 없어집니다. 충성된 자는 언제나 두 마음이 없는 것이며 오로지 한임금만을 섬기게 됩니다.

이른바 열 가지 허물이란 ① 용감하나 죽음을 가벼이 하는 것, ② 성급하여 속단하는 것, ③ 탐욕스러워 이익을 추구하는 것, ④ 어질어 인정에 견디지 못하는 것, ⑤ 지혜로우나 겁이 있는 것, ⑥ 신의가 있으나 사람을 쉽게 믿는 것, ⑦ 청렴결백하나 사람을 사랑하지 않는 것, ⑧ 지능이 있으나 나태한 것, ⑨ 굳세고 자기 고집을 쓰는 것, ⑩ 나약하여 남에게 즐겨 맡기는 것입니다.

열 가지 허물 가운데는 탐욕, 나약 등과 같이 그 자체로 허물이 되는 것도 있지만 대부분은 어느 한 가지 덕이 여타의 덕을 결여할 때 발생한다고 하겠다. 가령, 인애의 정신이 없는 용기는 목숨을 가볍게 보아 사람을 마구 해치기 쉽게 되며, 지혜는 있으나 용기가 없으면 무능한 장수가 된다. 지혜가 없는 신속함은 실책을 번하기 쉽고 인애는 있으나 정의감이 없으면 마땅해 처벌해야 할 자를 처벌하지 못하게 되며 청렴결백하나 인애가 없으면 부하들이 따르지 않게 된다. 마찬가지로 지혜가 없는 신의는 남에게 속기 쉽다.

손자는 포함시켰으나 육도에는 빠져 있는 嚴의 덕목에 대해서 알아보자. 『위료자』에서 엄의 중요성을 강조하여, “병사들이 장수를 적보다 두려워하면 승리하고, 적을 장수보다 더 두려워하면 패한다.”고 말하고 있다. 왜냐하면 장수에게 위엄이 없으면 사졸들이 그의 명령을 따르려 하지 않기 때문에 군대는 오합지졸이 되고 그런 군대는 전쟁에서 패할 것이기 때문이다. 장수의 이런 嚴은 당연히 신상필벌을 필요로 하게 된다.

장수가 상벌을 내림에 있어서 지켜야 할 준칙은 공평, 즉 공정(公正)이라 할 수 있다. 공정하지 못한 상벌은 도리어 부하들의 사기를 저하시키고 부대의 단결을 해칠 뿐만 아니라 지휘관에 대한 불신을 자초하고 결국 지휘관의 위신이 땅에 떨어지게 된다. 그래서 장수는 공평해야 한다. 장수가 공평할 때 사졸들은 모두 마음으로 복종하게 된다는 것이다.

『무경칠서』에는 이상과 같은 장수가 갖추어야 할 덕성들 이외에도 청렴, 수간(충고를 받아들이는 것), 납인(納人/사람을 만들어 쓸 것), 체언(採言/옳은 말을 채택하는 것) 등과 무사(無私)가 강조되기도 하고 “남들이 자기를 위해 목숨을 던지기를 요구하는 마당에서 자기의 존귀함을 내세워서는 안 된다.”는 말과 같이 겸손이 권장된다. 또한 지휘의 요체로 인화의 중요성을 들어, “천시는 지리만 못하고 지리는 인화만 못하다.”는 맹자의 말을 위료자는 인용하고 있으며 장수가 부하들과 동고동락할 것을 그는 다음과 같이 주장하고 있다.

부지런하고 노고를 개의치 않는 군대는 반드시 대장이 선두에 서서 병사들과 노고를 함께 나눈다. 더울 때도 수레에 차양을 달지 않고 추울 때도 옷을 더 껴입지 않으며 험한 길에서는 반드시 수레에서 내려 걸어가고 병사들이 먹을 우물을 파고 나서 장수가 물을 마시며 전군의 식사 분배가 다 되고 나서 음식을 먹고 전국이 야영할 준비가 된 다음에 숙사에 든다. 병사들과 고락을 함께 나눌 수 있는 장수의 부하들만은 출병한지 오랜 시일이 경과할지라도 그 군대는 조금도 약해지거나 사기가 죽지 않는다.

(3) 중국의 전통적 군인상 평가

유교적인 가치관에 바탕을 둔 전통적인 장수상(象)에도 많은 문제점이 있고 우리가 이를 잘못 받아들인 점도 없지 않지만 몇 가지 고찰해 보면

1. 동양의 장수상에서는 위엄이 매우 강조되고 있다. 군자는 무게가 없으면 위엄이 없다. 위신과 엄격함을 뜻하는 군 간부의 위엄은 자칫 민주군대에서 요구되는 장교와 병사 간 또는 상관과 부하간의 친밀한 관계를 유지함에 있어서 방해가 되며 이들 간의 질서를 심화시키기 쉽다. 그리고 공연한 위엄을 나타내기 위하여 군 간부들의 권위주위적 태도를 조장하기 쉽다. 중국의 병서에서 위엄과 仁이 동시에 강조되는 이유도 위엄의 폐단을 방지하기 위한 것이라고 할 수 있다.
2. 유교적인 가치관은 大人(즉 군자)과 小人을 지나치게 구분해 놓고 소인은 어리석고 못난 사람들이기 때문에 무조건 대인을 따라야 한다는 것이다. 이런 사고방식은 자연히 상관이 부하에게 일을 시킴에 있어서 그 일을 해야 하는 이유라든지 그 일에 관련이 있는 여러 가지 사정을 설명해 줌으로써 설득을 통해 지휘하기보다는 일방적 지시와 무조건 복종이라는 지휘유형을 낳기 쉽다.
3. 덕장에 대한 잘못된 인식이다. 우리 군에서 '덕장'이라 함은 종종 세밀히 따지지 않고, 부하의 잘못에 대해서도 관대하고, 성품이 온화하여 화를 내지 않고, 무난한 사람을 가리킨다. 이런 덕장의 개념은 매사에 빈틈없이 따지고 부하의 잘잘못을 분명히 가리고 업무를 일일이 확인하고 열심히 뛰는 지휘관을 '째째하다' 느니 "체신이 없다" 느니 "인덕이 없다"느니 하여 매도하는 기풍을 낳았다. 이는 중국의 전통적인 덕장의 본래적인 의미에서 많이 이탈된 것 같다.
4. "여자와 소인은 다루기가 곤란하다. 가까이 하면 불손하고 멀리하면 원망한다."는 공자의 말은 병사를 소인 (졸병)으로 보는 폐습과 "병사들은 귀여워하면 기어오른

다."고 하는 기풍을 낳게까지 했다. '국민이 곧 군인' 인 현대국가에 있어서 간부와 병사 간에는 직무상의 차이는 있으나 봉건제도하에서와 같은 사회적인 신분의 차이는 없다. 그래서 병사는 존중되어야 하고 친절하게 대해져야 한다.

5. 文은 약하고 武는 강하다는 고정관념이다. 그래서 '文弱' 이라는 말은 군인이 일반 학자나 또는 학문에 관심을 두거나 이에 종사하는 동료군인을 비난할 때 자주 사용되어 오고 있다. '문약하다'는 말로는 비물리적인 대상을 '弱'이라는 물리적인 용어로 수식하는 것은 마치 "사랑은 둥글다."는 말과 같이 적절하지 못하기 때문이다. 문과 무는 본래가 불가분의 관계에 있을 뿐만 아니라 군사 분야에 있어서조차 전문적인 지식이 요구되는 현대사회에 있어서 군인이 학문을 연마하는 것은 너무나도 당연한 일임에도 불구하고 이를 경시하거나 비난하는 풍조는 군의 발전을 위해서 결코 바람직한 것이 아니다.

나. 일본의 무사도

(1) 사무라이와 무사도

일본인의 모습과 일본의 군인상을 이해하는데 빼놓을 수 없는 것은 '사무라이'이다. '무사도'는 사무라이, 즉 무사가 지켜야 할 정식적 덕목인 동시에 오랫동안 일본인들이 지향하던 인간수련의 목표로 여겨졌기 때문이다. 사무라이는 12세기 중반 바꾸후막부(幕府)의 성립으로부터 19세기까지 지속된 무인정권의 산물이다. 따라서 일본의 무사도는 일본 특유의 역사 속에서 이해되어야 한다. 가령 무사도의 대표적인 덕목이라 할 수 있는 부하의 상관에 대한 헌신적인 충성은 바꾸후의 우두머리인 장군과 무사단의 우두머리 격인 가신(家臣)간의 주종관계 속에서 형성된 것이다. 무사들이 자기들의 '오야붕'에 대해서 바치는 서비스는 싸움이었기 때문에 그들은 평상시에 용감성이 중요시된 것이다.

즉, 무사도의 핵심은 충성(忠誠)과 무용(武勇)이었다. 주종관계를 유지할 덕목으로서의 충성의 본질은 주군(主君)의 시은(施恩)과 보호에 대한 대가였는데, 그 관계는 법적 혹은 계약적이 아닌 윤리적인 것이다. 대가를 바라는 이런 충은 개인의 이해관계와 상충할 때 파기되는 경우가 적지 않았다.

"생명보다 이름을 중요시하는 것이 무사의 길이다." 무사들이 자신과 조상의 명예를 보호하는 방법으로 행한 할복(셋뿌꾸, 切腹)은 일본의 무사담에 자주 나오는데 이는 이미 12세기말에 관습화되었다. "약속을 중히 여기고 의(義)를 위해서는 움직일지언정 이익(利)을 위해서는 움직이지 않는 것이 무사의 정신이다." "무사의 말 한마디는 돌보다도 무겁다." "의를 보고 행하지 않음은 용감하지 않은 것이다." "싸움에서도 예를 중히 여긴다." "무사는 비겁한 행동을 가장 수치스러운 것으로 생각했다. 비록 적이라 할지라도 곤경에 처해 있으면 도와주었으며, 전쟁과 관계없이 적을 괴롭히는 것은 용감하다고 생각하지 않았다." "무사들은 질박을 존중하고 사치를 멸시하도록 되어 있었다." 이런 말들은 다 『논어』 와 『무경칠서』 를 연상시키기에 족하다. 다만 무사도의 한 가지 특징이 있다면 그것은 무사가 삶과 죽음에 대한 집착을 끊고 영웅적인 죽음을 맞이할 수 있는 선불교적 사생관과 에토스이다.

도꾸가와 바꾸후(德川慕府) 시대에는 주자학이 관학이 되고 그 교설이 보급되면서 무사들의 생활윤리에도 영향을 주어 오륜이 강조되었다. 忠은 이제 봉건질서를 관통하고 있는 기본적인 주종관계를 무사와 주군간의 관계뿐만 아니라 본가와 별가, 상점의 주인과 고용인, 농촌의 지주와 소작 사이의 관계까지도 지배하는 규범이 되었다.

무사들의 주군에의 충의 실천은 일종의 의무의 수행이었다. 가족, 주군, 사외에 대한 의무감은 그의 사회적 신분과 특권을 유지하는데 필수적인 것으로 생각되었다. 이러한 의무감을 의리(義理)라고 하는 데 그것은 윗사람이나 사회로부터 받은 은혜에 보답하는 것을 포함하고, 자신의 명예를 유지해야 할 의무도 포함한다. 이렇듯 사회는 개인에 대하여 강한 압박을 가하는 존재였다. 이 의무감은 자기훈련을 통해 인위적으로 형성되기 때문에 행동력의 근원으로서 한계가 있다. 그 의무를 다하기 위해 힘을 다하지만 일단 그것이 불가능해지면 스스로의 사회적 의식을 마비시킴으로써 쉽게 그 의무감의 압박으로부터 해방되는 파괴적 결과를 수반하기도 하는 것이다.

(2) 명치유신과 신무사도

도꾸가와 시대까지 무사는 농공상(農工商) 보다도 월등한 사회적 지위를 누렸으며, 무사의 신분은 세습되었고 성을 칭하고 칼을 꽂고 다니는 등 특권을 갖는 하나의 계급을 형성할 수 있었다. 그래서 이런 무사들이 지향해야 할 도덕이 바로 무사도라고 할 수 있다. 명치유신(明治維新)을 계기로 우선 무사의 특권이 폐지되고 다음으로 징병령이 실시됨으로써 전쟁은 이제 무사의 특권이 아니라 평민의 의무가 되었다.

그러나 이렇게 명치 이후 제도상으로는 무사계급이 없어졌을지라도 오랫동안 전승되어온 무사도 정신은 쉽게 사라지지 않았다. 그 결과 '무사도 정신' 은 새로 생긴 '군인정신' 이라는 이름으로 계승 발전되었다. 무사도에 근본을 둔 군인정신은 1872년(명치 5년) 징병령 제정에 따른 칙어와 10년 후에 육해군에 내린 칙유에 명시되어 있는 바 그 덕목은 충절, 예의, 무용(武勇), 신의, 검소 등 다섯 가지로 되어 있다.

이상과 같이 명치 이후의 군인정신은 칙유의 가르침을 기초로 하여 발달하였으며 이는 곧 충성, 무용, 겸손, 신실, 염치 등 전통적인 무사도의 제 덕목을 근간으로 하여 이루어졌다고 말할 수 있다.

이러한 군인정신은 1941년<전진훈/戰陣訓>에 의해 다시 보완되었다. 전진훈은 군기, 단결, 협동, 공격정신, 필승의 신념 등과 또한 경신(敬神), 효도, 예의, 전우애, 솔선수범, 책임, 사생관, 명예, 검소, 강건, 청렴결백 등과 같은 여러 덕목들을 내용으로 하고 있다. 기체충돌이라는 자살적인 방법으로 적의 함정들을 격침하려 했던 가미가제(神風) 특공대의 정신은 바로 "신의는 산보다도 무겁고 죽음은 기러기 털보다도 가볍게 생각하라."는 군인칙유와 "생사를 초월하여 임무의 완수에 매진해야 한다. 심신 모든 힘을 쏟아 대의에 영원히 사는 것을 즐거움으로 알아야 한다."는 전진훈의 가르침을 따른 것이라고 말할지 않을 수 없다.

(3) 흔들리는 무사도

2차 세계대전에서 처절하게 패한 사무라이들의 후예들은 새롭게 전개된 환경에 맞게 군인들의 정신적 자세를 정립하였다. 이들에게는 구일본군에서 볼 수 있었던 개인과 국가의 일체화, 개인의 천황에 대한 절대복종이라는 정신은 찾아 볼 수 없다. 그 대신 민주주의를 기초로 하는 기본적 인권과 개인의 자유를 존중하는 정신이 고려되고 있다.

1961년에 선포된<자위군의 마음가짐>에 나타난 새로운 일본 군인상은 사명을 자각하고, 개인의 발전에 힘쓰며, 책임을 수행하고, 규율을 엄수하여 부대의 단결을 강화하는 군인의 모습이다.

위와 같은 자위관의 마음가짐에는 더 이상 "천황을 위해 죽는 길이 영원히 사는 길이다."라고 하여 옥쇄(玉碎)라는 이름으로 죽어간 구 일본군의 모습이나 "세계지도를 보면서 천황의 방패의 선구가 되어 적을 발견하면 필살을 투혼을 불태우며 싸우는 자신을 더 없는 환희와 영광으로 생각합니다." 라는 유서를 남기고 적진에 뛰어든 가미가제의 모습은 찾아보기 힘들 것이다. 충군랑애국 애국랑 충군"(忠君郎愛國, 愛國郎忠君)"은 더 이상 일본군의 이데올로기가 될 수 없다. 국토와 국민을 위한 길이 애국의 길이며, '절대복종'은 '명령의 적절한 하달'과 '자각에 의한 복종'으로 대치되었다. '천황친솔'(天皇親率)의 신화는 사라지고 지휘관의 통솔력과 인간적 유대가 강조되고 있으며 집단 속의 개인의 중요성과 직책에 대한 충성을 무엇보다도 강조하고 정치적 활동에 관여하는 것을 금지하고 있는 것 등이 특징이라 하겠다. 이렇게 새로 정립된 자위관의 정신은 구 일본군이 이룩한 군인정신의 전통을 계승했다고는 하지만 본질적으로 그 성격을 달리하고 있다 하겠다.

(4) 일본의 무사도 평가

대한민국 국군의 모체는 아무래도 1945년 해방 후 창설된 국방경비대라고 하지 않을 수 없다. 이 국방경비대가 미군정하에서 조직되었기 때문에 미국군의 영향을 받았을 것이나 지휘통솔의 내면적 측면에 있어서는 거의 일본군의 방식과 관행을 따랐던 것이다. 그 이유는 국방경비대의 간부들이 일본군, 만주군, 중국군, 광복군 등 다양한 군복무 경험자들로 구성되어 있지만 그 중 일본군 출신이 다수였을 뿐만 아니라 그들의 영향력이 가장 우세했기 때문이었다.

절대복종과 생명의 존엄이 무시된 충성을 강조하는 일본군의 풍토에서 자란 국방경비대 요원들의 통솔방법은 오늘에 이르기까지 우리 군에 상당한 영향을 미치고 있다고 볼 수 있기 때문에 우리는 구일본군의 군인상에 관한 정확한 인식과 객관적인 평가를 해야 한다. 그 긍정적인 면은 생략하고 부정적인 측면만을 주로 고찰해 보고자 한다.

첫째, 일본군의 정신력에 대한 과신이다. 정신력을 지나치게 강조하게 되면 그 결과 꼭 필요한 유형전력의 가치를 과소평가하거나 무시하는 과오를 범한다. 정신력이 군 전력의 필수적인 요소임에는 틀림이 없으나 정신전력이 무형전력으로 전부가 아니며 더구나 유형 전력을 대신할 수 없다. 무형전력은 지휘관의 용병술과 지휘 통솔력, 사격술 등 전기전술의 숙달 등도 포함해야 하는데 이 가운데 한 요소가 정신력일 뿐이다.

둘째, 복종을 그토록 강조한 일본의 무사도에도 불구하고 역사상 많은 하극상 사건이 발생했다는 점과 변절을 그토록 증오한 무사도 정신에도 불구하고 적에 포로가 되었을 때 어느 나라 군대 못지않게 적에게 협조하고 동료를 배신하는 행위를 자행했다는 일본군의 이중적 성격을 들 수 있다.

셋째, 복장과 경례 등 외형적인 군기를 지나치게 강조한 점이다. 복장은 병사가 군기를 관습화하도록 하기 위한 방법 중에서 가장 최선의 수단임을 고려하여 이를 소홀히 하지 말고 병사를 감독하지 않으면 안 된다. 그러므로 복장의 단정 여부는 바로 부대의 명성을 평가하는 하나의 기준이 될 수 있는 것이다. 경례 또한 이와 같다는 훈령(1889년)은 일본군의 전통이 되어 왔으며 우리 군에도 상당한 영향을 끼쳐왔다고 할 수 있다.

넷째, "군인의 언어는 절도 있고 단정하여야 한다."는 구 일본군의 규범은 명확한 의사표시와 고함을 혼동하게 하고 있으며, 딱딱한 동작을 정중한 동작으로 오인시키고 있다. 이는 군의 경직된 분위기를 조성할 뿐만 아니라 불필요한 일에 신경을 쓰게 만들며 일반 국민에게 친근감을 주지 못하게 할 우려가 있다.

다섯째, 복종의 지나친 강조는 '절대복종' 또는 '무조건 복종'으로 인식됨으로써 부하의 자발성과 창의성을 말살하고 특히 불의의 사태를 당하여 어떻게 행동을 취해야 할지를 모르게 할 우려가 있다.

여섯째, 지나친 서열의식과 배타적인 동료의식, 신참자와 고참자간의 지나치게 엄격한 질서의식은 고참자의 신참자에 대한 횡포를 유발한 점이다.

일곱째, 생명과 인격의 경시 풍조를 들 수 있다. 죽는 것을 가볍게 여기는 구일본군의 사고방식은 그렇게 자랑으로 여길 것이 못된다. 물론 임무를 완수하기 위해 필요하다면 죽음을 무릅써야 하는 것이 군인이 가져야 할 태도인 것만은 틀림없다.

그렇다고 자신의 생명을 무엇보다도 귀중하게 생각하는 인간의 본성까지도 부정해서는 안 된다. 자신의 생명을 소중하게 여기지 않는 태도야말로 인간의 본성을 거역하는 것이다. 자고로 인간성에 정면으로 배치되는 윤리는 그 생명력이 약하다. 미군의 포로가 된 일본군의 비굴한 행동은 그들이 진정으로 생명에 대한 애착을 가지고 있지 않다는 주장이 헛됨을 증명하고 있다.

혹자는 일본군의 할복자살을 군인정신의 귀감이 양 찬양하나 여기에도 문제가 있다. 일본군 특유의 자살 에토스는 예부터 내려오는 하나의 관습으로 맹목적으로 행해질 수도 있고, 진퇴양난의 윤리적 딜레마에 빠진 사람이 자포자기에서 택할 수 있을 것이며, 실패에 대한 두려움이나 생포에 대한 공포감 때문일 수도 있다. 또는 죄책감이나 책임감에서 자결할 수도 있다. 그러나 무엇이 진정한 동기인지 죽은 사람 이외에는 아무도 알 수 없는 비밀이다.

3. 한국의 전통적인 군인상

가. 전통적 장수관(將帥觀)

(1) 장수관

우리나라의 군사 사상은 일찍부터 중국의 영향을 받아 『무경칠서』(武經七書)적인 전쟁관과 군인관을 갖게 되었다. 그리하여 '병자흉기야'(兵者凶器也) 라는 인식하에 군대의 존재 및 전쟁은 바람직스럽지 못한 것이지만 필요악으로서 부득이 이를 인정할 수밖에 없다는 생각이 지배적이었다.

우리나라에서 사용된 병서인 『병학주해』(兵學註解)의 장론(將論)에서는 "전쟁이란 민족과 국민의 생사와 국가의 존망을 좌우하는 중대한 문제"라고 전쟁의 중요성을 강조하고 있다. 그러나 근본적으로 군사력의 유지는 그 무력을 실제로 전쟁에 사용하기보다는 전쟁을 방지하는 수단으로서 더욱 중요시되었다. 이렇듯 필요악이면서도 위험한 군대를 지휘하고 전투를 수행할 장수는 매우 중요한 존재로 간주되었다. 『병학주해』를 보면 재주가 천명을 능가할 만한 사람을 장(將), 지식이 만 명을 능가할 만한 사람을 수(帥)라 하였다.

삼국사기 열전의 김유신에 관한 기사 가운데 김유신이 말하기를 “무릇 장수된 자는 나라의 간성이요, 임금님의 조아(爪牙)로서 시석(矢石)가운데에서 승부를 결단한다.”고 하여 스스로 나라의 간성임을 자처하고 있다. 이와 같이 장수를 국가의 간성으로 인식한 기사는 우리나라의 여러 역사 기록물에서 흔히 찾아볼 수 있다.

한편 『육도삼략』(六韜三略)에서는 나라의 안위는 전적으로 장수에게 달려 있다고 하여 전쟁은 장수의 재량에 맡길 것을 강조하였다. 따라서 손자는 전쟁을 계획하고 수행하는데 있어서 도(道)·천(天)·지(地)·장(將)·법(法)의 다섯 가지 근본문제, 즉 정치의 요도(要道), 기후와 기상조건, 지리적 조건과 환경, 지휘관의 중요성, 그리고 군제를 강조하였다. 손자가 전쟁계획의 수립에 있어서 중요한 다섯 가지 고려사항의 하나로서 장수를 든 것은 전쟁의 승패가 장수의 우열에 크게 좌우된다고 생각했기 때문이었다.

(2) 문·무의 겸비

우리나라 고대사회에 있어서 문과 무가 일체를 이루어 무사가 되는 것이 사회적 특권으로 간주되었다. 문·무의 지식을 고루 갖춘 사람이 전장에 나아가면 장수가 되고, 조정에 들오면 재상이 될 수 있는 자질과 능력을 겸비하는 것이 참다운 지도자의 필수조건이라 인식되었다.

삼국시대에 고구려의 고국원왕(故國原王)이 백제와의 전투에서 전사하고 백제의 성왕(聖王)이 신라를 공격하다가 전사한 것 등은 국왕까지도 출장입상(出將入相)의 도리를 다한 결과라고 할 수 있다. 고려 시대에 이르러 무인 정권이 출현한 것은 문·무의 차별에 원인이 있었던 것은 사실이지만 고려의 통치 원칙상 문·무의 균형은 중요하게 다루어져 왔다. 당시의 명장 강감찬이나 윤관은 모두 문관출신으로 불후의 전공을 남겨 문·무의 겸비의 표본이었다.

조선왕조에 들어와서 숭문천무(崇文賤武)의 기풍이 관료제도나 통치이념에 확연히 드러나게 되었다. 그러나 시대를 초월하여 강조되어 온 문·무겸비의 군인상이 계속 요구되어 관리의 등용을 위한 과거시험에도 문관시험과 무관시험이 병존하였다. 무과시험은 궁술(弓術), 기창(騎槍), 격구(擊毬) 등의 무예와 함께 경서(經書)와 병서(兵書) 등의 학술시험도 포함되었다.

무과가 정식으로 설치되었다는 것은 적어도 양반관료 제도의 2대 지주로서 무관의 중요성을 인식했던 결과이며, 그 시험에 경서가지 포함시킨 것은 무관이라 할지라도 지배층으로서의 자질을 갖추어야 한다는 당위성을 강조한 데서 연유한 것이었다. 그 결과 조선왕조에서는 고려사 편찬을 주관한 김종서(金宗瑞)를 비롯하여 명시(名詩)를 남긴 남이(南怡)장군, 난중일기를 쓴 이순신(李舜臣)장군과 같이 군사뿐만 아니라 문장과 일반학문에도 조예가 깊은 명장을 배출하게 되었다.

(3) 인간성과 군사지식의 구비

우리나라는 고대로부터 홍익인간의 이념을 정치의 이상으로 삼아왔다. 그 후 4세기 후반부터 사회의 질서를 유지하는 사회덕목으로서 유교를 중요시하면서부터 유교에서 지향하는 덕치주의와 인의의 정치는 통치이념의 기본원리가 되었다.

군대의 조직과 운용에 있어서도 인의(仁義)는 매우 중요한 덕목이며 동시에 진리로서 인식되었고, 특히 장수는 인의의 도리를 체득하고 실천할 것이 강조되었다.

인의의 '仁'은 참다운 인간애, 포용력, 이해심 등을 의미하고, '의'(義)는 의리와 정의를 의미하는 것으로서 인간의 내면적 충실과 그 사회적 외연(外延)까지를 포함하는 것으로 인식되었으며, 이는 장수가 지녀야 할 기본교양으로 간주되어 있다.

한편, 군대의 운용, 특히 전투행위는 변화무쌍한 상황의 전개를 전제로 하기 때문에 어떠한 상황에도 적용될 수 있는 기본적인 군사 지식의 구비가 강조되었다. 이에 따라서 우리나라에서는 진법(陳法)이나 수성법(守城法)과 같은 군사교범을 왕이 직접 편찬하거나 왕명으로 편찬케 하는 등 매우 중요하게 취급하였으며, 장수가 갖추어야 할 기본적인 군사지식을 서술한 『병장설』 (兵將設)과 같은 지침서가 왕에 의해 직접 편찬되기도 하였다.

『무경칠서』 는 군사지식을 구비하는 데 있어서 가장 기본적인 병서로 취급되었다. 중국인이 저술한 이 병서들은 경우에 따라서 그 내용을 요약 또는 보충하여 우리나라의 실정에 알맞게 편찬하기도 하였으며, 이러한 병서는 비단 무관뿐만 아니라 문관도 기본적인 교양으로 독서하는 것이 일반적인 경향이었다.

4. 바람직한 미래 군인

가. 화가위국(化家爲國)의 부대지휘

우리나라의 경우 국가는 곧 가정의 연장 내지 확대라고 인식하는 경향이 짙었다. 한 가정에서 가장이 어른이고 그 어른은 여하한 경우에도 다른 사람과 대체될 수 없다는 인식은 곧 국가의 경우에도 확대 적용되어 국왕은 백성들의 어버이라는 관념을 가졌다. 그리하여 백성을 국왕의 적자, 즉 국왕이 보호하고 길러주어야 할 갓난아이라고 표현하기도 하였다.

군대의 각급 제대 역시 그 규모의 대소에 관계없이 지휘관은 어버이, 부대원은 자식이라는 가부장적 조직으로 파악되었다. 따라서 장수는 부대의 어버이로서의 인격과 위엄 그리고 행동을 갖추어야 참다운 지휘관으로 간주되었다. "화가위국"(化家爲國)의 전통이 오늘날 "군대가정" 혹은 "가족군대"의 이념으로 이어지고 있다.

한 나라가 가정의 확대인 것처럼 부대 역시 일종의 가정으로 인식했기 때문에 장수는 한 가정에서의 가장과 같이 한 부대의 가부장적 위치를 점유한다고 보았다. 그러나 가부장적 책임과 의무를 수행하기 위해서는 장수는 이에 합당한 권위와 동시에 능력을 구비할 것이 강조되었다.

직권의 남용이나 위압적인 지휘로 권위를 세울 것이 아니라 군인으로서의 모범적인 사고와 행동을 통해서 은연중에 발휘되어야 한다고 믿었다.

권위의 유지를 위한 방법으로서 엄정한 신상필벌이 불가결의 요소로 취급되어졌는데, 이는 선공후사(先公後私)의 업무처리와 명쾌하고 강직, 청렴한 판단능력에 기초해야 한다는 것이다. 한 집안의 가장이 자식을 몰라 하는 것과 같은 현상이라든가, 자식의 잘못을 꾸짖지 않아 더 큰 잘못을 저지를 소지를 남겨 놓은 것과 같은 현상을 부대를 지휘하는 장수로서는 경계해야 한다. 장수가 가부장적 능력을 발휘하기 위해서는 부대지휘의 원칙과 전술교리에 대한 해박한 지식과 실천력을 구비해야 한다. 군사기술에 관한 지식이 없는 장수에게 신뢰를 가질 부하들은 없기 마련이기 때문에 장수는 부하들로 하여금 장수의 명령에 따르면 반드시 승리할 수 있다는 자신력을 부여할 수 있도록 끊임없이 군사지식 축적해 나가야 한다는 것이다.

나. 인의(仁義)에 의거한 지휘 통솔

인의(仁義)의 뜻에 대해서는 앞서 이미 언급한 바 있지만, 인의의 도리가 정치와 군사에 반영되었을 때 명장으로서의 칭송을 받게 된다. 장수가 인의의 원리를 터득하려면 우선 문·무의 지식을 고루 갖추어 인간적으로 완성되고 군사적으로 해박한 지식을 구비해야 함은 물론, 일상생활은 물론 진중행동에 있어서도 청렴결백하고 인자하며 사려 깊어야 한다고 하였다.

군사지식이 결여된 만용, 인간성이 결여된 독단, 의리와 신의를 망각한 대인관계 등은 장수로의 재목이 아니며, 원래 장재(將材)는 천부적인 자질은 타고나는 것이 이상적이지만 오히려 후천적인 자기 수양에 의해서 인의의 도리를 터득하고 실천해 나가는 것이 중요하다고 하였다. 인의에 의거한 부대지휘는 구체적으로 민본사상에 입각한 부하사랑으로 나타난다.

전통적으로 신분적 사회계층이 존속되어 온 우리나라에 있어서 지배계층의 정치적, 도덕적 의무의 하나는 일반백성에 대한 교화였다. 이러한 인식은 국가를 유지하는 실질적인 사회계층은 지배층이 아니라 일반백성이라는 관념에서 출발하였다. 따라서 국가를 유지하는 것은 오직 민심뿐이라는 말이 자주 거론되어 왔다.

국가를 유지하는 기본적 기반이 백성에 있다는 민본사상은 오늘날의 민주주의와는 그 성격을 달리하는 것이다. 민본사상은 어디까지나 사회적 신분의 차등을 전제로 하여, 지배층은 몽매한 백성들을 타이르고 가르쳐서 국왕의 적자가 되기에 알맞게 길러내야 한다는 목민적(牧民的) 입장에 선 인식이었다.

국왕이 흉년이 들어 일반 백성이 굶주리면 어선(御膳)을 줄이고, 백성을 대신하여 천신(天神)에 제사를 드리듯이 장수된 자는 부하의 고락을 자기 것으로 승화시킬 수 있는 정신자세를 갖추어야 한다고 하였다.

따라서 부대지휘 승패에 대한 책임은 전적으로 장수가 지며, 패전했을 때 장수가 처형되는 것은 당연한 조치로 받아들여졌다.

그러나 선천적 혹은 후천적 장재를 갖춘 인물은 사소한 과실이 있을지라도 후일의 대성을 기대하여 면책의 특전을 베푸는 경우도 허다하였다.

다. 고매(高邁)한 인격자

인간은 사회적 존재이기 때문에 사회와 불가분의 관계를 갖게 된다. 장수된 자는 종적으로 위로는 부모와 군주, 밑으로는 자식과 부하 등과 사회적 연관성을 갖게 되며, 횡적으로는 형제와 동료 등과도 사회적 인연을 맺게 된다.

부모·군주와의 관계를, 형제·동료와는 신의와 우애의 질서를 유지하는 것이 사회 전체의 질서를 유지하는 길이 된다.

우리나라에서 유지되어 온 이러한 질서 개념의 근간이 곧 가정에서의 효도와 국가에 있어서의 충성이다. 예부터 효문에서 충신이 나온다는 말이 있듯이 효와 충은 그 대상에 광협의 차가 있을 뿐, 일치하는 질서 개념으로 인식되었다.

효는 기본적으로 자기 어버이를 대상으로 하는 것이다. 따라서 제 어버이를 제처 놓고 남의 어버이를 공경하는 것은 참다운 효가 아니다. 충 역시 기본적으로 자기 국왕에 대해서 발현되어야 함은 물론이다. 이러한 의미에서 효와 충은 자기 가정, 자기 나라에 대한 인간으로서의 지극한 사랑의 길이라고 할 수 있다.

장수의 경우 전장에서의 부하의 생사여탈을 위임받게 되는 바, 공을 앞세우고 사를 뒤로하는 확고한 신념이 결여되면 전체를 망각하고 부분을 추구하는 우를 범하게 된다. 따라서 군인의 인격은 선공후사(先公後私)의 복무 자세에 잘 반영된다고 볼 수 있다.

호랑이는 죽어서 가죽을 남기고 사람은 죽어서 이름을 남긴다는 말은 예부터 흔히 사람들의 입에 오르내려 온 경구이다. 이는 곧 사함의 행적은 결국 역사적 심판을 받게 된다는 뜻이다. 즉 군인의 인격은 명예롭고 청렴결백한 생활태도에 잘 나타난다는 말이다. “황금 보기를 돌과 같이 하라”는 좌우명을 지킨 명장 최영장군은 청렴결백한 군인의 본보기이다.

명예와 청렴결백을 추구할 때 인간은 비로소 위아(爲我)의 사사로움에서 탈피할 수 있으며, 자기 주변 또는 부하에 대한 참다운 인간애와 지성을 베풀 수 있다. 장수는 특히 받기보다는 부하들에게 베푸는 입장에 서야한다.

위사(爲私)를 앞세울 때 공명정대한 부대지휘가 불가능하며 더러운 이름을 후세까지 남기게 된다. 장수는 마땅히 명예를 지키기 위해 죽을 때와 장소를 스스로 선택할 마음의 준비를 항상 갖추고 있어야 한다. 조상들은 전쟁에서 죽으면 죽어서 그 혼이 천당의 제일가는 자리에 있게 된다는 내세관을 가지고 전사(戰死)를 군인으로서의 가장 명예로운 죽음으로 인식하였다.

따라서 전장에 나아갈 때 장수가 죽기를 맹세하고 자신 있게 부대를 지휘할 때 기대 이상의 전투능력을 발휘할 수 있으며, 반대로 장수가 자신의 안위만을 생각하면 자신은 물론 부대의 패망을 초래하게 된다는 역사적 사례는 허다하다.

마지막으로 군인의 인격을 반영하는 외적 조건으로서 신언서판(身言書判)의 중요성을 간과하지 않을 수 없다. 우리나라 역사상 장수가 갖추어야 할 신체적 조건에 관한 구체적 기준은 없었다. 그러나 일반적으로 장수는 강인한 체력과 의지력을 지녀야 하며 그 일거일동이 위엄이 있고 판단력이 뛰어나며, 그 말에 신용이 있어야 할 것을 강조해 왔다.

복장에 있어서는 특히 사치를 금하되 품위를 지킬 수 있어야 하며, 군령은 태산과 같으니 명령, 지시의 하달에 있어서 신뢰와 위엄을 담고, 행동은 신중하되 판단은 느린 것보다는 신속해야 한다고 하였다.

특히, 전투 간에 있어서의 장수의 언동과 상황판단은 전투의 승패를 가름하는 요인으로서 중요시되었다. 우리는 흔히 불리한 상황 속에서도 호상에 태연히 앉아서 전투를 지휘하여 승리로 이끈 전례에 접하게 된다. 허황된 이야기 같지만 전투에서의 장수의 자신 있는 지휘가 부하의 사기를 앙양시켜 위기를 극복할 수 있다는 증표이기도 하다.

라. 화랑도의 정신과 군인상

(1) 화랑도 규범

세속오계(世俗五戒)는 화랑도의 정신을 대표하고 있는 규범이라 할 수 있다. 세속오계가 추구하고 있는 가치 또는 규범은 충성(事君以忠/사군이충), 효도(事親以孝/사친이효), 신의(交友以信/교우유신), 용기(臨戰無退/임전무퇴), 정의(殺生有擇/살생유택)이라 할 수 있다. 이 가운데 우리가 이해하기 힘든 계율은 "살생유택"일 것 같다. 이 계의 기본정신은 본래 살생에 있어서 그 때를 가려야 하고, 대상을 가리는 것은 올바른 행위의 조건이 되며, 불필요한 살생을 피하는 것은 힘의 자제와 생명의 존중을 함축하기 때문에 살생유택은 정의·자제·인애로 해석될 수 있을 것이다.

화랑들은 바로 이 오계에 따라 살았고 오계를 실천하기 위해 목숨을 바치기도 했다. 무관랑이 죽자 사다함이 따라 죽은 것은 "교우이신"의 계를 지키기 위한 것이었으며, "내 일찍 법사에게서 용사는 싸움마당에 다 달아서 물러서지 않는다는 것을 들었거늘 어찌 감히 도망하여 달아나겠는가?"하고 분전하다가 전사한 귀산과 추항의 행위는 "임전무퇴"의 계를 죽음으로써 지킨 것이라 할 수 있다. "오직 살육을 즐기고 남을 해쳐 자기의 몸만 기를 뿐이니 이것이 어찌 어진 사람이나 군자가 하는 일이겠습니까? 이는 우리 [화랑]의 무리가 아닙니다."고 한 혜숙은 "살생유택"의 계에 충실했던 것이다. 부모의 뜻에 따른 원술의 이야기는 "사친이효"의 계를, 전쟁에서 세운 공으로 왕이 내린 후한 상을 마다한 사다함의 예는 "사군이충"의 참된 길을 제시하고 있다.

화랑도의 충성·효도·신의·용기·정의는 손자의 "지신인용엄"(智信仁勇嚴)보다는 『육도』의 "용지인신충 (勇智仁信忠)"에 더 가깝다고 할 수 있으나 이들 어느 것과도 똑같지 않다. 화랑도는 공자, 노자, 붓다의 가르침을 따르고 있기 때문에 공자에 보다 충실한 중국의 장수도와는 차이가 날 수 밖에 없다. 오히려 화랑도는 풍류도적인 성격을 지니고 있다.

(2) 화랑의 풍류도와 호연지기

화랑도의 풍류도적인 성격은, "혹은 서로 도의로써 연마하고 혹은 서로 가락으로써 즐기면서 산수를 찾아 유람하는데 먼 곳이라도 다 미치지 않는 데가 없다".는 그들의 특유한 수행방법에도 잘 나타나 있다. 이처럼 그들은 도덕적 수양을 귀중하게 여겼고 멋과 낭만을 알고 자연과 더불어 심신을 단련했던 것이다.

"무위"(無爲)와 "유오산수"(遊娛山水)를 노장사상의 표현으로 볼 때 화랑도가 갖고 있는 또 다른 사상적 측면을 찾을 수 있다. 노장사상에 있어서 인간이 따라야 할 행동에 관한 가장 궁극적인 원칙은 "무위"이다. 무위는 문자 그대로 볼 때 행동의 원칙이 아니라 사실은 실천의 원칙이다. 그것은 행동하지 않는 행동을 의미한다. 그렇다면 이 역설적인 행동은 무엇을 가리키는가? 그것은 다름 아니라 인간 우환의 근원으로 진단된 인간과 자연, 문화와 자연과의 부조화를 제거하는 행위다. 이는 곧 "자연에의 귀의"라는 동양적인 이상을 나타낸 사상이다. 자연에의 귀의는 곧 모든 인위(人爲)를 거부한다. 그래서 인위에 반대되는 무위는 다름이 아니라 자연스러운 행위, 자연대로 살아가는 일을 가리킨다. 거짓 꾸미고, 과장하고, 높은 자리에 앉았다고 허세를 부리거나 위엄을 꾸미고, 억지를 부리고, 무리를 하고, 순리를 따르지 않는 것 등은 다 무위와는 거리가 먼 인위라 할 수 있다.

다음으로는 "유오산수"의 개념이다. "산수를 즐겨 노닌다."는 것은 소풍이나 산책의 뜻을 갖는다. 노장사상에서는 이를 소요(逍遙)라는 개념으로 파악한다. 이에 따르면 삶은 하나의 산책이다. 삶을 일종의 산책으로 본다는 것은 삶을 어떤 목적을 위한 수단으로 보는 것이 아니라 그 자체가 목적이라고 보는 태도를 말한다. 노장에 따르면 인생은 하나의 축제요 놀이인 것이다.

"업적"과 "성공"을 인생의 목적으로 보며 바득거리며 사는 사람들에게 인생은 결코 놀이가 아니다. 소풍으로 높은 산에 올라가 보면 그 때 우리는 우리가 그토록 애착을 갖던 집이나 자동차가 개미새끼 같이 하찮게 보인다. 그리고 우리가 아귀다툼을 하고 살고 있는 곳이 얼마나 하찮은 공간을 차지하고 있는가도 깨닫는다. 그곳에서 얻어지는 성공과 출세라는 것도 별것이 아니다. 그리고 무슨 일이 생기더라도, 비록 죽음이 닥쳐오더라도 마치 하늘의 뜬구름처럼 자연스럽게 흘러 보낼 수 있는 심경에 도달한 것이다. 그럴 때 우리는 밤의 공중을 나는 비행기에 몸을 맡긴 채 눈을 감고 조용한 마음의 평화와 우주와의 조화를 즐거운 마음으로 맛볼 수 있는 것이다. 이런 때 우리는 비로소 노장이 말하는 소요의 경지에 들어간다. 그리고 이런 경지에 도달한 사람을 우리는 "호연지기"(浩然之氣)가 있는 사람이라 하지 않을까? 이런 호연지기가 무위와 짝할 때 겸양과 검소와 온화가 나온다. 그래서 남의 윗자리에 있을 만한 사람이 겸허하여 남의 밑에 있고, 부자이면서 검소하게 옷을 입고, 높고도 귀한 세력가이면서도 그 위엄을 보이지 않는 태도를 낳는다. 이는 위엄을 지키려고 고압적인 자세를 취하거나 엄격하여 인간적인 친화력마저 없는 소인배와 같은 태도보다는 온화하게 사람을 대하며 직위나 계급에 집착하지 않고 자기 자리에 충실하며 모든 사람을 포용하는 대인적인 태도를 가능하게 한다. 어떤 부정과 불의도 그를 범하지 못한다.

부 록

직업군인 행동준칙

부 록

직업군인 행동준칙

직업군인의 행동준칙

화룡점정(畵龍點睛)이라는 고사가 있다. 옛날 중국의 어떤 화가가 오랜 노력과 정성으로 한 마리의 용을 그렸다. 그림을 다 그렸다고 생각한 그는 용의 눈동자가 그려지지 않았다는 것을 발견했다. 마침내 그가 혼신의 힘을 기울여 붓으로 용의 눈동자를 그려 넣는 순간 그림속의 용이 실제 용으로 변하여 승천했다는 고사다.
올바른 직업군인의 가치관과 윤리가 무엇인지 알고 그것을 말할 수 있다고 해도 그것은 눈동자가 없는 그림속의 용과 같다고 볼 수 있다. 그것이 진정 살아있는 용이 되려면 행동과 실천이라는 눈동자를 그려주어야 한다.

◀ 이런 직업 군인! 당신은 멋있는 군인입니다! ▶

1. 국가를 위하여

조국 대한민국을 사랑하는 직업군인

◈ 나는 대한민국에 태어난 것을 자랑스럽게 여기고, 국민의 일원으로서 투철한 주인정신을 발휘한다.
◈ 나는 조국 대한민국과 운명을 같이 한다는 확고한 신념과 태도를 견지한다.
◈ 나는 국가의 안전과 국민의 생명을 지킨다는 군의 기본임무에 충실하고 부대의 전투력 향상을 위해 끊임없이 노력한다.
◈ 나는 전투에 임하여 군인으로서의 명예를 저버리지 않으며, 나라와 겨레를 위해서 소중한 생명까지 기꺼이 바친다.

국가가 나를 위해 무엇을 해 줄 것인가를 바라기 전에, 내가 국가를 위해 무엇을 할 것인가를 생각하라.

-J. F.케네디-

2. 국민을 위하여

국민을 섬기는 자세로 임무를 수행하는 직업군인

◈ 나는 국민이 군의 주인이며, 군의 생명과 재산을 보호하는 것이 군에게 부여된 지고한 사명임을 명심한다.

◈ 나는 국민들이 군에 거는 기대와 신뢰를 명심하여 높은 도덕성과 윤리의식을 갖춘 군인이 되기 위해 노력한다.

◈ 나는 군인으로서 엄정한 정치적 중립을 지키며, 오로지 국민을 위해 봉사하는 것에서 긍지와 보람을 찾는다.

◈ 나는 각종 재난이나 재해로 국민들이 어려움에 처했을 때 기본임무를 수행한다는 자세로 열성을 다해 지원한다.

◈ 나는 각종 훈련시 국민에게 어떠한 피해도 주지 않으며, 민·군 일체감조성을 위해 노력한다.

국방의 원천은 국민이며, 군이 국민의 지지와 사랑이 없이는 국방의 역할을 제대로 수행할 수 없다.

- 『참여정부의 국방정책』 중에서-

3. 상관에 대하여

상관의 입장에서 수명(受命)하고 면종복배(面從腹背)하지 않는 직업군인

◈ 나는 상관에 충성하는 것이 곧 조국 대한민국에 대한 충성이라는 사실을 명심한다.

◈ 나는 개인적인 출세나 영예를 위해 상관에게 충성하는 것이 아니라, 진심에서 우러나오는 상명하복의 자세를 견지한다.

◈ 나는 상관과 개인적인 친분을 쌓으려고 애쓰기보다는, 상관이 나에게 부여한 임무를 훌륭히 완수함으로써 상관을 보좌한다.

◈ 나는 상관이 쌓아온 경험과 전문성을 적극적으로 배우며, 나의 언행으로 인해 상관의 명예를 손상시키지 않도록 노력해야 한다.

◈ 나는 전장에서 아무리 위험한 곳이라도 상관과 함께 하며, 그의 명령에 복종함으로써 승리를 쟁취한다.

충성(loyalty)은 상·하에 동시에 바쳐야 한다. 통솔자는 그가 그의 상관들에게 헌신적으로 충성을 하지 않는 한 그의 부하로부터 충성을 기대할 수는 없다.

-미군 통솔법 교범-

4. 동료에 대하여

동료 전우를 신뢰하고 그와 더불어 협력하는 직업군인

◈ 나는 동료가 선의의 경쟁자이면서 동시에 군과 국가를 위해 같은 길을 걷고 있음을 명심한다.

◈ 나는 비록 개인적으로 좋아하지 않는 동료 일지라도 임무완수를 위해서라면 그와 기꺼이 협력한다.

◈ 나는 깊은 신뢰를 바탕으로 동료를 배려함으로써 상호간 굳건한 신뢰 관계를 구축하기 위해 노력한다.

◈ 나는 동료의 훌륭한 행동은 진심으로 칭찬해 주며, 그의 장점을 배우는 데 주저하지 않는다.

◈ 나는 전장에서 혼자에서만 위험으로부터 도피하여 전우들을 커다란 위험에 몰아넣는 행위를 하지 않는다.

동료 사이의 신의를 두텁게 하지 않고 아무렇게나 지내는 것은 예쁜 꽃에 물을 주지 않고 내버려두는 것과 다름이 없다. 물을 주고 김을 매며 꽃을 가꾸듯이 신뢰를 쌓아 올리는 것이 현명하다.

-사무엘 존슨-

5. 부하에 대하여

부하를 사랑하고 그와 동고동락하는 직업군인

◈ 나는 부하의 인격을 존중하고, 그의 계급이 가지는 존엄성을 인정하며, 그에게 사적인 임무를 부여하지 않는다.

◈ 나는 하급자의 반대의견이라도 귀담아 듣고 그 말이 옳은 것이라면 흔쾌히 수용하는 포용력을 갖도록 노력한다.

◈ 나는 강압적이고 권위적인 지시만으로 부하를 통솔하지 않고, 솔선수범을 통해 그가 스스로 따라오도록 유도한다.

◈ 나는 부하들에게 '좋은 사람'이라는 평가를 듣기보다는 '엄정하고 공정한 사람'이라는 평을 듣기 위해 노력한다.

◈ 나는 평시 교육훈련을 통하여 부하들을 강인하게 단련시킴으로써 전투에서 부하들이 필승의 자신감을 가지도록 한다.

장수된 자는 병사들을 갓난아이처럼 아껴야 한다. 그렇게 함으로써 그들과 함께 깊은 계곡이라도 뛰어들게 되는 것이다. 병사들을 자식같이 사랑하기 때문에 그들의 생사를 같이 할 수 있다.

-손자병법 지형편(地形篇)-

6. 나 자신에 대하여

자신에게 떳떳하고 임무에 헌신하는 직업군인

◈ 나는 "개혁이 나 자신에서부터 출발한다"는 것을 인식하고 개혁에 적극적 동참한다.

◈ 나는 개혁을 전가하거나 회피하지 않으며, 어렵고 힘든 일일수록 내가 먼저 솔선수범한다.

◈ 나는 맡은 바 분야에서 최고의 전문가가 되기 위해 끊임없이 나를 계발하고 창의적인 임무수행을 위해 노력한다.

◈ 나는 "오늘 하루도 무사히 넘겼다"는 소극적인 생각보다는 "내가 오늘 하루 얼마나 보람된 일을 했는가?"를 생각하며 반성한다.

◈ 나는 전투에 임하여 몸을 피하지 않고 나에게 주어진 막중한 책임감과 희생을 감내하는 헌신적 용기를 발휘한다.

성인은 천지(天地)를 본받아 자신의 이익을 뒤로 하기 때문에 오히려 남보다 앞서게 되고, 자기를 돌보지 않고 봉사(奉仕)하기 때문에 그 이름이 영원히 빛난다.

-노자(老子)-

참고자료

▣ 국방부 “군대윤리” (2010. 국방부)

▣ 육군본부 “의전실무 Know-How” (2008년)

▣ 국방일보/국방저널 “일일정신교육 교재”(연제자료 발췌)

▣ 이재평 외 “군대윤리” (법률시대. 2006)

▣ 사무엘 헌팅턴 “군인과 국가” (강영구, 송태균 역. 병학사. 1980)

▣ 정보통신 윤리위원회 “사이버윤리”(2013)

▣ 국가청렴위원회 사이트

▣ 부패학 (김영종. 숭실대학. 2001)

▣ Nicepia Network 생활상식

▣ 술과 병영생활 (육군본부)

▣ 군대윤리 (조승옥 외 2005. 봉명)

▣ 프레드 펠먼드 “기초 윤리학” (박은진. 장동익 옮김 1999. 철학과, 현실사)

편집위원

- **이재평 박사**
  서경대학 군사학 교수, 연성대학 교수, 극동대학교경영학교수
  재향군인회 안보교수, 주) 베테랑 콤 군사정책연구소 대표
- **박관후 박사**
  유원대학교 문화복지융합학과 교수
- **강우철 박사**
  전) 여주대학 군사학부 교수
  현) 통일안보전략연구소 소장
- **이상금 교수**
  연성대학 군사학 전문교수
  육군지 편집장 역임 / 여군 중령예편

행동하는 양심 **군대윤리**

2판 1쇄 인쇄 2022년 02월 25일
2판 1쇄 인쇄 2022년 03월 03일

지 은 이 이재평, 박관후, 강우철, 이상금 공편
발 행 처 도서출판 글로벌, 필통
발 행 인 신현훈
주 소 서울특별시 중구 충무로 54-10 (을지로3가)
전 화 02-2269-4913 **팩 스** 02-2275-1882
홈페이지 http://www.gbbook.com

I S B N 978-89-5502-846-1
가 격 18,000원